2019年度国家社会科学基金项目"知觉的认知渗透性研究"（19BZX103）

白　洁 ——— 著

COGNITIVE
PERMEABILITY OF
PERCEPTION

# 知觉的认知渗透性

中央编译出版社
Central Compilation & Translation Press

图书在版编目（CIP）数据

知觉的认知渗透性 / 白洁著. —北京：中央编译出版社，2022.12
ISBN 978-7-5117-4316-9

Ⅰ.①知… Ⅱ.①白… Ⅲ.①知觉-研究 Ⅳ.①B842.2

中国版本图书馆CIP数据核字（2022）第201202号

## 知觉的认知渗透性

责任编辑　李媛媛
责任印制　刘　慧
出版发行　中央编译出版社
地　　址　北京市海淀区北四环西路69号（100080）
电　　话　（010）55627391（总编室）　　（010）55627310（编辑室）
　　　　　（010）55627320（发行部）　　（010）55627377（新技术部）
经　　销　全国新华书店
印　　刷　北京印刷集团有限责任公司印刷一厂
开　　本　710毫米×1000毫米　1/16
字　　数　285千字
印　　张　19.25
版　　次　2022年12月第1版
印　　次　2022年12月第1次印刷
定　　价　90.00元

新浪微博：@中央编译出版社　　　微　信：中央编译出版社(ID: cctphome)
淘宝店铺：中央编译出版社直销店(http://shop108367160.taobao.com)　（010）55627331

本社常年法律顾问：北京市吴栾赵阎律师事务所律师　闫军　梁勤
凡有印装质量问题，本社负责调换，电话：（010）55626985

# 目　录

## 第一章　认知渗透性：历史与近期发展 … 1
### 第一节　计算主义理论的认知不可渗透性 … 2
　　一、福多的模块说 … 2
　　二、派丽夏恩的"早期视觉" … 4
　　三、格式塔组织原则 … 8
### 第二节　知觉新观理论 … 11
　　一、"知觉新观"运动实验 … 11
　　二、"目击者"的准确性 … 13
### 第三节　知觉的理论负载性 … 15
　　一、知觉学习 … 16
　　二、内隐知觉记忆 … 19
　　三、注意力偏向 … 21
### 第四节　知觉研究的近期发展 … 25
　　一、知觉认知渗透性相关讨论总结 … 25
　　二、知觉认知渗透性的近期发展 … 27
　　三、"知觉的认知渗透"与"自上而下对知觉的影响" … 29

## 第二章　视知觉 … 32
### 第一节　早期视觉 … 32
　　一、早期视觉的提出 … 33

二、二维（2D）草图 ………………………………………… 36
### 第二节 视觉处理过程 …………………………………………… 38
一、灵长类动物大脑中的视觉处理过程 …………………… 39
二、眼球的运动与灵长类动物的大脑 ……………………… 40
三、视觉输出 ………………………………………………… 42
### 第三节 视觉的"约束" …………………………………………… 44
一、早期视觉的"约束"机制 ……………………………… 45
二、颜色感知的恒常性 ……………………………………… 47
### 第四节 连续性理论的质疑 ……………………………………… 50
一、知觉错觉 ………………………………………………… 51
二、视觉感知规律及其原则 ………………………………… 51
三、神经科学的观点 ………………………………………… 53
### 第五节 价值和需求对视知觉的影响 …………………………… 55
一、布鲁纳的价值—需求实验 ……………………………… 56
二、感觉的认识论建构主义 ………………………………… 59

## 第三章 注 意 ……………………………………………………… 62
### 第一节 视觉处理中的注意 ……………………………………… 63
一、注意的空间注意模型 …………………………………… 64
二、注意的"偏置竞争模型" ……………………………… 67
### 第二节 注意理论 ………………………………………………… 73
一、注意是一个选择性过程 ………………………………… 73
二、特征整合理论 …………………………………………… 75
三、指导搜索理论 …………………………………………… 79
四、注意相依理论 …………………………………………… 80
五、视觉注意障碍理论 ……………………………………… 81
### 第三节 认知视角下的注意 ……………………………………… 84
一、顺序瓶颈 ………………………………………………… 84
二、早期的听觉注意研究 …………………………………… 86

三、早期的视觉注意研究 …………………………………… 90
　第四节　渗透性视角下的"注意过程论"分析 ……………… 91
　　一、注意的实验研究 …………………………………………… 92
　　二、注意的多样性 ……………………………………………… 94
　　三、捆绑问题 …………………………………………………… 96
　　四、非注意特征绑定 …………………………………………… 98
　　五、偏向竞争的注意 ………………………………………… 100
　　六、注意是认知的统一 ……………………………………… 103

## 第四章　认知渗透性 …………………………………………… 106
　第一节　认知渗透性的涵义 ……………………………………… 107
　　一、马克菲森（Markfisson）对认知渗透性的解释 ……… 107
　　二、里昂斯（Lyons）的"注意调节"解释 ………………… 111
　　三、爱德华（Edouard）的"倾斜效应"解释 ……………… 113
　第二节　认知渗透性假设中的重要概念 ……………………… 114
　　一、认知不可渗透性、模块性、信息封闭性 ……………… 115
　　二、认知渗透性、早期视觉、后期视觉 …………………… 117
　　三、认知渗透性和固有概念知识 …………………………… 120
　　四、认知渗透性和知觉学习 ………………………………… 122
　　五、认知渗透性和观察理论负载性 ………………………… 123
　　六、认知渗透性和注意 ……………………………………… 126
　　七、知觉和认知：有区别吗？ ……………………………… 128
　第三节　认知渗透性在认识论上存在的问题 ………………… 131
　　一、感性信念与自上而下的影响 …………………………… 132
　　二、认知渗透性的问题所在 ………………………………… 137
　　三、认知渗透的轨迹 ………………………………………… 146
　　四、小结 ……………………………………………………… 147

## 第五章　知觉内容 ................................................ 149
### 第一节　知觉中非概念性内容的存在性 ........................ 149
一、知觉的认知不可渗透性 .................................. 150
二、高层次知觉内容和低层次知觉内容 ........................ 153
三、非概念性内容及其特征 .................................. 157
### 第二节　知觉内容的认识特性 ................................ 162
一、知觉经验表征的特性初议 ................................ 163
二、知觉体验表征了对象的低级属性 .......................... 167
三、知觉体验表征了对象的高级属性 .......................... 169
四、知觉内容的现象性表征 .................................. 172
五、总结 .................................................. 176
### 第三节　知觉经验与非概念内容 .............................. 178
一、内容和对象 ............................................ 179
二、准确性和真理 .......................................... 181
三、经验的内容 ............................................ 184
四、非概念性内容 .......................................... 186
### 第四节　特殊的内容 ........................................ 188
一、"现象性意识"和"报告意识" ............................ 189
二、各特殊内容和意识之间的相互关系 ........................ 191

## 第六章　物体识别 ................................................ 197
### 第一节　视觉模式识别 ...................................... 198
一、模板匹配模型 .......................................... 198
二、特征理论 .............................................. 200
三、认知神经科学的证据 .................................... 204
四、面孔识别 .............................................. 206
### 第二节　视觉识别障碍的神经心理学证据 ...................... 210
一、视觉性失认 ............................................ 211
二、认知科学证据 .......................................... 214

三、高水平视觉的一般理论 …………………………………… 218
　四、计算机模拟 ………………………………………………… 219
第三节　类别言语识别 ………………………………………………… 220
　一、声谱图 ……………………………………………………… 221
　二、类别言语知觉 ……………………………………………… 222
　三、单词识别 …………………………………………………… 224
　四、单词识别理论 ……………………………………………… 228
　五、TRACE 模型 ……………………………………………… 232
第四节　听觉识别障碍的认知神经心理学证据 ……………………… 236
　一、听觉分析系统 ……………………………………………… 237
　二、深层失语症 ………………………………………………… 239

# 第七章　错　觉 …………………………………………………………… 241
第一节　马尔的视觉理论 ……………………………………………… 242
　一、初级简图 …………………………………………………… 243
　二、$2\frac{1}{2}$D 简图和比德尔曼（Biederman）成分识别理论 …… 245
　三、3-D 模型表征 ……………………………………………… 247
　四、对马尔模型的评价 ………………………………………… 250
第二节　模糊图形表征的解释 ………………………………………… 251
　一、模糊的数据 ………………………………………………… 252
　二、鸭—兔图形错觉 …………………………………………… 255
　三、菱形—正方形错觉 ………………………………………… 258
第三节　视觉认知和非视觉认知 ……………………………………… 261
　一、倒像 ………………………………………………………… 262
　二、方面切换 …………………………………………………… 263
　三、自然类属性 ………………………………………………… 266
第四节　Travis 的错觉模型 …………………………………………… 267
　一、客观外观 …………………………………………………… 268

二、不恰当比较论 ·················································· 269

**第八章　感知和现实主义** ············································ 272
　第一节　知觉的唯实论 ············································· 273
　　一、实践性的非命题知识 ········································· 273
　　二、超越模块"看"向感知 ······································· 274
　　三、知识与目标对早期视觉的影响 ································· 276
　第二节　空间注意力对感知的影响 ··································· 277
　　一、P1效应 ······················································ 278
　　二、空间注意力建构对科学哲学的意义 ····························· 281
　　三、认知对知觉的直接渗透和间接渗透 ····························· 282
　第三节　知觉系统和现实主义 ······································· 286
　　一、信念的真实性与现实主义 ····································· 286
　　二、感知告诉了我们世界的什么？ ································· 290
　　三、总结 ·························································· 294

**参考文献** ·························································· 296

# 第一章 认知渗透性：历史与近期发展

我们在与世界打交道的过程中，知觉在我们描述世界的过程中起到了重要的作用，因为知觉被认为是由我们理论立场和认知立场所决定的。因此，我们所知觉到的是外在的事物和内在想法、信念、意志的混合。知觉是充满理论的，一个人可以去探索真正存在于我们头脑之外的事物，实证研究中没有非感性的内容；知觉状态是表征状态，其内容不能是世俗状态本身，但必须由世俗状态的表征或陈述组成。如果一个人持有上述观点，那么有两个选项：要么放弃任何形式的现实主义，要么挽救现实主义。尽管我们的经验内容具有概念性质，但世界是我们每个概念的内容，因此，我们直接去探索它。我们所看到的内容如果已经是知觉者的信念所在，那么持有不同信念的人如何可以对世界的部分内容达成共识？如何以不同的方式看待同一个世界？知觉的认知渗透性问题讨论的核心就在于此——在视觉中是否存在一个概念上不可中介或认知上不可渗透的部分，使得存有不同信念的人可以进行沟通。

始于计算主义理论的认知不可渗透性理论，包括派丽夏恩（Pylyshyn）的早期视觉理论、福多（Fodor）的模块理论以及心理学的"新观"理论等都在不同程度上坚持了知觉的认知不可渗透性的想法。而拉夫拓普罗斯（Ralphtoporos）对注意的前知觉分配论述和西格尔（Siegel）对视觉现象学的阐释则进一步论证了早期视觉对于知觉非概念内容存在的必要性。

## 第一节　计算主义理论的认知不可渗透性

心智计算主义将思维当作心智的表征结构及在其之上运行的计算过程。简单说，就是把大脑比作计算机，把思考比作算法，把思维比作计算，在这个过程中，逻辑、规则、概念、表象、类比和联结是其表征形式，演绎、搜索、匹配、循环和恢复则为其计算程序。按照这个理论的主体思想，人类在思维的过程中是没有情感、信念、意志、经验、记忆渗入其中的，完全是"理性的计算"，于是就有反对者提出质疑：我们的认知因素在思维过程中有没有发挥作用？我们的记忆、经验是否影响了我们的判断和决策？为什么我们会有直觉？于是，知觉的认知渗透性和认知不可渗透性的讨论随之兴起，早期的代表人物派丽夏恩和福多就把认知渗透性和不可渗透性主要应用于心智计算主义理论框架中。在心智计算主义理论框架中，认知渗透状态及运行被比作思维和推理计算中的信息加工。认知透视加工要么涉及不同的无法感应思维的计算，要么在心智的计算主义方式范围外。派丽夏恩和福多通过"早期视觉"和"知觉的模块性"两个概念定义了"大脑如何表征和操控命题态度内容"的计算主义解释的局限性。

### 一、福多的模块说

福多从功能主义的角度解释了知觉的心理模块特性。他将心—脑以功能性划分为"输入系统"和"中心系统"。第一步，输入系统将感官接收到的刺激信息转换成表象信息并进行编码，使之能够成为中心系统可加工的信息，就像电脑要将输入的信息转换成"二进制"语言一样。中心系统负责将转化后的信息进行认知处理，即思维、推理、信念等高级认知活动。从功能的角度，模块说中的每一个模块就是一个功能单元，每一模块执行其特定的功能。功能模块化是一个功能分解的产物，即将整个信息加工的过程看成是一个系统的过程，这个过程由各司其能的相对独立的子系统构成，每个子系统都有其特定的应用领域，每个子系统处理一个问题，最后由中心系统（中枢神经）将每个模块的处理结果汇总，形成最后的事物的表征。

事物表征的多样性就源于每个模块在表征的时候是领域独立和功能独立的机制。这里的功能分解还特别假定一种"层级化的组织"。例如，感觉系统（如视觉、听觉等）是相对彼此独立的，并独立于记忆、语言和认知。当然，这只是福多的一种假设，并不是真正存在于大脑的实体物质，也就是说不是神经生理学上的脑功能区域划分。模块说只是表象的一种功能理论假设，神经生理学的证据表明大脑皮层区域并不能准确地进行分类，特别是大脑前额叶皮层。还不能进行精准地功能定位。其次，神经元的可塑性和多样性也不能保证某一区域可以处理特定的感觉信息，证据来自于脑损伤病人的临床结果（一些病理性脑部神经元损伤后，其他脑细胞似乎可以逐渐地接替损伤部位脑细胞的工作）。这也就是模块说所认为的模块之间的彼此独立性（信息封装性）的结论一直未能达成共识的原因之一。再次，使用正电子发射断层摄影术（PET），在一个特定作业任务期间，几个不同脑区是同时并行工作的，它们好像在共同完成一个信息的处理，而不是各司其职。

福多的假设是，知觉的模块性和派丽夏恩提出的知觉的认知渗透性假设有关。福多使用了认知渗透性这一概念去描述模块性在知觉种类之间相互影响的作用。派丽夏恩采用了福多的模块性这一概念去描述视觉加工的不可渗透性。福多的模块是大脑的信息加工机制，该机制完成的是有固定输入和环境限制的部分任务。知觉模块的作用是借助认知中心、利用知觉输入和知觉加工资源以合适的形式产出输出。比如，福多支持一种视觉模块，这种模块最后阶段的视觉输入分析包括评估"形式概念"词典（这种词典实际上和具有基本类的3D示意图是成对的），在这种模块下，三维物体的大脑表征是由不借助任何记忆或语义信息（如把通用形状和类联系起来的概念信息）的视觉的视网膜模拟独立产生的。

福多列举了许多性能以描述模块系统。不过只有具有信息封闭性的系统才可能具有模块性。要封闭一个计算系统必须要把它的信息来源限制到信息的性能数据库中。这相当于系统之间没有信息交换：当且仅当 X 不能在自己的系统中使用源于 Y 的信息时，X 的信息才是封闭在 Y 之外的。福多认为，如果一个知觉信息加工系统具有模块性，那它的信息和其他系统包括认知系统之间将是封闭的。因为该系统感应不到涉及思维和推理的计算中的信息，所以具有认知不可渗透性。但是，一个知觉模块具有认知不可渗透性并不代表其具有信息封闭性。

所有认知心理学方法都基于一个假设，那就是大脑中存在众多模块或认知处理器，由于这些模块功能相对独立，因此，损伤其中一个将不会直接影响到其他模块的运作。各模块在解剖上也是独立的，故大脑损伤常常只影响一些模块，而其他模块保持相对完好。

福多的思想产生了比较大的影响。然而，许多心理学家都认为不应该把强制性操作和先天性作为模块的标准。尽管有些模块可能是自动化操作的，但很少有证据能说明所有模块都这样，有些模块不太可能是先天的，因为这些技能在人类早期是没有的。

可是，认知心理学家并不认为上述批评对模块理论构成了威胁，如果信息绝缘和功能特异化假设成立的话，那么，从脑损伤患者中获得的数据，就可继续被用来寻找认知模块。即使一些模块不具备强制性操作和先天性特征，也还是可以这样做的。

不仅认知心理学家支持模块化，而且大多数实验认知心理学家、认知科学家也相信这一观点。那么，这个理论真的是正确的吗？很难给出一个确切的回答，模块就是并不实际存在但又能方便研究者理解认知的理论性结构，因而一个理论是否有价值这一问题，最好同认知心理学能解释认知活动的有效程度结合起来看，而且单一的个案研究并不能代表群体研究。

## 二、派丽夏恩的"早期视觉"

作为认知不可渗透性假设的一部分，派丽夏恩试图将一系列早期知觉加工从思维中独立出来并将其描述为垂直认知结构中的不同项目。这是对知觉的认知渗透性提出的第一个系统的、经验性假设。该假设的特别之处在于认为部分视觉知觉具有认知不可渗透性。派丽夏恩把这部分视觉知觉称为"早期视觉",它包括从刺激开始到以自我为中心的物体表征的构建等一系列视觉加工。根据派丽夏恩的观点,在该视觉阶段的场景应该分割为原始视觉物体,通常称为"原型物体"。同时,派丽夏恩提供了视觉知觉透视精确的系统假设,他认为,包括物体识别和鉴定的视觉剩余部分(后期视觉)是和长时记忆、语义信息(如种类信息的概念编码)、主体的注意、知觉主体的意识假设一起表征出来的。

早期视觉模块由一组相互关联的方向、形状、颜色、运动、立体声和亮度过程组成,它们在其中相互配合。它们在功能上是独立的而且并行处理刺激,它们向彼此和其他视觉区域提供输入的信息,这些区域绑定传入的信息,并将其与表面隔离。一些研究者的研究也提出,颜色、形状和运动被感知的时间是不同的,颜色先被感知,然后是形状,再下来是运动。因此,大脑似乎不仅由单独的处理系统组成,而且是由单独的感知系统组成,在视觉中形成一个知觉的时间层次。同样,当不同的专门感知的两个区域投射到大脑中的第三个区域时,信息整合或绑定不会通过第三个区域的直接收敛而发生,也就是说,输入信息的集成过程不是在第三个区域发生的,而是通过神经连接将两个独立的区域相互连接的作用而产生的。因此,图形——表面隔离可以基于方向、视差、颜色或亮度的差异,上下文的语境效应则创造了"非经典"的感受区域,即细胞通过与其他细胞的抑制性和兴奋性连接而反应的区域。

早期视觉中细胞活动的反馈和平行调节表明,早期视觉区域神经元的活动不仅取决于前馈输入,而且取决于通过平行连接与之相连的同一区域内其他神经元的活动,以及其他神经元在高阶视觉中的活动区域,后者是通过反馈预测反馈给早期区域的。在大脑 V1 细胞的活动中,较短的时间内,这些模块表征局部场特征,在较长的时间内,由平行或反馈连接,这些模块表征知觉组织的各个方面。

早期视觉的神经生理过程大致是这样的:光线穿过晶状体和玻璃体投

射到位于眼后部的视网膜上。视网膜含有光感受器细胞，这些细胞由对光敏感的分子组成，当暴露在光照之下时这些分子会发生结构性的变化。光线在穿过玻璃体时会产生轻微的散射，因此落在视网膜背面的图像并非极其清晰。早期视觉加工的功能之一是锐化图像。

光化学作用将光能转换成神经能。眼睛内有两种不同的光感受器：视锥细胞和视杆细胞。视锥细胞参与颜色视觉，具有高分辨率和高视敏度。视杆细胞能对较弱的光能进行反应，但是它们只具有较低的分辨率。这样，视杆细胞主要负责我们在黑夜所体验到的不够敏锐的黑白视觉。视锥细胞主要聚集在一个被称为中央凹（fovea）的视网膜的小区域内。当我们注视某个物体时，我们会移动自己的眼球以使这个物体落在中央凹上。这使我们在感知该物体时能最大限度地利用视锥细胞的高分辨率。中央凹觉察细节，而其余的视觉区域——周边视觉区域则察觉比较全局性的信息，包括运动信息。

感受器细胞与两极神经细胞形成突触，两极细胞与神经节细胞相连，神经节细胞的轴突延伸并构成通向脑的视神经。每一只眼睛的视神经中总共约有80万个神经节细胞。每个神经节细胞对来自视网膜的一小块区域的信息进行编码。神经节轴突上的神经脉冲通常是对视网膜上相应区域内的光刺激量的编码。

图1.1显示了从眼到脑的神经通路。来自双眼的视神经在视交叉处汇合，而来自视网膜内侧（靠近鼻子的一侧）的视神经彼此交叉，然后通向脑的对侧。来自视网膜外侧的神经则继续延伸至与双眼同侧的脑部。这意味着双眼的右半部分与右脑半球相连。如图1.1所示，晶状体将光线聚焦，使得左侧视野进入每只眼的右半部。因此，有关左侧视野的信息传递至右脑，而有关右侧视野的信息传递至左脑。这是由于左脑半球加工外界右侧部分的信息，而右脑半球加工外界左侧部分信息。

一旦进入脑的内部，来自神经节细胞的神经纤维就与各种皮层下结构的细胞形成突触（皮层下结构位于大脑皮层之下）。这些皮层下神经结构包括外侧膝状体和上丘（见图1.1）。人们认为，外侧膝状体在觉察细节和辨识物体方面有重要作用，而上丘则参与对物体的空间定位。这种区分被称为"什么——哪里"的分工。这两种神经结构都与初级视皮层相连（布罗德曼17区）。初级视皮层是首先接受视觉输入的皮层，但是周围还有很多其他的视觉区域（包括布罗德曼18区和19区）。

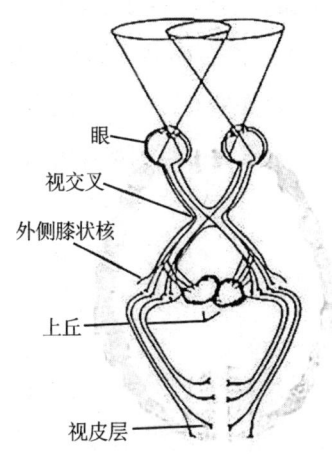

**图1.1　从眼到脑的神经通路来自每只眼的视神经在视交叉处汇合左侧视野的信息传递至右脑，而右侧视野的信息传递至左脑。视神经纤维与皮层下结构的细胞形成突触。这两种神经结构都与视皮层相连接。**[1]

派丽夏恩认为，早期视觉提供了一个替代的原假设——基于形状的知觉选项的形式，其中焦点注意力选择了进一步处理的选项。因此，派丽夏恩的原始对象是对象的结构描述，是对象的一部分，当早期视觉的各个部分绑定在一起的时候才能形成更复杂的对象表征。派丽夏恩的工作源于他的多个物体跟踪实验，在实验中，被试必须在屏幕上选择点，并在心理上将它们组合在一起，然后在其他相同的点中跟随它们在空间中的运动，这些点充当干扰器。这些任务包括了解点之间的相对空间关系、空间中的运动和环境中的导航，这些任务与大脑背侧系统密切相关，其中构造了物体之间的表征。

---

[1]　图片来源：Keeton, 1980. Reprinted by permission of the publish. © 1980 by W. W. Norton.

### 三、格式塔组织原则

在计算外部世界表征时的一个主要问题是物体的分割。仅仅知道线段和直线在空间的位置还不够,我们还需知道它们如何集合在一起形成物体。请参见图1.2中的景象。其中有许多不同走向的线段,但是,我们能以某种方式将它们放在一起形成对一系列物体的知觉。

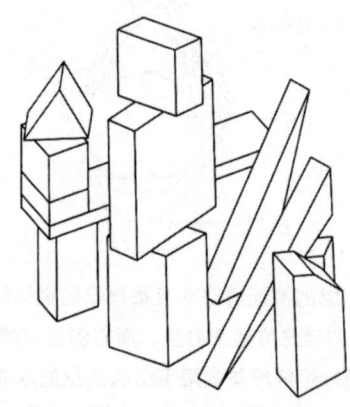

**图1.2　我们如何将许多线段的知觉整合成为
对若干物体的知觉的一个例子**①

我们往往按照一系列原则将对象组织成单元,这些原则由格式塔心理学家最先提出,并被称为格式塔组织原则(gestalt principles oforganization),参见图1.3。在图1.3a中,我们看到4对平行线,而不是8条独立的线段。这张图说明了接近原则:相近的元素倾向于被组织成单元。图1.3b说明了相似原则,我们倾向于将这个矩阵看成是 O 行与 X 行的交替排列。看上去相像的物体往往被组合在一起。图1.3c说明了良好连续原则。我们看到两条曲线,一条从 A 到 B,另一条从 C 到 D。尽管没有理由能说明为什么不将这幅图看成另一对曲线,一条从 A 到 D,另一条从 C 到

---

①　图片来源:Winston, 1970. Reprinted by permission of the publisher. © 1970 by Massachusetts Institute of Technology.

B。但是，从 A 到 B 的曲线比起有一个尖锐拐点的从 A 到 D 的曲线具有更好的连续性。图 1.3d 说明了闭合及良好构形原则。我们看到的图是一个圆被另一个圆遮挡，尽管被遮挡的物体可能有许许多多的其他形状。

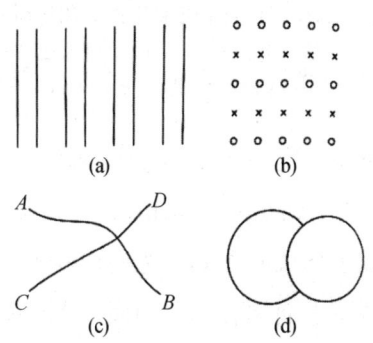

**图 1.3　格式塔组织原则的示意图**
（a）接近原则；（b）相似原则；（c）良好连续原则；（d）闭合原则①

　　即使是完全新奇的刺激，我们也倾向于利用这些原则将它们组织单元。帕尔默（Palmer）研究了对如图 1.4 中所示的形状的识别。他首先向被试呈现刺激（图 1.4a），然后要求被试判断从图 1.4b 到 1.4e 的这些片段是否是原图的一部分。图 1.4a 中的刺激倾向于将自身组织成三角形（闭合原则）和弯曲的字母 n（良好连续原则）。帕尔默发现，当片断符合格式塔原则时，被试对这些部分的识别非常快。因此，识别图 1.4b 和图 1.4c 中的刺激要比识别图 1.4d 和图 1.4e 中的刺激快。可见，识别的关键在于图形的初始分割。当基于格式塔的分割与实际的图形结构发生冲突时，识别就会变得困难。比如，要识别下面这句话的时候，大多数人都会感到困难，"FoRiNsTaNcEtHiSsEnTeNcEiShArDtOrEaD"（直译为：例如，这个句子难以阅读）。感到困难的原因在于格式塔的相似原则导致难以将不同大小写的相邻字母看成单元，并且单词之间没有空格，也就消除了接近原则所需的线索。

------------------------------

　　① 图片来源：转引自［美］约翰·安德森：《认知心理学及其启示》，秦裕林等译，北京：人民邮电出版社 2012 年版，第 42 页。

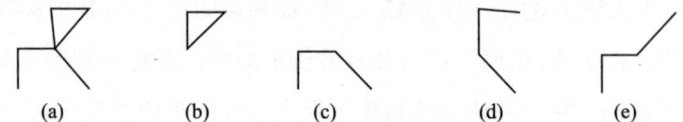

**图1.4　帕尔默（Palmer）研究新奇图形的分割时所采用的刺激的例子**
（a）被试看到的原始刺激；（b）至（e）为需要是被的子成分识别；
（b）和（c）所示的刺激快鱼识别；（d）和（e）所示的刺激①

这些有关分割的概念可以用来描述如何划分更复杂的 3-D 构造。图 1.5 是由霍夫曼和理查兹（Hoffman&Richards）提出的如何用格式塔原则将一个物体的轮廓分割成子物体的方案。他们观察到当一个部分与另一个部分相连接时，在轮廓线图上通常有一个凹面。人们基本上运用了格式塔的良好连续原则：凹面上的轮廓线没有良好的连续性，因此观察者不会将它们组合在一起。

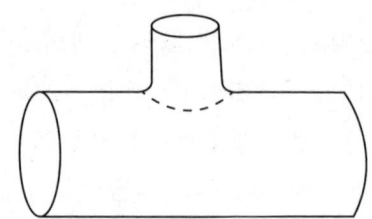

**图1.5　将一个物体分割成多个子物体。**
子物体的边界可以根据最大凹面度的等高线（虚线）识别出来②

当前的观点认为，以识别物体在三维空间的位置和形状的能力为基础的视觉加工很大程度上是与生俱来的。婴幼儿似乎就已经能够识别物体及其形状，并且能意识到物体在三维空间中的位置。

很显然，格式塔原则给我们提供了一些基本的"方案"——以自上而下的方式来组织我们日常的知觉活动。在一定意义上，我们都是侦探，总

---

①　图片来源：转引自［美］约翰·安德森：《认知心理学及其启示》，秦裕林等译，北京：人民邮电出版社2012年版，第42页。

②　图片来源：Stillings etal.，1987；based on Hoffman & Richards, 1985. Reprinted by permission of the publisher. © 1987 by Massachusetts.

是在根据我们看见的线索找寻模式。一种有意义的方法就是形成知觉假设,即形成一个关于如何把感觉组织起来的最初的猜想。你是否有过这样的经历:远远地看见了一位"朋友",但当你走近时却发现那原来是一位陌生人?先入为主的观念和期望在许多场合影响着我们对自己感觉的解释。知觉的主动性和建构性或许在具有歧义的图案(允许存在多种理解的模式)中表现得最为明显。当注视天上的一朵云时,你可以用无数种方法把它的外形组织成奇特的形状模式和景象。甚至对于定义明确的刺激,人们也可以做出多种认知解释。

## 第二节　知觉新观理论

有关心智的竞争性观点是认知渗透性观点的主要代表,尤以心理学界以布鲁纳(Bruner)和古德曼(Goodman)为代表的"知觉新观"运动中的实验发现最为显著。

### 一、"知觉新观"运动实验

"知觉新观"运动实验发现成为了"所有知觉经验都是分类加工的最终产品"和"知觉就是分类加工,其中的器官凭推断根据线索识别类别"以及"一种刺激的知觉效果必定依赖于器官的设定或期望"这些观点的论据。也就是说,没有观察数据是对时间的理论中立的描述,每一种描述都是在理论的框架内进行的,最终会被它的全面的认识论和本体论结果所推翻。观测报告不仅嵌入在理论中,我们所看到的内容已经是基于知觉者的理论假设。派丽夏恩认为布鲁纳等人所说的心智观意味着"价值和需求决定了我们如何知觉这个世界,直到视觉系统的最低点"。

布鲁纳和古德曼的实验主要是考察社会价值对个体知觉经验的影响,实验的假设有三个:第一,一个物体的社会价值越大,它就越容易受到组织行为决定因素的影响。它将从可供选择的感知对象中进行感知选择,并将成为一个感知对象反应倾向,并会在感知上变得更加突出。第二,个人对社会价值对象的需求越大,行为决定因素的作用就越显著。第三,感知模棱两可仅在减少固有决定因素的操作而不降低行为决定因素有效性的情况下,才会促进行为决定因素的操作。而且,该实验申明只会处理行为决定的一个方面,也就是重读。即感知对象变得更加生动的倾向。感知选择性和固定性已经在其他实验中得到证明,尽管它们仍然缺乏系统性。

实验过程如下:研究人员将10岁儿童分为三组(每组10人),其中两组为实验组,一组为对照组,分别置于一个正面有玻璃屏幕的木箱前。在屏幕的中央有一小块光,几乎是圆形的,它的直径可以通过位于盒子右下角的一个小旋钮来调节。研究人员给两组实验儿童提供了不同价值的普通硬币。当他们看到硬币时,硬币平放在左手的手掌上,他们被放置在同一高度,距离可调节光块左侧6英寸处,并被要求调整光块以匹配呈现的硬币的大小。实验对象可以按照自己的喜好花任意时间来完成这项任务。对照组被要求完成同样的任务,他们得到的是与相关硬币大小相同的纸板圆盘。结果发现,在实验组中,对硬币的感知体验被"强化"了。实验对象系统地高估了硬币的大小,与对照组相比,有时高估的幅度高达30%。(例如,实验对象对一角硬币的大小平均高估了29%;控制系统将类似一角硬币的硬纸板的尺寸低估了 $-1\%$)。

第二个实验变体将实验群体分成了由"富裕"儿童和"贫穷"儿童组成的子群体。除了使用的是真正的硬币外,任务是一样的,结果显示:富二代仍然高估了硬币的大小,但其比例明显低于穷二代。事实上,与富裕家庭的孩子相比,贫穷家庭的孩子会系统地高估硬币的大小,高估幅度高达50%。在实验结束后,布鲁纳提到了曾经的类似研究报告说,在对邓迪儿童的研究中,研究发现父母失业家庭的儿童其向往的生活令人唏嘘。当被问及长大后想成为什么样的人时,有工作的父母一般会让孩子成为牛仔或明星或科学家,而失业者的孩子向往他们阶级成员传统上所从事的相当低级的职业。与布鲁纳的实验结果类似,同样的现象依然在上演。对于贫困儿童来说,根据记忆判断硬币大小,是被取代的弱化了的想象。

新观假说认为，被感知物体的价值或主观重要性以某种方式影响到对该物体大小的视觉感知。这一假设是由上面提到的第一组和第二组结果得出的：通常，这个年龄的孩子懂得金钱的社会价值，因此对金钱的欲望是最小的，所以会觉得硬币大一些。布鲁纳和古德曼的假设：贫穷的孩子对钱有更大的需求或欲望，因此认为硬币比实际更大。而且，布鲁纳在实验的结论部分最后提到：很长一段时间以来，感知几乎一直是实验心理学家的专属领域。如果我们想了解感知在日常生活中的工作方式，我们社会心理学家和个性研究生必须参与其中。

## 二、"目击者"的准确性

我们如何能够更准确地感知事件？在法庭上，目击者的证言对于证明被告有罪或无罪是很重要的。当目击者说"这是我亲眼所见"时，会对陪审团有很大的影响。哪怕是法官也会对证人证词的可靠度过于乐观。但是，目击者证词在很多时候都是不可靠的。目击者所确信的事情到底有多准确呢？陪审团到底应不应该相信他们呢？事实上，你所相信的证言几乎没有什么准确性。心理学研究的结果正在逐步使律师、法官和警官们相信，目击者的证词难免会有错。即便如此，仍有成百上千的人因为目击者的错误证词而被冤判。令人遗憾的是，知觉很少能够使事件得到"即时重现"。尤其是，当一个人受到惊吓、威胁或者处于巨大的压力下时所形成的印象特别容易遭到扭曲。一项研究表明，在美国，警局指认嫌疑犯的错误率高达25%。

受害人能否比目击者记得更多？事实上并没有。一项研究结果表明，作为受害者（看到自己的手表被偷）与作为目击者（看到一个小型计算器被偷）对罪犯描述的准确性是相同的。因此，如果陪审员更看重受害人的证词，可能会犯严重的错误。在许多犯罪案件中，受害者经常陷入"关注凶器"的陷阱。很自然地，受害者会把全部注意力集中于袭击者所用的刀子、枪或其他凶器。因此，他们并没有留意罪犯的相貌、衣着或其他线索。有研究显示，影响目击者知觉准确性的因素包括：警察提问方式（目击者证词受到对他询问时所用的提问方式和措辞的影响)、事后信息(目击者证词不仅反映了他当时看到了什么,而且还包括事后获得的信息)、态度和期望(目击者对事件的知觉和记忆受其态度和期望的影响)、酒精作用、对凶器的关注、准确性——自信(目击者的自信程度与其证词准确程度无关)、目击时间、无意识转移(有时目击者会把在另一场合见到的人误认为罪犯)、颜色知觉(在单色光,比如橙色的路灯灯光下做出的颜色判断,可信程度极低)、压力(极高的压力水平会降低目击者知觉的准确度)。

即使在白天,目击者的证词也不一定可靠。2001年,一架美国航空公司的飞机在纽约肯尼迪国际机场附近坠毁。有很多人看到了这一过程。目击者中有一半人说飞机失火了,但是机上的"黑匣子"记录飞机并没有失火。1/5的目击者看到飞机是向左转的,还有1/5的目击者看到飞机是往右转的。这项研究表明,最好的目击者也许是"父母不在身边的12岁以下的孩子",因为成人似乎很容易被自己的期望所左右。随着DNA检测的施行,美国有超过200名被指控犯有谋杀、强奸以及其他罪行的人被证明是无罪的。这些清白的人被判有罪基本上都是目击者证词所造成的。他们在洗刷冤屈之前已经在狱中度过了多年。日常的知觉也像一个情绪化的目击者所看到的那样频繁地发生错误和扭曲吗?答案是趋于肯定的。

其实,无论何时,只要你把人、物或事件归类,你的知觉期望就有可能被已有的类别概念所扭曲,并按照一定的定势进行知觉。因此,布鲁纳和珀斯特曼(Postman)对相关发现结果做了经典阐释。在他们的实验中,当期待看见某一项属于特定类别(玩扑克)的主体在一瞬间看见了目标物,即使目标物颜色异常(比如黑色方块),主体也说目标物和他们期待的颜色一样或者相近。布鲁纳和珀斯特曼对主体所说内容的解释是,期待影响刺激物的知觉。如果期待由概念记忆颜色决定,那么概念编码的信息或者信念就不自觉地影响了产生知觉到的颜色的机制。有研究者在颜色知觉上得出了具有可比性的结论,汉森(Hanson)等人总结如下:实验结果显示,低层次知觉机制上的高层次认知效应。其他如句子的听觉认知、词汇的视觉认知、大小知觉对价值的依赖等领域中也有相似发现。如果这种解释是对的，那么其发现就满足派丽夏恩早期视觉认知透视的一个条件：如果一个系统有认知渗透性，那么该系统的计算功能以语义一致的方式将目标和信念渗透于知觉器官，而且通过一种和这个人所说的东西存在逻辑关系的方式对其进行修改。

派丽夏恩用认知的不可渗透性假设来反驳对前述实验的解释。他给出了一些临床发现：这些临床发现显示了部分视觉知觉和认知的分离。派丽夏恩举出了心理物理学证据：早期视觉自动从理性推理中消除了场景中的分歧，声称许多假设的刺激对视觉解释的认知影响的案例实际上是认知状态不能接纳的固有的视觉限制。派丽夏恩试图展示视觉中许多认知效应的典例要么源于后知觉决策加工，要么源于知觉的"注意分配加工"。

## 第三节　知觉的理论负载性

在汉森等人提出"两可图现象学的"基础上，对观察结果不可描述的"理论中立描述"成为科学哲学家"科学观察的理论负载"的有力证据。针对这一点，汉森、库恩（Kuhn）、费耶拉本德（Feyerabend）补充到"我们所见已经是基于知觉者的理论信念和概念框架对传入信息的一种解释了。"换句话说就是"认知具有可渗透性"。这样他们就可以挑战"可根据经验测试科学理论再将其与其他理论进行对比"了，因为根据实验结果在可供选择的理论中作出理性选择必须要有理论中立背景作为支撑，这就潜在地使得科学理论不可比较。这种结论遭到了科学哲学界的建构主义者的反驳，他们否定"科学理论把观察者和不受心智约束的目标物联系起来"这一说法。另一方面，布朗、布鲁尔和兰贝特、凯切尔（Brown, Brewer and Lambert, Mitchell）认为知觉具有理论负载性，但同时声称知觉强大的自上而下组件产生了足以阻止建构主义的经验限制，从而力图减轻概念相对主义的后果。

## 一、知觉学习

很多认知加工都会影响知觉,让它大大地远离世界真实的模样。通常,我们会使用格式塔组织原则、知觉恒常性以及深度线索来构建我们的视知觉。所有这些以及其他的过程,构成了基本的部分源于天生的知觉能力的核心。此外,我们每个人都有自己独特的生活经验,它们能够自上而下地影响我们的知觉。具体而言,我们知觉到的会被我们的知觉期望、动机、情感以及知觉学习习惯所改变。

### (一) 知觉期望

什么是知觉期望?如果你是位正站在起跑线上的赛跑选手,那么你一定已经蓄势待发了。如果这时有一个气球突然爆炸,你会以为这是枪声而起跑。类似的,过去的经验、动机、情境以及暗示都会形成知觉期望(或定势),让你用某种特定的方式去认知世界。事实上,我们常常在认知世界的时候蓄势待发。从根本上来讲,期望是一种直觉假设,我们常常将其应用到外部刺激上——哪怕并不适当。

知觉期望常常让我们看到我们所期望看到的东西。比如开车的时候,你刚进行了一次违规的变换车道,然后你看到了一盏不断闪烁的灯。"糟糕!"你心想,"这下倒霉了!"然后你等着警车赶上你并让你将车停到路边。但是当那辆车慢慢靠近的时候,你发现那不过是一辆正打着转向灯的普通汽车。很多人都有类似的关于期望改变认知的经验。为了直观地感受知觉期望,我们可以看看图1.6。

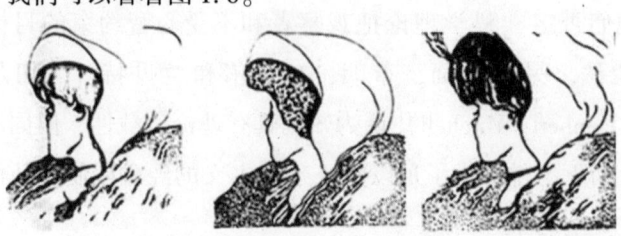

图1.6 "女孩—老妇"错觉

这幅图生动地展现了知觉期望，让你的一些朋友只看图1，另一些朋友只看图1同时遮住其他的图。然后让你所有的朋友都看图1，问问他们都看到了什么。那些看图1的人会从图1里看到老妇；而那些只看图1的人会从图片里看到少女。你是否都能看到呢？

知觉期望常常是由于暗示而产生的。在一个研究中，品尝了价值90美元的红酒的被试报告说它的味道比10美元的红酒好多了。功能磁共振成像证实，和愉悦有关的大脑脑区确实在被试品尝较贵的红酒时，激活更加明显。而这个研究有趣的地方在于，在两种情况下，被试品尝的红酒其实是完全一样的：暗示红酒很贵会造成知觉定势，从而使被试认为它的味道应该更加醇美，而结果也的确如此。同样的，把某些人定位为"不良分子"、"精神病"、"同性恋"、"非法移民"、"泼妇"等，都容易歪曲我们的知觉。

### （二）动机、情绪和知觉

我们的动机和情绪同样也会影响我们的知觉。当你很饿的时候，与食物相关的词语会比与食物不相关的词汇更能让你注意；当你口渴的时候，你更容易发现和饮料瓶差不多的东西等等。我们的情绪改变着我们的知觉，根据心理学研究者芭芭拉·弗雷德里克森（Barbara Frederickson）的观点，负面的情绪通常会缩小我们的知觉焦点区，或者"聚光区"，增加了非注意视盲的可能性。相反，积极的情绪能够让我们的注意范畴扩大。例如，积极的情绪可以影响人们辨识非同种族的人的能力。在辨认面孔的时候，会出现一致的"异族效应"。这是种"其他人看起来都跟我差不多"的偏见，主要针对的是跟自己非同种族的人。在面孔识别的测试中，人们更加善于辨认同种族的人。但是当人们处于积极情绪之中时，他们辨认其他种族人群的成绩就会有所提高。

产生异族效应的主要原因是，我们通常都对自己种族的个体比较了解。因此，我们对能够用以辨认同种族的个体特征了若指掌。而对于其他族群，我们却缺乏足够的知觉经验以帮助我们区分他们。不同民族或种群的成员习得了不同的知觉定势，让他们能够区分同族群个体的差异，但是在其他方面,我们认知到的世界是否也都是一样的呢?

### (三)知觉习惯

英格兰是世界上少数几个车辆左侧通行的国家之一。由于这种颠倒,在街上经常会出现游客不经意就走下了马路沿,站到了汽车跟前的情况,而且这种情况往往是在他们认真观察了反方向的车辆情况之后发生的。这个实例表明,学习在自上而下的知觉加工中起到了重要的影响。

学习是如何影响知觉的?知觉学习指的是我们的大脑改变了如何将感觉信息构建为知觉的方式。例如,要学会用计算机的话,你要学着特别关注某些刺激,例如不同的图标和光标。同样我们也学会了辨认起初看起来一模一样的图标。另一个例子是新手厨师要学会区分晒干之后的九层塔、牛至叶以及龙蒿之间的差别。而在其他一些情景中,我们学着只关注一组刺激中的部分内容。这让我们避免处理同类的全部信息。例如,足球队里的后卫只要观察一两个主要球员的动作就可以判断下个球是长传还是配合过人,而不必去注意对方整个球队球员的动作。在很多体育项目中,经验丰富的运动员比新手更加善于将注意力放在关键信息上。相比新手而言,老运动员扫描动作和事件更为迅速,并且只加工最有意义的信息,这使得他们能够更快地做出决策和反应。

在心理学家理查德·恩斯贝特(Rchard Nsbett)和他的同事看来,不同文化背景的人所认知到的世界的确是不同的。欧裔美国人比较个人主义,倾向于关注自我本身以及对他人的影响力,相反,东亚人比较集体主义,倾向于关注人和人之间的关系以及社会责任。因此,欧裔英国人更倾向于按照内在因素("她是自己愿意这样做的")判断行为,相反,东亚人更可能使用社会背景来理解行为("因为他对家人负有责任,所以他才这么做")。

这种文化背景的差异是否也会影响我们对日常事物和事件的认知呢?显然会。在一项研究中,美国和日本的被试需要观看一幅日常场景的图片,比如农场。之后,被试会看另一幅稍作改动的相同场景的图片。一些改动涉及图片的焦点或主体,另一些改动则涉及图片的背景以及地面。结果表明，美国人更善于察觉图片核心内容的改变，而日本人却对背景信息的变化更为敏感。

为了解释这种差别，蔡伯伦和尼斯贝特（Chua, Boland & Nisbett）向美国和中国的研究被试呈现了处于情景（例如森林）中的物体（例如老虎）的图片，然后同时检测被试观察图片时候的眼动。美国人将视线锁定在图片的主体上，中国人则会更多地注意图片的背景信息。换句话说，西方人的注意焦点比较集中，而东方人的注意分布相对宽泛。很显然，我们所生活的社会的确能影响我们最根本的知觉习惯，这样的知觉习惯也影响了东西方艺术家在美学上的选择。

习惯化与感觉适应的不同之处在哪里？习惯化是大脑中发生的知觉过程，而感觉适应指感觉感受器（皮肤、眼睛、耳朵等）减少传入脑的感觉信息。当你早晨第一次穿鞋的时候，感觉适应发生了。你脚上的压力触觉感受器开始向你的大脑输送各种信息。但是随着时间的流逝，它们"适应"了，输送的信息越来越少。同时你也"习惯"了，因为你的大脑选择忽略你正穿着鞋的事实。只有在发生变化的时候你才注意鞋带开了，或脚在新鞋里磨了个茧子。

当有多种刺激可供选择的时候，我们会自动挑选那些强烈的、新颖的、动情的、强对比的以及重复的刺激。父母和老师通常运用这个原则的注意。我们可以留意一下电视里播放的广告，它们一般比普通的节目声音更大、颜色更亮，被宣传的商品要比同类未作宣传的商品更加惹人喜爱。令人惊讶的是，使人厌恶的广告并不会打消你买这个商品的念头，问题的关键在于噱头，而不在于你是否喜欢这个广告。只要它引起注意，就足够了。

## 二、内隐知觉记忆

我们感知当前视觉环境的方式是受到过去视觉经验影响的。有研究者研究了这种经验依赖的神经基础。他们反复给被试一个模棱两可的视觉刺激（来自运动的结构），可以产生两种不同的知觉解释。因为过去的视觉经验会影响对这些刺激的感知，于是，他们用事件相关脑电图记录了刺激开始后不久神经活动的快速动态。在刺激开始后的50毫秒内，某一知觉的先前出现次数调节了早期后脑活动。这种调节在成百上千次的知觉重复中发展，反映了几分钟积累的知觉经验。重要的是，当仅仅考虑以前的刺激呈现的数量时，无论它们是如何被感知的，都没有这种调节。这表明这种效果依赖于先前的感知而不是先前的视觉输入。受短时间和大脑皮层后部位置的影响表明，知觉经验改变了早期视觉皮层自下而上的刺激处理。研究者得出结论，对给定视觉呈现的自下而上的神经反应，在一定程度上是通过在先前呈现期间发生的反馈调节来形成的，从而允许这些反应根据先前的感知决定而有偏差。

从逻辑上讲，知觉经验只有在知觉决策之前或构成知觉决策的神经处理中实现，才能影响后来的知觉。研究者认为，当感知到一个模棱两可的刺激时，在早期视觉区域，神经元自下而上的反应特性中留下了一个感知的"记忆痕迹"，用来区分对刺激的可能解释。针对我们的刺激，可能包括对运动方向和深度有选择性的神经元刺激，这些自下而上的反应改变导致早期ERP成分在以后的刺激表征中进行调节。这就解释了为什么这种调节是出现在刺激后不久进行的原因。在这种观点下，知觉的稳定性在许多表征中累积，留下的记忆痕迹，影响了未来的知觉决定。

尽管我们提出了一种自下而上的记忆痕迹，但我们并不排除额外的、可能是自上而下的、有助于处理记忆轨迹在表征中累积的可能性。例如，通过间接地建构观察者的感知经验。事实上，我们对刺激的感觉似乎涉及反馈活动区域，早期视觉区域的深度激活可以反映这种反馈活动。不论自下而上或是自上而下的因素在多大程度上决定了先前的刺激物接触时的知觉决定，我们先前的知觉决定留下的记忆痕迹，以自下而上的方式影响当前的处理过程，从而在知觉决策中对当前的判断形成早期的、普遍性的偏向感知。

研究者通过ERP相关电位实验之后的研究发现：关注刺激开始后不久的调节，ERP分析最适合考虑其时间精度、对刺激诱发反应的敏感性和高信噪比。然而，ERP在关注刺激锁定效应方面存在局限性。在未来的研究中，对类似数据的时频分析可能会识别重要的附加信息，特别是关于长期趋势和反馈信号之间，信号可能不会与刺激开始时的相位锁定有关。他们得出结论：后期视觉活动开始于刺激开始后的50ms，并与知觉重复有关，通过自下而上的视觉反应的改变、以及先前的知觉经验获得的信息被纳入知觉决策过程。在观察一个模糊刺激时，对早期视觉的反馈投影可以调节这些区域的反应特性，使感知决策过程在遇到该刺激时偏向于稳定的感知。

## 三、注意力偏向

注意力被看作是将所参与的信息进行编码，使得环境刺激的神经元群体之间有偏向的竞争的结果。偏向可以是自下而上的，也可以是自上而下的，通常是两者兼而有之。例如，封闭和公共区域是刺激的属性，它使竞争偏向于分割和选择具有形成封闭或空间区域特性的对象。另一方面，观察者的目标以自上而下的方式影响这些相同的过程，我们倾向于在场景中选择与行为相关的对象。德西莫内（Desimone）对偏向竞争的描述是这样的：人们可以通过分辨熟悉的对象来解释这些发现，这些对象存储在视觉长期记忆中，在适当的上下文环境中，激活视觉工作记忆中表征熟悉对象特征的细胞，从而提供自上而下的反馈，增强对这些对象作出反应的视觉皮层中神经元的激活，使它们在与陌生对象作出反应的竞争中具有优势。

对对象分割和注意的第二个自上而下的偏向来源是知觉集，它是指观察者持有的期望和目标，在实验设置的背景下，通常由实验者的指令决定。有研究表明，感知集可以激发基于对象的注意力。通常，使用注意控制设置一词来表示指导知觉行为的所有因素（即观察者在任务期间所持有的知觉目标，如视觉搜索）。这些目标可能包括实验者的指示（搜索某一对象或集中在该位置）或受试者的行动计划等。当涉及基于对象的注意时，知觉集对应于对目标对象的描述。观察者必须在任务持续期间保持工作记忆中的活跃。作为活动的这种描述增强并因此偏向于表征目标对象的神经元组织的激活，并允许选择目标对象。这样，感知集就会激发基于对象的注意力。

模板或知觉集的激活可以解释知觉集与双稳定刺激（支持两种知觉解释的刺激，图鸭子、兔子图形）一起工作的过程，其中只有一个刺激存在，并且没有一个目标对象必须在其他干扰器中选择；这是图形分割的一个例子。在这种情况下，模板方便了一个解释而不是另一解释。彼得森和霍奇伯格（Peterson & Hodgberg）与双稳定刺激的工作揭示了感知集偏差对象分割的方式的基础机制，即自上而下偏差所涉及的视觉过程。他们的发现表明，观察者的意图本身并不影响刺激的组织。刺激的一些关键点影响刺激的组织，即刺激自下而上的信息。一个双稳定的刺激被感知后，其解释的方式取决于观察者把他的注意力集中在哪里，因为在图形中有关键的点固定在那里，决定了知觉的解释。这意味着图形——表面分割中感知集偏差背后的机制涉及空间注意力的自动控制：实验中主试的指导语或一般的注意力设置，诱使观察者（被试）将他们的注意力分配到刺激中的一个特定区域。这就说明图形——表面分割中感知集偏差涉及空间注意力的资源控制，而不直接涉及早期知觉加工的调节机制。有进一步的证据表明，双稳定图形的感知不是通过抑制单眼细胞在早期视觉处理中确定的，而是在较高的视觉区域（V4区）确定的。

第三个自上而下的偏向来源是空间注意力。事实上，空间注意力似乎是知觉集的基础机制，因为知觉集的影响是由空间注意力的控制所介导的。换句话说，感知集诱导观察者（被试）的认知状态驱动观察者（被试）将其注意力分配给空间中行为显著的区域。有证据表明，空间注意力会影响表面隔离。观察者（被试）执行轮廓匹配任务与模糊的图形——表面表征，其中他们必须匹配轮廓的一个区域的模糊表征。在表征之前，一个空间的"前线索"出现，要么预测或不预测观察者（被试）必须匹配的区域。只有当线索预测要匹配的区域时，观察者（被试）才会表现得更快。由于只有前线索影响性能，空间注意力影响了图形——表面匹配过程，从而影响了物体的分离。

正如彼得森和吉布森（Peterson & Gibson）以及之后的贝里斯（Baylis）等人的研究一样，空间注意力似乎是通过引导观察者（被试）将注意

## 第一章 认知渗透性：历史与近期发展

力集中在偏向竞争的地点的临界点并决定视觉过程结果来实现感知集效果的机制。对象分割发生在视觉处理的各个层次，无论是早期还是晚期。如果空间位置的影响可以用早期知觉加工的时间过程中的延迟来记录，那么这似乎是通过内源性（即认知驱动的）空间注意力的影响来调节早期知觉加工的明确证据。空间效应确实是在短的潜伏期（刺激开始后约70毫秒）实现的，因此，这是一个初步证据证明知觉的认知渗透性。

因此，自上而下的约束在对象分割和识别中发挥着不可忽视的作用。注意力在一般和空间注意力中的主导作用，尤其是在认知对视觉自上而下的影响方面，主导作用尤其明显。所以，在任何关于知觉和认知之间的渗透性讨论中，注意力都变得至关重要。

总之，在早期的视觉中，有一个自下而上的过程（在一个被引导的过程的意义上，只受刺激而不是认知的影响）。将感官数据初步分离成单独的候选对象，或者更确切地说，是原始对象自上而下的效果，包括熟悉对象或场景或某种形式的注意设置，可能会覆盖这种初始隔离，以利于将场景解析为对象的其他一些分析。自上而下的效果也解决了当自下而上的过程不足以将场景分割成其对象时的模糊性。然而，这些自上而下的效果发生在早期视觉已经执行了它的第一次传递——将场景解析成单独的对象。因此，特征整合和物体分离不被看作是大脑中视觉加工的一个单独阶段，而是"由于皮层区域之间的交互激活而出现的一种紧急现象"。

因此，在视觉处理中似乎有不同的阶段。我们可以在视觉处理的三个阶段之间进行以下区分，即感觉、知觉和观察，适用于视网膜图像中包含的信息的所有过程都属于感觉的范围。因此，我们有计算光强信息的过程，感觉包括视觉的部分，例如通过定位和编码单个强度变化来计算光强变化的过程。感觉包括马尔（Marr）的原始二维草图，提供关于交叉点、障碍、斑点、边界、边缘段等信息（许多关于表面的信息是在视网膜上反射光强度的变化中编码的）。因此，早期视觉系统的任务是通过定位、表征和解释强度变化和强度在不同空间尺度上通过更抽象的属性重组的方式来解码这些信息。比如，强度的急剧变化被解释为表面边界。然而，由于不是一个均匀的光照在光滑平面的世界，视觉系统也必须表征和解释强度的逐渐变化。在神经科学术语中，感觉包含在那些属于兰姆（Lamme）前馈扫描的过程中，这可能是在从视网膜图像中提取的特征绑定之前发生的。由感觉产生的"图像"，最初是认知上无用的，在越来越结构化的表征中，通过感知逐渐沿着视觉路径转变。

将感觉转化为可以由认知处理的表征的过程构成知觉。这些过程的输出是一个认知上不可渗透的内容，它是以自下而上的方式从视觉场景中检索出来的。这一产出的一个子集被称为"现象内容"。在兰姆的理论中，现象意识需要局部反复处理。因此，只有通过局部表征形成的内容才能是"现象内容"。另一个子集是个人信息处理状态的内容。作为感知的一个例子，马尔二维草图的各种分组过程源于原始草图中形成的边缘碎片，它们产生完整的原始草图，其中恢复了较大的、具有边界和区域的结构。通过原始草图，图像中的轮廓和纹理是以一种纯粹的自下而上的方式捕获的。尽管在该级别的处理涉及到横向和局部自上而下的信息，然而，在早期的视觉范围内，这并不威胁到相关过程的自下而上的特性。感知包括中级视觉，包括过程（如形状和空间关系的提取），这些过程不能完全自下而上，也不需要来自更高认知状态的信息，因为它们依赖于横向和局部自上而下的信息。需要注意的是，由于形状和空间关系的提取需要局部表征，它们属于现象意识的范围。因此，作为非感性的知觉过程不受我们对特定对象和事件的知识影响。在马尔的模型中，二维草图是感知的最终产物。正如我们所看到的，空间关系、位置、方向、运动、大小、以观众为中心的形状、表面性质和颜色都可以通过低水平的视觉过程进行底部恢复。

随后的所有视觉过程都属于认知范围，包括对象识别单元干预后的感觉、语义界面，以及导致识别和识别矩阵的纯粹概念过程（高级视觉）。在这个层次上，视觉过程的最高层次是马尔所说的三维模型。对象的恢复不能完全由数据驱动，因为被视为对象的东西取决于随后信息的使用，因此，这是认知上渗透性的。

## 第四节　知觉研究的近期发展

很多理论都认为，物体识别是基于部分分解的，这是形成物体结构描述各个阶段的分解，但这似乎依赖于特定物体的知识。

### 一、知觉认知渗透性相关讨论总结

福多直接讨论了选择认知结构理论的现象性后果。丘奇兰德（Churchland）认为，观察具有理论负载性。他的依据是认知新科学、联结理论和视觉科学中知觉可塑性的发现。为了反驳丘奇兰德的观点，福多明确地陈述了他所说的不可渗透性和封闭性假设的现象相关性：观察者所持有的理论之间的差别产生的心理条件是什么并不阻碍观察者在知觉上达成共识。而且，根据经验判断，认知封闭性似乎是这一点的必要条件。和派丽夏恩一样，福多引用了论点"理论负载性的假定例子实际上是视觉加工中的固有限制：知觉模块把功能性结构固有的一般假设用于把近刺激转化为可以借助认知开拓的大脑表征"。福多指出，要使观察具有理论负载性，知觉加工必须要接触到命题态度的内容，错觉无法渗透信念的内容似乎又反驳了这一点。丘奇兰德提出了两种非常鲜明的观点回应福多：（1）从高层次认知中心到低层次视觉线路存在大量自上而下的神经线路这一点只有当某人假设神经线路允许信息从大脑认知区域传递到知觉加工区域时才可以被解释；（2）大脑知觉的可塑性，特别是负责知觉加工的区域反驳了福多的观点"知觉由封闭模块来完成"。

"理论中立说"否定了"看见与看见的区别"，即科学研究应当力求摆脱研究者的价值判断而完全取决于研究对象的真实状况。如果一个人所看到的取决于一个人的期望、信念，那么，科学理论变得不可互换比较，属于不同科学范式的科学者之间不可能有交流，因为没有一个理论中立的感性基础可以解决意义上的问题。相反，知觉成为范式的一部分，受其理论承诺的调节，不同范式的支持者知觉不同的世界，知觉变得充满理论。上述观点导致了建构主义在哲学中的诞生以及所谓的概念相对主义运动。建构主义否认了现实主义的科学理论只与我们自身相关，而与目标无关的主张。认识论建构主义认为，我们对世界的体验是由概念导致的，没有直接的方法去检查对象的哪些方面属于它们，而不依赖于我们的概念化。知觉是认知上和理论上的渗透。没有一个阿基米德古老的形而上学的论点来自我们可以从中比较我们的目标对象和与思维无关的对象，我们表达观点并确定这些对象在哪些方面以及在多大程度上与我们所支持的对象相同。换句话说，我们不能确定我们认为客体所具有的特性是否真的是世界上客体的真正特性。语义建构主义攻击现实主义的理由是：没有直接的方法来建立术语与它们所指的实体之间的关系。这种关系只能通过在这些实体和我们的行为之间的因果关系间接调节，它只能依赖于兴趣，因为这些关系以实体为基础，他们更喜欢用他们的指称，参考变成理论依赖。

　　建构主义认为所有生活在一个范式中的人都不能真正与那些生活在另一个范式中的人交流沟通，这就是科学理论的不可通约性。建构主义者一直在反对概念相对主义，因为事实上，人们几乎从来不会相信科学理论之间是不可通约的。然而，建构主义的根源一直未被触及，直到福多在"新观心理理论"的基础上对知觉理论提出了挑战。他认为知觉是通过认知不可渗透的模块来实现的，这是福多为了恢复知觉原有秩序的初衷：知觉的地位，福多认为，要建立真正的建构主义，就必须直指要害——破坏知觉的理论负载性。

　　认识论建构主义的主要论点是，知觉的理论性意味着我们的经验是由我们的概念所中介的，因此在两个不同的概念背景下的人对世界的体验不同，只有当他们支持相同的概念框架时，他们才能就他们所看到的东西达成一致，并且不可能有任何理论中立的基础，最终，他们关于理论测试、信任和理论选择的辩论可以得到解决。（处于不同的概念框架意味着他们看不到对方的数据。由此产生了著名的不可通约性论文，它禁止跨范式的交流①)。我们可以很容易从对感知的理论中立性中发现认识论建构主义。这种中立性使得"看"和"看"之间的区别已经过时了,也为科学和意义的相对论理论扫清了道路。由于不存在理论中立的基础,即可供选择的理论之间的理性选择所依据的基础被否定,科学理论就变得不可通约,因为不存在理论中立能够解决意义问题的感性基础。相反,观念受到理论观点不断更新和调整影响,不同范式的支持者感知的世界就是不同的。感知是理论负载的,我们因此无法判断基于经验的两种替代理论或相互排斥理论哪一个更好。

在汉森和库恩的工作大约四十年后,没有多少科学哲学家认真对待不可通约性理论,大多数人认为科学历史已证明跨范式的交流是可行的。因此,似乎没有什么必要试图证明跨范式的交流是可能的。然而,要证明汉森和库恩是错误的,就必须首先削弱"新观理论"中的视觉观点,这就需要探讨认知的不可渗透性,这也是我们此次研究的主要目的。

## 二、知觉认知渗透性的近期发展

拉夫拓扑罗斯论证了早期视觉具有认知不可渗透性这一假设。拉夫拓扑罗斯通过对注意的解释,证实了派丽夏恩的论点"注意对知觉的影响仅限于后期视觉和注意的前知觉分配"。为了断定早期视觉输出是否是主体能意识到并陈述出来的表征(如果假定不可渗透状态从认识论角度看是有用的,那么这一点就需要被证实),他还呈现了与发生视觉加工的潜在因素有关的一项神经科学证据的分析。拉夫拓扑罗斯和穆勒(Muller)解释了认知不可渗透性和知觉的非概念内容假说的关系,他们认为,早期视觉的认知不可渗透性是知觉非概念内容的必要条件。最后,拉夫拓扑罗斯利用认知不可渗透性假设反驳了理论负载性,支持了科学唯实论。

---

① Churchland, P. S., Ramachandran, V. and Sejnowski, T., "A Critique of Pure Vision", in C. Koch and J. Davis (eds), *Large-Scale Neuronal Theories of the Brain*, Cambridge, Mass: MIT Press. 1994, pp. 23 – 60.

西格尔指出，认知渗透性及其潜在影响等问题和认知是否能表现出类别以及类别是否能够区分视觉现象学和认知现象学等问题是交织在一起的。西格尔的观点是：概念占有会影响视觉经验，知觉内容包括高级属性，如类别暗示着知觉认知渗透性的一种形式（虽然并不知道早期或后期知觉加工会不会受高级属性影响）。西格尔描述了"从认知状态到知觉状态的不适当反馈回路（这种回路会潜在地损坏信念的直接确认）"：如果信念影响下的加工形成了一种知觉经验，影响加工的信念又和被预测评估的信念有关，那么知觉经验对这种信念的辩护就会遭受源于认识论的怀疑。

里昂斯提出了大量知觉模块性本质的相关提议，探究了认知渗透性和知觉封闭性的认识论后果。里昂斯对模块性的概念给出了一种温和的解释：尽管一个系统不具有信息封闭性，它依然可能具有模块性。里昂斯否定了"知觉的认知渗透性必然会减轻知觉保证"，他认为，有些形式的认知渗透是良性的而另一些是恶性的，这一点取决于渗透性是会增加还是减小知觉的可信度。例如，与近期的、局部知识产生的自上而下的认知影响（比如短期记忆）不同，低效率学习引起的认知影响的诱因（长期记忆、经验等）更有可能是世界持续稳定的特征，它更可信。

马克菲森（2012）引用了有关颜色的实验结果论证她的观点——色彩经验具有认知渗透性。根据她对颜色实验的解释，我们对目标物的分类方式取决于我们对目标物持有什么样的色彩经验。马克菲森特别强调，记忆颜色（处于概念编码状态）影响的是目标物的现象外貌，而不是我们对目标物颜色的信念或判断。她还描述了一种机制，这种机制允许非知觉的概念状态的现象特征如想象和知觉经验的现象特征之间产生互动。对此有反驳观点称，颜色知觉的认知渗透性就表明实验结果可以用知觉判断或者早期知觉形状的呈现（不受概念编码记忆路径影响的色彩联想混淆）来解释。

尽管在心智的计算主义理论框架内由于维护知觉不可渗透性已经介绍了认知渗透性和认知不可渗透性的概念，但是近期有关认知渗透性和不可渗透性概念方面的研究更倾向于支持知觉不可渗透性。这些研究或者是引用实验数据和现象思考，或者是放宽对渗透性的定义从而扩大其定义的范围。爱德华·马夏瑞试图以方法学为背景,重新激起对认知渗透性假设的怀疑。基于二十世纪六七十年代兴起的心理学新观,爱德华·马夏瑞举出了有关"影响原认知渗透性的问题"的一项对比以及近期认知渗透性的辩论中涉及的实验数据的瑕疵。这些被指出的瑕疵和对这些瑕疵的解释并不能决定认知渗透问题的焦点。例如,在德尔克、费冷鲍姆(Dirk & Felenbaum)的颜色实验中,色彩记忆影响的是知觉经验还是知觉判断是根本没办法控制的,但只有"记忆对知觉的影响"能解释认知渗透性。渗透性辩论中的另外一系列发现源于巴尔凯迪斯和杜宁对距离知觉的探究。这些发现的基础是主体根据记忆作出的评估,所以我们不清楚主体报告的是他们的知觉还是记忆。但是巴尔凯迪斯和杜宁总结了他们的发现:动机性状态的影响从社会判断延伸至知觉加工。实际上,马夏瑞指出,新观心理学家有意识地排除了知道"认知状态影响的到底是知觉经验还是知觉判断"的问题。此外,另一个问题是不能模仿一些重要实验。很多对布鲁纳和古德曼(Bruner and Goodman)就"价值是如何影响大小知觉的?"的实验中一项重要的经典的"新观"研究的模仿都失败了,近期普罗菲特(Profit)等人对距离知觉评估实验的模仿同样失败了。几项研究的草案中就混合了模仿问题,这些研究并不一定有正常观察条件或刺激物。马夏瑞总结了近期的经验研究和理论论据,以支持"完全一样的问题中的认知渗透性最先导致对'新观心理学及其解释'成果的普遍怀疑"这一观点。

## 三、"知觉的认知渗透"与"自上而下对知觉的影响"

从本研究的角度来看,"知觉的认知渗透"和"自上而下对知觉的影响"是同义词,只要一个人以认知渗透能力来表征认知对知觉内容的影响,而不仅仅是对知觉状态的载体的影响,也就是说,人们不仅感兴趣的是知觉神经通路是否接收来自更高认知回路的信号,而且感兴趣的是知觉内容是否受到认知状态的影响,那么,认知告知了知觉,认知状态就会影响知觉,从而影响知觉概念框架。从这个意义上来讲,"知觉的认知渗透"、"知觉的理论负载"、"知觉的概念效应"、"自上而下对知觉的影响"

等这些表达方式大致上也是可以互换的，这些表述只是强调的内容有所差异，而非本质上的差异。

然而，"知觉的认知渗透性"和"知觉的理论负载性"在某些情况下是有区别的。前者是用来表征认知机制和过程对知觉机制和过程的影响，在这种情况下，一种是位于知觉状态的载体的水平，而后者则适用于知觉状态的内容。我们的研究主要讨论的是知觉内容是否受到认知状态内容的调节，因此，"知觉的认知渗透"证明了认知状态对知觉内容的影响，"知觉的理论负载"是"知觉的认知渗透"的概念衍生，"知觉的认知渗透性"通过知觉——对偶调制中引入概念装置，也证明了"知觉的理论负载性"。

那么，这种自上而下的影响是增加了知觉判断的可靠性，还是相反呢？

从认识论的角度来说，认知渗透的最佳案例就是知觉学习的案例。在相关领域的专家远没有干扰感知信念的正当性，他们比新手拥有更合理的感知信念。将鸟识别为啄木鸟的专家比仅仅是猜测的新手在这种感性判断上更有道理。这是因为专业知识和感性学习可以提高感知能力；专家更擅长感知判断，更容易把事情做好。这在很大程度上是可靠性的问题。在这种情况下，我们的高度警觉性使我们能够更好地发现道路上的蛇，这是一种良性的、可靠的认知渗透的情况。如此一来，只要认知渗透不降低可靠性，它就不会构成认识论上的威胁，这种认知渗透在认识论上就没有不可接受的地方。

另一方面，自上而下的情况会比较极端，比如"一朝被蛇咬，十年怕井绳"，只要我们看到像长条有花纹的东西，就会误以为是蛇，那么自上而下的处理就会干扰感知的可靠性，"杯弓蛇影"也是极端的例子。这些认知渗透性对我们知觉的判断是不受环境影响的或者说是不敏感的，也就是我们的信念不充分地依赖于感知者的环境，这种不充分的可能是真实的，而且是"坚定的"。因为，认识论者通常将行为人正在或可能基于其信念的东西作为证据，所以，将自上而下中的有害影响描述为对证据的一种不敏感是很自然的，证据仅限于行为人的实际或可能的信念依据。即使在认知渗透的不良情况下，行为人对"证据"也完全敏感。基于经验状态的、主体的信念与主体的感知经验完全匹配，这是一种不能胜任任务的经验状态。因此，这一问题的最好解释就是主体对环境不敏感。

在心理学中的"定势效应（set effect）"也是自上而下影响的一个很好的例证——在解决问题时，人们会受到自己经验的影响而倾向于选择某些算子，这种问题解决的偏向被称为"定势效应"。一般来说，定势效应发生在某些知识结构比其他的知识结构更容易获得时。这些知识结构可能是程序，也可能是陈述性信息，如果可获得的知识是当下主体解决问题所需要的，那么就会促进问题的解决，如果可获得的知识不是所需要的，就会阻碍问题解决。如果当你发现自己被困在一个问题上，并且不断尝试使用相似的方法却依然不成功时，你最好强迫自己后退一步，改变定势，尝试一种不同的解决方法。

认知渗透的自上而下影响可能有 4 种方式：（1）它可能使知觉过程偏向于行动者的预期；（2）它可能促成某种方式的弹出；（3）它可能会增加肯定或否定与期望相关的、显著的知觉特征；（4）它可能依赖于过去经验（主体独特、连续的知觉经验）而进行直觉判断，比如颜色、大小、形状与光线的强弱对应联系等等。这四种"影响模式"都会影响感知的内容。在这 4 种方式中，只有（1）看起来像是不良渗透；（2）和（3）似乎没问题；（4）则取决于过去经验的范围和最近程度。如果这种影响是由一个缓慢的联想过程产生的，那么它往往只会受到世界持久、稳定的特征的影响；如果这种影响是快速和不稳定的，它将受制于表征的临时变动——过程越倾向于前者，结果信念就越有道理；越是倾向于后者，就越不合理。

许多因素是我们不能完全正确地感知世界——观察条件、分心、干扰、伪装等等，因此先验的信念就显得尤为重要，这源于认知的渗透性，尽管在某些局部情况下会有不合理的信念，而这可能只是概率性事件，就如同记忆会导致错误的判断和决策，认知渗透本身不是错误或不合理的，但它可能会直接导致结果的错误，这是由认知渗透引起的，但不是基于它。知觉的某种认知渗透是不可否认的，即使渗透被证明局限于特定的位置，也不会产生直接的认识论结果。真正的认识论取决于渗透模式的细节，这是我们接下来将具体讨论的问题。

# 第二章 视知觉

视觉知觉的研究是近年来认知科学中进展最为显著的领域之一。我们对视觉系统如何工作的理解,无论是功能上还是生物学上,都比我们对大脑其他部分的了解要多。然而,我们为什么以这样的方式看待事物,这个问题在很大程度上仍然没有解决,这仅仅是因为我们的眼睛受到了特别的刺激,必须要连线视觉系统吗?还是因为这些都是我们期待看到或准备吸收的东西?关于感知与认知的联系有多紧密,人们一直存在着并且还会继续存在重大的分歧。这种分歧可以追溯到19世纪,有些人认为感知本质上是从基本的视网膜或感觉特征构建越来越大的结构,这种层次结构划分的观点得到了大多数人的认可。最早的相关研究是冯·赫尔姆霍茨提出,并在现代又被重新提及。通常是设定一个关于刺激是什么的假设,之后利用数据进行验证,最后要么接受假设,要么重新设定假设,并在一个连续的假设和测试循环中再次尝试。这些不同的视觉感知观点,不仅在主流的心理学流派中流行,而且在不同时间和不同程度上被神经科学和科学哲学所回应。

## 第一节 早期视觉

很多心理学实验都支持了视觉涉及整个认知系统的观点,这一点似乎处处体现，但也有人相信视觉过程的重要部分是独立的、非认知的。认为视觉的各个部分的不同，并不是要否认知识对视觉理解的重要性，而是在对视觉做某些区分时，证据不再支持认知渗透的观点。显然，我们对世界的看法取决于我们对这个世界的了解和期望，但是，尽管眼见不一定为实，视觉区别仍应得到足够的重视。其次，我们仍需将视觉早期的自上而下的影响和认知渗透进行区别。视觉中自上而下的影响是视觉内效应，即由早期视觉计算的视觉解释会影响其他视觉解释，它们被时间或空间分开。在这里，我们所关注的那种影响源于视觉系统之外，并以某种意义依赖的方式影响视觉感知的内容，也就是认知渗透。

就目前而言，如果一个系统在认知上是可渗透的，那么它所计算的功能在语义上是对有机体的目标和信念敏感的，也就是说，它可以被一种为人所知道的东西且有某种逻辑关系的方式所改变。值得注意的是，通过重塑基本传感器所发生的变化（例如通过减弱或增强某些特征检测器的输出或通过集中注意），并不能算作认知渗透，因为它们不会以逻辑上与信念、期望、价值观等内容相联系的方式改变感知的内容，不管后者是如何达成的。

认知渗透是认知技能的规律。如何理解今天报纸的内容；如何理解一篇文章中指称的代词；如何识别噪音中特殊的声音，这些都是认知渗透的功能。个体所需要做的就是改变信念，并根据新信息的内容，以一种有意义的方式改变自身在这些任务中所做的事情。大多数的心理过程都是可以被认知的，这就是为什么行为具有可塑性，为什么视觉感知的很大一部分在认知上是不可渗透的，这是强有力的经验主义主张。

## 一、早期视觉的提出

作为认知不可渗透性假设的一部分，派丽夏恩试图将一系列早期知觉加工从思维中独立出来，并将其描述为垂直认知结构中的不同项目。这是对知觉认知不可渗透性提出的第一个系统性经验假设。该假设的特别之处在于，认为部分视觉知觉具有认知不可渗透性，派丽夏恩把这部分视觉知觉称为"早期视觉",它包括从刺激开始到以自我为中心的物体表面表征的构建等一系列视觉加工。派丽夏恩将早期阶段中的原始视觉物体称为"原型物体",同时,他提出了视觉知觉透视精确的系统假设:包括物体识别和鉴定的视觉剩余部分(后期视觉)和长时记忆语义信息(如种类信息的概念编码)、施事主体的注意、知觉主体的意识,假设这些都一起表征出来。派丽夏恩用早期视觉和后期视觉的不同,隔离出了具有认知不可渗透性的那部分视觉知觉,于是早期视觉和后期视觉在认知渗透性辩论中就变得至关重要。

早期视觉包括一个前馈扫描(FFS),其中信号由下至上传输,在可视区域持续约100毫秒;还包括一个阶段,在该阶段,横向和周期性连接允许周期性处理,这种重复性的处理,大约从80—100毫秒开始,限制在视觉区域内,不涉及来自更高认知中心的信号。兰姆将这种处理称之为局部循环处理(LRP),局部处理在100—120毫秒左右达到高峰,之后,包括记忆回路在内的高级执行中枢的信号会干预和调节知觉加工。前馈扫描可以将信息进行分类,确定神经元的经典感受野及其基本调谐特性,并导致一些初始特征检测。之后,局部处理和前馈扫描进一步结合,其生成对象的复杂表征仅限于有关时空特性、表面特性、颜色、纹理、方向和运动的信息,此外还将对象表征为存在于空间和时间中的有界实体,在这个阶段,现象意识出现了。从150—200毫秒开始,与视觉流以外区域的反复交互使视觉工作记忆的存储成为可能,并产生知觉加工。因此,早期视觉随后是后期视觉,这是注意力调节的阶段。

感知过程是感知系统的状态向其他状态的一系列变换,这些状态具有特定的特性,这些特性以变换参数为特征。每个状态都依赖于它的前一个状态,它是通过变换参数的函数派生出来的。在大脑中,一种状态是神经元集合激活值的模式,状态的转换是通过这种激活模式的改变来实现的。如果知觉系统内的信号传输和转换间接受到以自上而下的方式进入知觉系统的高级认知区域产生的信号的影响,那么知觉处理就是非渗透性的,在这个阶段产生的状态就是认知不可渗透的。同样地,如果感性内容及其转换不受认知内容的直接影响,则感性内容是认知不可渗透或概念上的封装。需要特别指出的是，无论是命题还是其他有意实体，都是抽象实体，不能对状态、处理或其他内容产生因果影响或受其影响。

派丽夏恩认为早期视觉是认知不可渗透的，而晚期视觉则具有认知渗透性。他认为只通过确定注意力集中在哪里、集中到什么地方以及集中到什么程度来影响知觉，它不会以任何更直接的方式改变感知的内容，使它们受到信念内容的影响等等。由于早期视觉不接受"影响"的内容，所以，认知并不能决定一个人的感知。根据派丽夏恩的观点，在知觉中发现的认知影响仅限于在早期视觉操作之前通过焦点注意的调节和在早期视觉操作之后应用的选择或决策操作实现。因此，派丽夏恩认真地将这种效应与认知效应区分开来，在认知效应中，信念、目标和期望决定了知觉的内容（事物看起来像什么）。他将认知影响称为知觉前或知觉后的影响，无论是注意效应还是诸如情绪、动机效应等，知觉加工的间接因果影响都是认知影响。认知影响与影响知觉本身的直接因果影响不同。假设认知渗透仅在概念进入早期视觉内容时获得，也就是认知状态因果地影响了早期视觉时，认知内容仅在因果影响的情况下影响早期视觉内容。如果存在这种影响，则早期视觉的内容就是认知渗透的。相反，对知觉加工的间接影响并不威胁早期视觉的认知不可渗透，因为概念不进入早期视觉，而是通过确定关注的位置和内容来间接影响早期视觉。事实上，空间注意效应要么发生在刺激开始之前，要么是刺激驱动的，而不是认知驱动的。而且，基于对象特征的效应发生在刺激开始之前或在早期视觉终止之后，所以，这个效应也说明早期视觉是认知不可渗透的。

麦克弗森（Macpherson）认为，如果在固定的视觉场景、知觉条件、知觉者的空间注意力和感觉器官的条件下，任何两个知觉者都不可能具有不同内容或特征的体验，那么知觉就是认知不可渗透性的。麦克弗森强调，空间注意的影响并不构成认知渗透性的情况。有人指出，他的这一定义忽略了对象或基于特征的注意的后知觉影响和在刺激开始前注意到某个特征或对象的前知觉影响的作用，这些刺激触发了知觉中的前馈扫描但不构成自上而下的影响。这两种效应都不涉及早期视觉的认知渗透性。

斯多克斯（Stokes）提出了认知渗透的另一个含义。知觉经验 E 是认知渗透性当且仅当（1）E 与某些认知状态 C 有因果关系；（2）E 与 C 之间的因果关系是内在的和精神的。这个定义确保了在知觉之前的一些显现的和隐蔽的（如转移隐蔽的注意力）行为不算作认知渗透。(1) 中的因果从句确定了因果关系是一种依赖关系，而不仅仅是一种解释关系；如果 C 不发生，E 就不会发生。(2) 中的"精神"限定是为了排除认知对知觉的一些间接影响，人们不希望将这些间接影响视为认知渗透的实例，例如将注意力集中在视野中的某个点上。认知驱动的空间注意固定了视野中的一些外部区域，这决定了人们在那里看到什么。然而，认知和知觉之间的这种关系不是内在的或心理的，也不是认知渗透的情况。斯托克斯试图表达"对知觉的间接影响"的概念，并将认知间接影响知觉的案例排除在认知渗透的真实案例之外。此外，斯托克斯的条件是，如果认知状态 C 与知觉状态 E 之间存在一种偶然的关系，而不是单纯的解释关系，那么认知状态 C 认知性地渗透到知觉状态 E 中。

福多认为模块是大脑的信息加工机制，该机制完成的是由固定输入和环境限制的部分任务。知觉模块的作用是借助认知中心、利用知觉输入和知觉加工资源以适当的形式输出，例如，有一种视觉模块，在该模块下，大脑表征是由不借助任何记忆或意义信息的视觉的视网膜模拟独立产生的。福多提出，如果一个知觉信息加工系统具有模块性，那它的信息和其他系统包括认知系统之间将是封闭的，因为该系统感觉不到涉及思维和推理计算中的信息，所以具有认知不可渗透性。具有认知不可渗透性的那部分视知觉，包括所有进行视觉目标物识别的加工。识别过程没有认知渗透是不可能的，因为视觉信息和概念信息及长时记忆之间的互动确保了目标物识别。为了证明这一点，派丽夏恩把早期阶段的视觉隔离了出来，早期视觉排除了识别加工和马尔（Marr）的二维（2D）草图（马尔认为，早期视觉具有认知渗透性）。

## 二、二维（2D）草图

马尔对视觉的解释中，早期视觉和后期视觉的区别是关键。马尔认为，视觉首先会在一个场景中提取目标物的轮廓信息，最主要是靠场景反射光的方式来提取①。所提取的信息加上灯光的信息，再结合对实体视觉的时差、单眼深度线索的固有解释、产生几何形态表征的几何原理和拓扑原理的加工，视觉系统就会为场景中的体积和深度关系构建一个以观察者为中心的表征，马尔称这种视觉表征为二维（2D）草图。二维（2D）体积比三维（3D）草图小，但它是在没有其他语义解释的情况下，由受限视觉点形成的三维场景的空间表征，所以仅限于可视目标物。目标物不可视部分只能过后以马尔称为3D模型的形式表征出来，3D模型部分会被格式化，以匹配记忆中的目标物表征。

马尔使用了"早期视觉"这一术语建构了2D视觉草图的加工种类：在不借助任何对所视目标物的特征、用法、功能的假设的前提下，通过纯粹的数据加工对目标物的重现。所以，马尔认为视觉不涉及所谓的语义加工。马尔用以支撑其立场的证据是临床神经学的发现。研究者发现，只有从放远了目标物自然轴的角度观看目标物（早期视觉根据轮廓构建深度的一种几何属性）时，才会导致因右侧顶叶损伤而引发的物体识别障碍。他把这一点用以支撑"形状的构建由视觉系统不借助有关目标物的语义输入独立完成的"的说法。通俗地讲，他的立场是：即使在困难环境中（该环境中的人可能期望视觉使用一些语音信息来补充或分清视觉输出），视觉是独立地决定以观察者为中心的几何形状的。马尔认为自己的视觉观点和计算机视觉科学家的观点是相对的，后者的目标物识别项目利用了语义信息去决定一个场景中的目标物的形状和分割，这种模式表明整个视觉目标的识别都是由于信息决定的。相反，马尔认为语义信息只在后期视觉中才会干涉目标物识别，而后期视觉的先决条件就是2D草图（因为要进入后期视觉，首先需要将2D草图以观察者为中心的协同框架画到以目标物为中心的协同系统上）。

---

① Marr & Nishihara, "Representation and recognition of the spatial organization of three-dimensional shapes", *Proceedings of the Royal Society of London*, 1981(200), pp. 269–294.

派丽夏恩对早期视觉局限性的描述是以马尔的视觉层次概念为基础的。早期视觉被认为是不涉及观察者为中心的表征，只有在早期视觉有固定的形状后，语义信息才能反馈到早期视觉加工，早期视觉的输出被认为由至少包括表面布局的形状表征、闭合轮廓及细节（足以看见一个以形状为识别索引的记忆中的部分刺激）组成。在马尔的基础上，派丽夏恩还补充了两个特征：其一，早期视觉构建像目标物的视觉表征，这与目标物没有区别的以观察者为中心的场景表征不同；其二，注意并不直接调节早期视觉加工。

早期视觉中的注意力，即使是间接的或是在其操纵知觉加工的能力中，也意味着早期视觉是非认知渗透的。换句话说，为什么不让注意力的这种间接作用算作认知渗透呢？这与认知渗透的概念有关，即注意的间接作用使得概念确实进入了对知觉的现象性内容的因果解释之中，这是早期视觉内容的认知渗透的真实案例而已。

我们这里讨论的早期视觉和认知渗透都有一个潜在的假设：知觉是一个过程，认知也是一个过程。视知觉的认知过程论是一种可能性，即认知或情感状态能够以一种改变视觉内容的方式影响视觉加工，而视觉内容是或将是观察者所经历的。早期视觉是不同观察者在其视野中注意到相同的位置或刺激物，或准备在相同的外部条件下注意到相同的刺激物。尽管后一种注意是在"准备"的情况下发生的，但是这种影响是间接的。根据早期视觉认知不可渗透性的含义，不受认知状态影响的间接因果效应，其内容在概念上进行了信息封装。

## 第二节　视觉处理过程

根据普通心理学知识，早期视觉系统的输入是视网膜视杆和视锥细胞的激活。但由于之前是从功能上定义了早期视觉，所以早期视觉输入的具体内容需要通过实证研究来知晓。因为并非所有刺激视网膜的东西都可以作为早期视觉输入的内容，因而，注意也就先于了早期视觉。而且，早期视觉系统还接受来自视网膜以外的其他刺激源的输入，知觉的性质在很多情况下也取决于其他刺激源的输入，比如，来自前庭系统的输入会影响方向感，来自眼睛和头部的本体感觉和传出信号会影响视觉位置感。这些发现表明，某些类型的信息（主要是关于空间的信息）可能对通常的模式产生影响，因此，非连续性空间信息可能必须包含在早期视觉系统的输入中。

## 一、灵长类动物大脑中的视觉处理过程

像所有的哺乳动物一样，猴子从它们的左右视网膜接收视觉信息。它们眼球的内表面就像一张照片，每个视网膜是由大约10亿个感光器组成的感光面。这些感光器的活动是在视网膜中进行的，并且通过一类被称作视网膜神经节细胞的神经元，经过神经传送到外侧膝状体神经元。

猴子的外侧膝状体神经元是一个薄片状的结构，由六片薄饼状的神经元相互堆积而成，每一片接收来自两个视网膜中任何一个的按地形组织的一系列投射。这里的按地形组织是指在某一个特定的位置，比如说，在外侧膝状体的第二层，所有的神经元均从某一个视网膜上单一固定的位置接收信息的传输。由于视网膜上的每一个位置都对应着视觉空间中的一个位置（就像摄影底片中的每一个位置一样），因此外侧膝状体的每一个位置是与视觉世界的一个具体位置相对应的。

这个视觉过程还表明，任何给定的外侧膝状体中的邻近位置接收视网膜上相应的邻近位置的投射。这种邻近的绘图意味着外侧膝状体的每一层形成了一个完全的、有地形组织的屏幕，视网膜的活动就折射到这个屏幕上，因此，每一个外侧膝状体神经元有一个自己的接收区域。从这个意义上说，谢林顿也许已经使用过了这个名词。当视网膜上一个合适的区域受到某种特定类型的刺激时，神经元的活动就会发生。

反过来，这些外侧膝状体会投射到主要的视觉皮层。主要的视觉皮层位于头盖骨的背面，也叫V1区域，由大约400万个神经元组成。这400万

个神经元组成了它们自己的关于视觉世界的复杂的地形图,每一平方毫米的组织都专门用来对落在视网膜具体区域的所有类型的光线做出基本的分析,在这种由许多个"一平方毫米"组成的皮层中,单个神经元会显示出高度的专业化。比如,当光亮与黑暗之间产生的垂直界限落在某些神经元监视的视网膜上时,这些神经元就会变得活跃起来。而其他的一些神经元则专门负责被称为左边或右边的光线——黑暗的两端。一些神经元只对其中一个视网膜的信息输入有反应,另一些神经元则对两个视网膜的信息输入有相同的反应。另外,还有些神经元优先对有颜色的刺激产生反应。V1区域中感受性(或接受区域性质)的这种复杂方式在概念上是极为重要的。它表明来自于视网膜的信息在被传递到其他视觉区域之前,已经被分类、分析和编译。

V1 区域中的地形图(或视网膜地形图)又会投射到同样可以对视觉世界编制类似图形的区域中。被人们称作 V2、V3、V4 和 MT 等的众多区域中,对视觉环境的图形表征也需要经过 30 次以上迷宫式的向上和向下的投射。这些传输图形的网络就是我们感知周围世界的硬件。

尽管学术界对每个区域的具体功能还存在着重大的分歧,但是几乎所有的神经生理学家都认为这些区域是负责处理感觉信号的。这些区域之间可能存在着十分紧密的联系,而且它们可能要进行大量的计算分析,但是它们的任务就是描绘视觉世界的特征。它们作为巨大的接收区域,其中一些只对最特殊的视觉事件组合有反应,但是毫无疑问的,正如绝大多数人所认为的那样,它们是感觉结构的组成部分。

## 二、眼球的运动与灵长类动物的大脑

感觉——运动线路的另一端是控制眼球运动的线路,该线路控制着 6 块肌肉的运动,并且通过这些肌肉的运动使眼球在眼窝里转动。尽管眼球的所有运动都由这 6 块肌肉产生,但是眼球的运动能够区分为具有一定独立性的两种类别。平稳注视运动通过改变两个眼球的视线来精确地弥补由动物自身运动所造成的视觉移动,当我们在现实世界中运动时,平稳注视

## 第二章 视知觉

运动稳定了我们视网膜上的视觉世界。矫正注视运动指的是视网膜上专门的具有较高分辨率的部分，即凹窝，针对视觉世界中感兴趣的物体作出的反应。当我们看某些东西的时候我们会利用这些运动。矫正注视运动又可以进一步分为两个子类：扫视和平滑追逐运动。扫视运动快速地将两眼视线从视觉世界中的一个地方变换到另一个地方，其回转速率达到每秒1000次。当我们欣赏图画或风景时，我们的眼球通过这些定向运动可以使我们进行往复观察。平滑追逐运动使眼睛保持某个速率转动并且与所看到的运动目标保持相同方向，从而使目标在视网膜上的投影稳定化。当我们追踪马路上运动着的小汽车时，我们就会用到这种运动。

我们最为熟悉的眼球运动类型无疑是扫视。当一个扫视运动产生后，控制每一只眼球位置的6块肌肉被6组位于脑干深处的运动神经元激活，而这些α运动神经元又被位于脑干中的另外两个系统所控制，一个系统控制扫视时眼睛的水平位置，另一个系统则控制扫视时眼睛的垂直位置。这两个控制中心接收来自于两个相互连接的扫视控制区域——上丘和前叶眼区的信息。像以上描述的视觉区域一样，上丘和前叶眼区也是按照地形构建的。它们的组成神经元构成了眼球所有可能运动的地形图。为了理解它是如何运行的，我们可以想象一张风景照。在它的上面覆盖一张透明的坐标网栅，这样就可以测度我们为了看清下面照片上的任何一点，眼球必须同时进行的水平运动和垂直运动。上丘和前叶眼区都包含着与这些透明的坐标网栅非常相似的图。上丘上一个特定位置的神经元的活动会产生一个特定幅度和方向的扫视。如果这个活动点在丘脑图上移动，那么由此引致的扫视的幅度和方向也会以一种合乎规定的方式变化，而这种方式则是由坐标网栅上纵横交错的线条组织起来的地形图确定的。上丘和前叶眼区神经元构成了按地形组织的指挥阵列，每一个神经元在图像上的位置由它所产生的扫视的方向和幅度决定。

许多报告已经证实猴子的枕叶、顶叶、额叶和下颞叶视皮层的神经元反应取决于刺激对随后行为（眼睛或手臂）的重要性。意义可以附加到方向、运动方向、刺激的形状或颜色中，也可以包括通过另一种感觉方式的提示来实现附加。

视觉知觉与单细胞活动的关系是近年来备受关注的课题。双眼竞争为解决这个问题提供了一个强有力的方法。当两只眼睛受到两种不同的刺激时，猴子和人类都会经历两种相互竞争的知觉之间的转换。在下颞叶皮层和较小程度上的低视觉区域，当动物发出其视觉知觉在两个知觉之间翻转的信号时，神经元的反应会发生显著变化。最近，在人脑中也有类似的发现：枕叶、颞叶和顶叶皮层的代谢活动似乎是随知觉的变化而变化的，而刺激没有任何变化。这种调制表明，下颞叶皮层的神经元触点比触发它的刺激更能反映知觉，尽管尚不清楚这种调制是由自下而上还是自上而下的过程驱动。

## 三、视觉输出

视觉过程是高度复杂和明确的，在知觉的计算中有中间阶段，在此期间，严格限制信息的方式可用于某些特定的子过程。然而，尽管有明确的迹象表明有几种类型和水平的表征在计算，但也不能说明这些中间层和输出过程是可用于认知过程中的正常感知。但到目前为止，现有的证据表明，视觉系统不仅在认知上是不可渗透的，而且，在其过程的中间产物方面也是不可渗透的。视觉感知现象学可能表明视觉系统为我们提供了丰富的、有意义物体的全景图，以及它们的许多特性，如颜色、形状、相对位置等。然而，我们还是无法区分我们之于客观世界的主观经验的各种来源，不管他们是来自视觉系统，还是来自我们的信念。例如，当我们每秒钟凝视几次时，我们就注意到一个稳定且高度细化的视觉世界，可是，严格的实验表明，这个眼到那个眼，我们只保留了手头任务所需的极其稀疏的信息。此外，我们对视觉场景的表征不同于我们图画般的现象学印象，因为它在细节和抽象上是不一致的，更像是一种投射在精神语言学家概念词汇中的描述，而不是一幅图画。正如我们所看到的——我们现象学经验的内容是我们视觉上解理和认识的世界：它不是线下系统本身的输出。现象学是关于视觉如何工作的丰富证据来源，没有它，我们就不知道如何开始视觉感知的研究。但是，像其他许多证据来源一样，它必须被视为另一个证据来源，而不是直接或特权地访问视觉系统输出。视觉系统输出是一种理论结构，只能通过严格控制的实验间接推断出来。

在检查视觉系统输出的性质时，我们需要考虑视觉的全部功能，视觉收缩的内容和它在视觉识别和知识获取中的作用比我们想象的要广泛得多。视觉是大多数有机体认识世界的主要方式，而这种知识之所以重要，是因为它能使行为与眼前环境分离开来。通过推理，解决问题和计划，视觉知识可以与其他知识来源结合起来，供将来使用。当然，这并不是视觉服务的唯一功能。视觉还提供了一种立即控制行为的手段，有时在没有通知认知系统其他部分的情况下，也会这样做——或者至少在负责识别物体和描述感知世界的报告的认知系统部分。到目前为止，达成共识的是，有一个单一的系统输出并分别提供给运动控制功能及认知功能。除非这两种情形下的实际过程不同，否则这仍然是最简单的情况。这两种情况下所需信息的主要区别在于，运动控制需要的是定量的、自我校准的空间信息，而认知系统在以对象为中心的参照系中，更多地关注定性信息。上述结论的证据来自于临床神经病学的观察。

首先，对眼球运动和抓握运动的控制。有研究表明，高级认知可用的视觉信息和运动功能可用的信息之间的分离，其最大的工作主体涉及对眼球运动的控制，以及达到和抓握的视觉控制的研究。布里奇曼（Bridgeman）认为，如果视觉目标在研究运动中跳跃，被试仍然可以准确地指出正在消失的目标的准确位置。古德（Goodale）等人在研究中发现了被试注意到的信息和运动系统反映的信息之间的分离。近年来，临床和神经生理方面的发现表明，视觉和视觉引导的行为之间存在分离的现象。例如，有的病人丧失了知觉辨认能力，但其抓握行为却很正常；而有的病人知觉辨认能力正常，可抓握行为失常[①]。神经心理学家认为这种分离是视觉的双通路造成的：从 V1 区投射至颞下皮层的"腹侧知觉系统"负责视觉辨认，而从 V1 区投射至顶后皮层的"背侧视觉运动系统"则与物体的空间定位

---

① 邢佑川、张智君；唐日新：《从视觉知觉与行为的分离看行为的计划——控制模型》，载《心理科学进展》，2005 年第 2 期，第 139 页。

有关①。

米尔纳（Milner）和古德研究了一例视觉失认症患者的识别视觉和行动视觉分离的情况。他们要求该患者从一组线条中选择与刺激中出现的线条相一致的一个（线条都是简单线条，只不过每个线条倾斜的角度不一样）。该患者在看到刺激后，并没有从备选项中选择出一致的那个，她只是随机地选择了一条。于是，研究者又要求患者在观看了刺激后，用手臂表征一下与刺激目标相一致的线条的方向，患者依然没有表征出正确的线条的方向，也是随意比划了一下。但是，研究者给患者呈现了一个狭缝，要求她把手臂插入狭缝中，她能自动地调整角度，以使自己的手臂可以放入狭缝中。她的运动系统似乎可以确切地知道插槽的倾斜度，并随之调整角度，采取行动，一切都很正常。这个例子说明，视觉至少有两种不同形式的输出，而这种输出对于大脑其他部分来说并不相同。然而，它们似乎都涉及一种具有深度信息的表征，并且遵循耦合或恒常性。因此，至少早期视觉的一部分计算都是由所有这些系统共享的。

综上所述，早期视觉系统计算的输出，是在不同的后知觉系统中产生。通过大量临床观察证据显示，多种形式的输出表明运动控制功能与识别功能具有不同的视觉输出，而且两者在认知上都是不可渗透的。

## 第三节 视觉的"约束"

视觉推理的一个重要论点来自这样一个事实：从三维（3D）世界到我们的二维（2D）视网膜的映射是多对一的，因而是不可逆的。一般来说，无限多的三维刺激可对应于任意的二维图像。可是，在几乎任何情况下，

---

① Ungerleider L. G., Mishkin M., "Two Cortical Visual Systems", in Ingl D. J., Goodale M. A., Mansfield R. J. W. (eds), *Analysis of Visual Behvior*, Cambridge, MA: MIT Press, 1982, pp. 549–586.

我们都能从每个二维图像获得一个独特的感知（通常是三维的），尽管在这个过程中可能会计算并拒绝其他选项。知觉的唯一性意味着在 3D 刺激到 2D 图像反转映射的过程中，必须有其他东西进入。

## 一、早期视觉的"约束"机制

从 20 世纪 50 年代至 70 年代的绝大多数视觉研究者都认为，二维图像是从知识中推断出来的。我们似乎都能够从二维图像中看到真实的三维布局，但是吉布森（Gibson）却认为，从 3D 刺激到 2D 成像不需要推理，因为视觉是通过一个更类似"共振"而不是推理的过程，它是从光学阵列中"直接提取"相关信息的[1]。而且，马尔通过大量的理论分析，提出视觉系统将 3D 刺激转化为 2D 图像时，早期视觉处理中对可以进行解释的计算会具有"一般的限制"，这些约束不需要保证所有刺激的正确解释，只需它们在特定条件产生正确的解释就可以，而这些条件在我们生存的物质世界中容易获得。如果我们能探寻到这种广义的"约束"，并且它们在视觉处理中能够与已知神经系统兼容，那么，我们就能够解释视觉系统如何在没有"无意识的推理"的情况下解决 3D 到 2D 的倒转问题。

关于此类"约束"的研究，最早是厄尔曼（UllMan）在 1979 年"刚性约束"的概念中使用的，用于解释动力学深度效应[2]。在动态深度效应中，一组随机排列的运动点被视为位于刚性三维物体的表面上，对这些随机点感知的要求是运动点以一种与这种解释相兼容的方式移动。运动的结构原理指出，如果一组点的运动方式与他们位于刚性物体表面的解释一致，那么，它们将被这样感知。唯一性定理部分地阐释了产生唯一知觉的

---

[1] Gibson, "Does Orientation-Independent Object Recognition Precede Orientation-dependent Recognition? Evidence from a Cueing Paradigm", *Journal of Experimental Psychology: Human Perception and Performance*, 1994(20), pp. 299–316.

[2] Ullman, "On Visual Detection of Light Sources", *Biological Cybernetics*, 1976(1), pp. 205–12.

条件，该定理指出，四个非共面点的三个或更多二维视图唯一地决定了这些点的三维空间结构，因此，如果呈现的是由一系列这样的视图组成的画面或图形，则该原理确保了一种独特的感知。而且，如果画面确实由刚性对象上的点组成，那么，该感知将是真实的。因为在我们的世界里，除了极少量的特征点外，场景中的所有特征点都位于刚性物体的表面上，这一原理就保证了对移动特征点集感知的真实性。

自然约束论认为视觉系统是通过进化形成三维刚性结构的，以至于在可能的情况下，早期视觉会产生一种僵硬的解释，即当三维环境的表征与近端刺激相一致时，3D刺激可以形成2D图像。因为给定早期视觉系统的输入和结构，它是系统能够计算的唯一表征法，视觉系统不需要访问约束的显示编码，它只需要按照"约束"工作即可。由于早期视觉系统是在我们生活的世界中进化而来的，所以该系统计算出来的表征通常是真实的。例如，在我们的世界中，大多数我们感兴趣的运动特征确实存在于刚性物体的表面，刚性约束和其他相关约束直接产生真实的感知。需要注意的是，自然约束解释和推理解释之间有一个主要的区别，即尽管二者都能够对刚性物体表面上的运动做出相同的预测，但是，倘若观察者并不相信这些运动在刚性物体表面上移动，那么，"自然约束"的这一假设就不会被接受。当然，这种不相信是错误的，因为动态深度效应的实验都是在一个平坦的表面上进行的，比如在计算机显示屏或投影幕布上进行，而且，被试知道表面是平坦的，他们能够看到图案在平面上移动。

另一个自然约束是基于这样的假设：物质是连续的，大多数物质往往不透明。这就产生了一个原理，即相邻的点往往位于同一物体的表面，而以类似速度移动的点也往往位于同一物体的表面。与上述密切相关的其他限制条件在立体视觉中也很重要，这些限制条件包括一些并非严格有效的原则。比如，某人的一个视网膜上某个点的特征，在另一个视网膜上也正好有一个点来自同一远端特征；相邻点具有相似的视差值（基于大多数表面深度逐渐变化的假设）等等。

在计算机视觉分析中，早期视觉中的计算包含却并没有明显表现一般性的约束，这些约束是视觉输出的、我们对物理世界真实的表征。"我们的世界"概念中包含几何学和光学的性质，而且还包括在视觉感知中世界以什么样的方式呈现给观察者的这样一个事实。于是，根据世界的性质或一些独立于世界的数学原理，其基本假设仍然是视觉系统遵循一组独立于一般知识、期望或需要的内在原理，这些原理解释了如何在恢复远端场景的表征中使用近端信息的约束。这种约束适用于解释或使用近端刺激来构建视觉的表征方式，自然约束的原理是视觉系统内部的、既不敏感于场景细节的信念和知识，也不用于认知推断。

## 二、颜色感知的恒常性

物体表面的颜色信号会随着光照的变化而变化。尽管如此，物体的颜色外观大致保持不变。颜色的一致性不是一个小的挑战，因为无限数量的光源——反射组合可能导致三个视网膜锥感光器的相同活动。人类所处的条件，以及在何种程度上，颜色感知是一个常数。现实世界中约束必要计算量的一个重要规则是在光源变化下表面的相对锥激发比的近似不变性，这似乎是视觉系统在某些颜色恒常性任务中使用的。

色彩恒常性模型通常假设整个场景的平均反射率是中性的，或者至少是已知的。在这些模型中，颜色稳定性是通过使用扩展图像区域上的平均光作为光源估计的参考来实现的。然而，这些模型只有在表面和光源不偏向任何色度的情况下才有效。这并不适用于自然表面，而且人类的表现也不会受到场景平均反射率偏差得太大影响。此外，同质环境对刺激外观的影响可能不同于具有相同平均色度的纹理环境的影响，而且有研究还表明，没有一种常见的假设机制，即对空间平均的适应，对最强烈的图像区域，或对局部周围环境的适应是足够的用自然场景解释色彩恒常性的表现，因为去除这些线索并不会导致颜色恒常性完全被破坏。

随着对光源的有效线索数量的增加，颜色的稳定性提高。然而，即使在现实的实验环境中，颜色恒常性也是不完整的，这就提出了一个问题——是否可能有额外的机制在发挥作用，而这些机制不能被简化的刺激安排所揭示。亥姆霍兹（Helmholtz）是第一个强调先前经验和感官输入在形成知觉图像中的作用的人。同样地，赫林（Hering）在很早就提出，对一个物体的典型颜色的了解可能是估计未知光源的线索。记忆颜色的研究表明，对一个物体的典型颜色的认识确实可以影响一个物体的感知颜色。邓科（Duncker）认为，当实验对象面前有一头驴和一片用同样材料剪下的叶子时，在色轮上叶子的颜色比驴的颜色要绿得多。然而，这种效果只在55—75%的受试者中可靠地表现出来。后来关于记忆颜色效应的报告有些矛盾，有些在不同的环境中显示出强烈的效果。另一些发现是，只有在刺激信息大大减少或匹配任务变得困难的环境中才会有效果。在这些研究中，观察者不能自己调整刺激的颜色。而且，在大多数情况下，匹配是在空间或时间间隔上进行的，这就需要在匹配时将颜色保存在记忆中。即使在可能同时匹配的情况下，被试也必须给出口头回应。这些限制可能会导致测量的不仅仅是单纯地感知效果——比如，一个观察者可能会要求实验者把已知的色轮调成更绿的颜色，仅仅是因为叶子往往比驴更绿[1]。

最后，很清楚的一点是，即使在处理的最早阶段，处理颜色也不是孤立于其他类型的视觉信息（如形状）之外的。颜色与早期视觉皮层区域的空间频率和方向一起处理，并与颞下皮层的复杂特征一起处理。颜色信息还可以提高许多任务的性能，例如从阴影感知形状、场景识别和对象识别。此外，表面颜色感知非常容易受到场景几何和三维形状的影响。

奥尔科宁和汉森（Olkkonen & Hansen）等研究了在不同的模拟光照下，记忆颜色对自然物体颜色外观的影响。他们的任务只是测量观察者的颜色感知，让他们自己调整刺激的颜色，并且在实验过程中不需要任何口头报告。首先，他们要求观察者将各种水果图像的颜色设置为它们各自的典型颜色；其次，将这些水果图像设置为灰色。第二个任务背后的基本原理是梳理出任何由物体的典型颜色引起的"错觉"颜色感知，表现为在非彩色设置中典型颜色的功能变化。在实验1中，在一个中性的光照下，研

---

[1] Moria Olkkonen, Thorsten Hansen, Karl R. Gegenfurtner, Color Appeance of Familiar Objects: Effects of Object Shape, Texture, Illumination Changes, *Journal of Vision*, 2008 8(5), p.13.

究者发现观察者们总是把水果的颜色设置成与白点的颜色相反的方向。这与他们在圆盘和轮廓形状的控制实验中的发现相反——在那里没有明显的移动。另一项对照实验显示，水果图像的自然程度不同，这种效果的强度与物体识别相关视觉线索的数量有关。他们在实验 2 中观察到，记忆的颜色偏置几乎完全随着光源的改变而改变。记忆颜色效应的鲁棒性表明[①]，它可能是一个重要的额外的颜色稳定性的决定因素。

一般来说，尽管光照的变化很大，但人们感知到的表面颜色大致是恒定的。熟悉的自然物体的颜色是对这个结论非常好的解释。对记忆颜色和颜色外观的研究一直存在争议，而且由于研究方法的不同，常常混淆了知觉和语义效应。

奥尔科宁和汉森等人通过在不同的模拟光照下在显示器上展示水果的照片，要求观察者在不需要短期记忆或语义处理的情况下进行消色差或典型的颜色设置，研究记忆颜色对颜色外观的影响，其方法是在控制条件下，他们提供了没有纹理的 3D 水果形状和 2D 轮廓形状的照片。研究结果发现：(1) 水果的消色差设置系统地从灰色点向水果记忆颜色的相反方向偏移；(2) 消色差效果的强度取决于刺激的自然程度；(3) 消色差效应在所有被测光照下都是明显的，色度最接近刺激色度的光照最强。他们得出结论，一个物体的视觉识别对颜色感知有可测量的影响，并且这种影响在光源变化下是稳健的，这表明它作为颜色恒定的额外机制的潜在意义。

总之，体现在早期视觉中的自然约束不适用于视觉系统之外的任何过程。观察者并不能说出阴影中知觉恒常性的原理（amodal completion 现象），即使一个人认为一种自然的约束构成了意识所不具备的"隐性知识"，但这种知识一般不能用来推断世界，也不能在视觉系统之外以任何方式使用它。其次，早期视觉不对应于这些约束相关的任何其他类型的知

---

[①] 鲁棒性效应是指系统的强壮性，即控制系统在一定参数的摄动下，维持某些性能的特性。比如，计算机软件在输入错误、网络过载或有意攻击下仍然能不死机、不崩溃，这就是软件的鲁棒效应。这里表示人们在识别颜色时的记忆恒常性，也就是颜色的识别不受光照强度的变化而变化。

识或信息，比如，即使观察者知道某个场景中存在特定情况下使约束失效的条件，约束仍然会显示。这说明，视觉系统可能有某些自然规律的知识，并以"无意识推理"的方式使用这些规律，同时排斥其他规律知识。

综上所述，早期视觉作为视知觉一个重要的组成部分，从计算机视觉研究、神经科学的视觉失认症案例、视觉错觉的产生以及视觉的一些自然约束规律等都表明，在大脑进行复杂的计算时，早期视觉系统必须经常进行自上而下地处理，在这种处理中，视觉系统中稍后计算的全局模式会反馈给早期的过程。视觉系统的结构也体现了对它可以计算的功能的某些"自然约束"，从而产生了一个独特的三维表征，即使在逻辑上可以为一个特定的输入提供无限多的其他表征。因为这些约束是通过进化发展起来的，他们体现了在我们这样的世界中通常真实的属性。所以早期视觉计算出的、独特的三维表征通常是真实的。视觉早期是认知不可渗透的。

## 第四节　连续性理论的质疑

如果早期视觉是存在的，则该系统就有可能是从认知中封装出来的，或者说是认知不可渗透的。那么，按照连续性理论，视觉是作为一个整体被认知渗透的。按照马尔的二维视觉草图的层次概念，无论哪个阶段的视觉，都是独立地、非认知地识别物体的。那么，认知渗透究竟发生在了视觉的哪个过程或阶段？或者说发生在了什么地方？我们发现，早期视觉的定义主要是从功能上讲的，在神经解剖学上并没有给出确切的位置。然而，多年来，它的功能特性已经被详细地阐释，包括计算立体、运动、大小和高度、恒定性各种子阶段的映射，以及注意和学习的作用。这就是人们为什么要怀疑视觉感知和认知之间是连续的或整体的，为此，不断地有研究者提供了一些非连续性的证据。

## 一、知觉错觉

布鲁纳本人曾经指出,知觉似乎相当抗拒理性认知的影响。关于知觉错觉(幻觉)我们知道的事实是尽管我们知晓错觉,但却并不能让它们消失:即使你认真看了一下房间里的人,你仍然会把一边的人看得比另一边的人大(近处的人要看起来大一些);你明明画了两条相等的线段,但是因为箭头的方向不一致,其中一条看起来就比另一条长(如图2.1)。这不仅是因为幻觉是顽固的,还因为有些人在面对相反的证据时似乎不愿意改变主意。我们根本不可能让一些事情看起来像自己所知道的那样,我们需要强调的不是存在感性的幻觉,而是在这些情况下,我们所看到的和我们所知道的之间有一个非常清晰的分离。你相信哪些东西的识别取决于你的知识储备、你的信息来源、你的效用是什么(目前对你来说什么是重要的)、你有多大的动力去发现你可能被误导了,等等。然而,你所认为的事物的样子似乎不受上述因素的影响,即使你所知道的既与你所看到的有关,又与你所看到的不同。

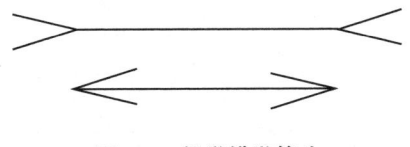

**图2.1 视觉错觉箭头**

## 二、视觉感知规律及其原则

在视觉感知中有许多规律,其中一些非常复杂和微妙,它们是自动的、只依赖于视觉输入,并且通常遵循与理性推理原则正交的原则。这些感知原理与推理原理有两个不同之处:

第一,知觉原理不同于推理原理,它只对视觉呈现的信息作出反应。虽然这些原则也像推理一样适用于表征,但这些表征是在不同信念的词汇表上进行的,并且不与它们相互作用。这些规律是在一组专有的感知概念之上的，这些概念应用于基本的感知标签而不是物理属性。这就是为什么在计算机视觉中早期视觉的主要部分与所谓的场景标记或标签传播有关，其中标签一致性原则应用于场景中表征的特征。这一原则的重要性在于，你对表征物某一方面的感知方式决定了你对表征物另一方面的感知方式。例如，如果将一些字母翻转成各种角度（甚至是镜像翻转），我们会不自觉地保持对该字母原有的连贯的感知（如图 2.2 所示），这种内部规律称为知觉耦合。

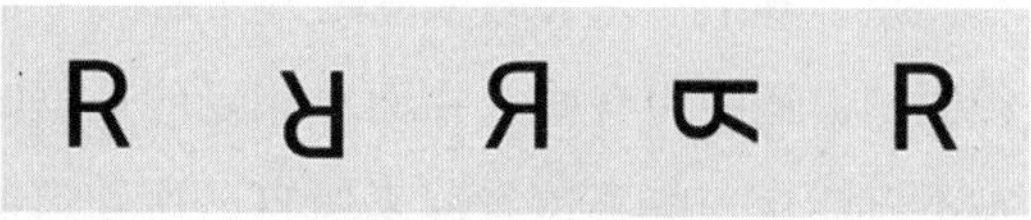

R Я Я ᴙ R

图 2.2　字母翻转图

第二，视觉感知的原则不同于推理的原则，视觉感知原则貌似是非理性原则，视觉的组织原则和推理原则之间的差异，在变形完成（amodal completion）现象中可以找到。这个现象指的是部分被遮挡的图形，没有被当作是在视图中实际图形的片段，而是作为整体部分隐藏在封堵面后面，这就好像视觉系统"完成了"图形中缺失的部分，而完成的部分虽然是由大脑构建的，却有着真正的感性后果。可是，这种形式是由"变形"完成的（如图 2.3）。"变形完成"现象①，遵循其自身的复杂原则，这些原则通常不是理性原则（比如语义连贯性）。凯尼（Kanizza）指出，这些原则似乎没有反映出对世界进行最简单描述的趋势，而且，它们对知识的期望甚至对学习的效果都不敏感。

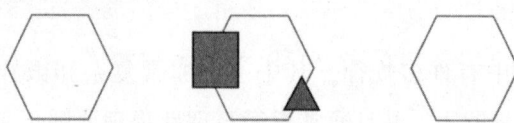

图 2.3　凯尼的变形完成图

---

①　Kanizsa & Gerbin, "Amodal Completion: Seeing or Thinking?", *Organization and Representation in Perception*, 1982.

## 三、神经科学的观点

神经科学有大量证据表明，视觉独立于其他皮层功能部分，这一证据既包括视觉通路的功能原子学研究，也包括分离视觉和认知的病理病例的观察。

单细胞感受野的发现以及简单、复杂和超复杂的层次结构似乎表明知觉涉及一个层次过程，在这个过程中更大、更复杂的聚集体是由更基本的特征构成的。事实上，早期视觉通路的层级组织极大地鼓舞了视觉加工的层级观点，在这一观点中，主细胞对熟悉物体的识别被认为是由层级较低的细胞进行的一系列分类所产生的。这个想法隐含在了一些神经科学理论中，即使它没有被明确地认同，这样的假设也是不成立的。因为包括推理过程在内的一些认知过程，实际上都可以在传感器和高级模式神经元之间进行。

视觉和认知可以分离的一个有趣的证据来自于大脑功能病理学的研究，该研究证明了视觉和认知的各种功能之间的分离。尽管视觉和认知分离的证据本身并不能直接支持早期视觉在认知上是不可渗透的这一论点，但当与视觉输入相关的另一方面失败时，识别和回忆系统的某个方面可以发挥作用这一事实表明，视觉输入的早期计算在正常条件下，是可以独立于推理和识别过程进行的。

以视觉失认症为例，这是一种比较罕见的视觉功能障碍，疾病患者通常无法识别以前熟悉的物体或模式。通常，患者的感官、智力、命名能力并没有受到损害，但是却无法识别以前熟悉的物体。汉弗莱斯·里多克（Humphreys Riddoch）描述了视觉失认症的一个案例，患者中风后，其双侧枕叶损伤，尽管他没有表现出任何智力的缺陷，但他无法辨认之前熟悉的东西，包括他熟悉的人的面孔（比如他的妻子），而且他很难区分简单的形状，这是典型的视觉失认症。这个病人没有表现出纯粹的感觉缺陷，他有正常的眼动模式，并有正常的立体深度和运动知觉，他的视力受损严重，但他可以做一些视觉和物体识别的任务。例如，即使他不能完全辨认出一个熟悉的物体，但是他还是能说出该物体的特征，而且也能很好地描述并画出该物体，因为他识别了组成该物体各部分的特征。所以，他会想方设法地弄清楚某个物体是什么，就像连续性理论讨论的、发生在正常的知觉中一样，只是对这个病人来说，这是一个非常缓慢的过程。从他能从记忆中描述和复制物体，并可以通过触摸很好地识别物体这一事实来看，他对形状的记忆似乎没有缺陷。失认症的缺陷表明了识别物体的能力和综合计算输入信息的能力之间的分离，而视觉输入可以作为识别的基础。里多克认为，这名患者的缺陷模式支持感知和识别过程是可分离的观点，因为他储存的认知所需的知识是完整的。而且，由于认知涉及一个以某种方式将知觉信息与所储存信息相匹配的过程，在这个匹配的过程中，所使用的知觉表征可以完全由刺激信息驱动，使其不受上下文知识的影响。

在这个病人最早的感知阶段——涉及轮廓和简单形状特征的阶段似乎并没有出现。为了识别物体，从记忆中查找形状信息的能力也是如此，那么，是什么东西损伤了呢？好像视觉特征整合的中间阶段未能发挥应有的作用。虽然这种分离模式并不能证明缺失的整合过程是否具有认知渗透性，但它确实表明，如果没有这种独特的视觉阶段，提取特征的能力和从形状信息中识别物体的能力，都不能满足识别的需要。但是，根据"知觉新观"理论，所谓的"整合"无非是从基本的形状特征中做出推断，而这一能力似乎是多余的。

因此，大量的证据都支持了知觉认知不可渗透性的理论。此外，从许多格式塔的演示中也可以清楚地看到，在观察者看来，刺激的某一部分如何表征取决于一个更为全局性的背景——空间和时间的二维场景。甚至在支持视觉的独立性或不可渗透性方面，幻觉也并非都是片面的：一些幻觉在如何表征刺激方面表现出了特殊的智能，它们可以解决相互冲突的线索。

## 第五节　价值和需求对视知觉的影响

在现代心理学史上，感知一直被视为一种被动的记录工具，其机制相当复杂。在大多数实验中，感知觉的实验都是考察的外部行为，未能阐明日常生活中感知的本质，就像旧的神经肌肉心理生理学无法解释日常生活中的行为一样。瑟斯通（Thurstone）教授曾说："在我们如此频繁地坚持个性各个方面相互依存的今天，要坚持认为这些功能中的任何一项，如感知，都与构成人的其他动力系统相隔离是很困难的。"① 这句话点出了研究感知过程的实质，即了解感知过程是如何受到其他并行的心理功能影响的，以及这些功能又是如何受到感知过程操作影响的。

注意力、感知力、预设等都会影响知觉，进而影响知觉判断，但感知本身必须仍然是主要焦点。人们试图通过调用中间变量来消除注意力在感知觉过程中的作用。在调用这些变量之前，我们必须假定被试是一个情绪状态相当稳定的个体，包括其家庭背景、工作和生活都是平静无波澜的（显然，这是不可能的）。但是，无论我们怎么屏蔽，这些因素都是感知心理学的一部分。

这类知觉现象在适当的尺度上是科学可测量的，就像闪烁融合、恒定性或音调属性等更神圣的现象一样。但是，布鲁纳（Bruner）等人试图构建一个粗略的模型试探性地将感觉区分为两种感知决定因素：内在的和行为的。他们将神经系统的这些特性归为前者，它们具有高度可预测性。这样可以保证在理想的"暗室"条件下，不存在实质性的干扰，个体会以这些相对固定的方式对设定的物理刺激做出反应，这些现象包括简单的配对、闭合和对比，或者在另一个层面上，音调掩蔽、差异和总和音调、闪烁融合、反常冷和双耳节拍。简言之，内源性决定因素直接反映了感觉终

---

① Thurstone, L. L., *A Factorial Study of Perception*, Chicago, 1944.

末器官和神经组织的特征电化学性质。

在行为决定因素的范畴下,他们将生物体的主动适应功能归类,这些功能导致对所有更高层次功能的管理和控制,包括感知、学习和动机的规律,如压抑等人格动力学,准气质的运作特征如内向和外向、社会需求和态度等。毫无疑问,这些行为决定因素背后是一系列生理机制。但是,人们似乎很难等到理解了这些之后,再通过实验来研究行为决定因素在感知中的作用。

从行为知觉动力学的文献中,迫使研究者对行为决定因素的可测量性做出某些区分和大胆的主张。首先,"感觉调节"一词最早由卡森(Carson)使用,随后的研究也围绕这个关键词展开。其他研究表明,被试可以习惯性地看到和听到事物,就像他们可以习惯性地执行膝跳、眨眼或流涎等明显的动作一样,被试经常将声音和模糊的图像配对,尽管没有呈现图像,被试都可以在呈现声音时能"看到图像"。其次,哈格德和罗斯(Hagrid & Ross)等进行的与此相关的实验表明奖惩机制在改变知觉组织中发挥着作用。哈格德与罗斯的实验结果也显示,感知觉器官自动运动的程度可以通过奖赏系统来改变;线条和重量的知觉差异可以类似地改变;在给出模糊的图形—背景配置,被视为图形和背景的内容可以通过奖惩系统进行更改。最后,谢里夫(Sharif)关于社会因素的经典实验进一步证明了社会因素在感知中的作用。将标准邮票或硬币组合与变量组合的主观数字方程部分取决于标准和变量组合中硬币或邮票的价值。

## 一、布鲁纳的价值—需求实验

1947年,布鲁纳(Bruner)发表了一篇极具影响力的论文,名为《感知中的价值和需求组织因素》。这篇论文为当时一个相当激进的观点提供了证据:价值观和需求决定了我们如何感知世界,直至视觉系统的最低层次。继这篇文章发表之后的十年里,约有300个实验都试图验证这个结论。结果都表明,认知是通过感知者对被感知世界的信念而渗透。饥饿的人更容易看到食物和阅读与食物有关的书籍或图片;贫穷家庭儿童比富裕家庭儿童更系统地高估了硬币的大小；异常或意外的刺激倾向于被正常或预期的刺激物同化。布鲁纳的理论后来被称为"感知新观理论"的基础。

布鲁纳在研究了很多文献后进行总结：有机体存在于一个或多或少组织模糊的感官刺激世界中。有机体所看到的与实际上存在的，在知觉上表征上形成了某种妥协，这种妥协是由固有过程所呈现的、是行为过程所选择的。众所周知，这种选择不仅取决于学习，还取决于动机因素，比如，望梅止渴、画饼充饥中口渴和饥饿等生理因素。知觉中的选择过程我们将之称为知觉假设，用来表示系统反应倾向。这种假设可以根据需要、学习任务的要求或对生物体的任何内部或外部强加的要求来实施。如果一个给定的感性假设得到了回报——带来了食物、水、爱情、名望等，它就会变得专注。随着专注的发生，知觉假设变得更加强大，不仅在某些类型的刺激下变得更加频繁，而且在知觉上更加突出。习惯性选择的感知对象将变得更生动、更清晰、更明亮或具有更大的外观。

于是，布鲁纳根据上述的结论开展了他的研究，他首先提出了3个假设：

（1）一个物体的社会价值越大，它就越容易受到组织行为决定因素的影响。它将从可供选择的感知对象中进行感知选择，并将成为一个感知对象反应倾向，并会在感知上变得更加突出。

（2）个人对社会价值对象的需求越大，行为决定因素的作用就越显著。

（3）感知模棱两可图形，仅仅是模棱两可减少固有决定因素的操作，而不是降低行为决定因素的有效性的情况下，才会促进行为决定因素的操作。

他们的实验只会处理行为决定的一个方面，即测试感知对象变得更加生动的倾向。感知选择性和固定性已经在其他实验中得到证明，但仍然缺乏系统性地证明。

根据布鲁纳实验的结果，在认知范畴中的感知是没有"原始"的外表或"天真的眼睛"这样的东西的。我们看到的椅子、桌子、脸或某个人等知觉经验都是分类过程的最终产物。因此，知觉是一个分类过程，在这个过程中，生物体从线索推理到类别认同是无声、无意识的过程。布鲁纳认为，知觉有两个基本特征：它是绝对的和推理的，因此，它可以被认为是一种解决问题的形式，在这种形式中，一部分输入恰好来自感官，另一部分来自需求、期望和信念，输出是被感知对象的范畴，所以感知和思维之间没有区别①。

从 20 世纪 50 年代到 70 年代进行的数千项实验表明，几乎任何事情，从在噪音中对句子的感知到在短时间内对模式的检测，都可能受到受试者的知识和期望的影响。布鲁纳引用了从基础心理物理学到心理语言学和高级认知（包括社会认知）的证据证明认知对感知的渗透。例如，他通过简单的身心任务实验，即受试者被一组刺激引起的锚定点和适应水平的敏感性，得出认知语境影响震动级别的判断的结论。此外，在更复杂的模式中，布鲁纳所说的"准备"对感知的影响有更多的证据。例如，单词的识别阈值随着单词变得越来越熟悉而降低：报告速示仪中显示的一串字母所需的呈现时间随字符串的可预测性而变化，如随机字符串（如 YRULPZOC）比序列统计接近英文文本的字符串（如 VERNALIT，它是一个非单词字符串，由从英语文本语料库中抽取 4 个字母的字符串构成），并且近似的阶数越高，所需呈现时间越短。如果一个词是句子的一部分或者即使它出现在一个词序在统计上接近英语的单词列表中，听者识别该词的信噪比也会更低。

在非语言刺激的情况下也发现了类似的结果。例如，正确识别一张异常扑克牌（比如一张黑色方块 8）所需的呈现时间比识别一张普通扑克牌所需的呈现时间要长得多。同样，在字母和单词识别案例中，感知阈值反映了刺激发生的相对概率，甚至是它们对观察者的相对意义。

这些实验的结果是根据感知范畴的可及性及感知的假设和测试性质来解释的（其中"假设"可以来自任何来源，包括即时上下文、记忆和一般知识）。还有一些实验更直接地研究了假设和测试观点，就是通过操纵感性假设的"可用性"。比如，布鲁纳等人操纵了刺激物是数字与字母的假

---

① Brune & Mintum, "Perceptual Identification and Perceptual Organization", *Journal of General Psychology*, 1955(53), pp. 21 – 28.

设的准备情况（通过改变实验运行的上下文），并发现模糊的数字——字母模式（比如一个"B"与空白，它可以同样是一个"13"）报告经常与预设的假设一致。此外，受试者在次优条件下（如没有聚焦的图片）停留在错误的知觉假设上，那么，对相同刺激的知觉就会受损①。

感知范畴的可及性及假设和测试性与其他证据都表明了知觉中的语境效应，于是，知觉是被认知渗透的观点在心理学中得到了共识，当代人类信息处理和视觉的基本文本似乎都认为这种观点是理所当然的。这一"连续性"观点，在科学哲学中也很普遍，科学哲学家汉森、费耶阿本德和库恩认为不存在客观数据，因为每一个观测都会受到理论的渗透（污染）②。这些学者通常使用"感知新观"的实验来支持他们的观点。20世纪中叶，科学哲学日臻成熟，形成了一种新的、包罗万象的感知观，这种感知观将科学哲学纳入归纳和推理的一般框架。知觉和认知是连续的观点更加可信，因为它与日常经验很好地吻合。

普通人都会认为我们对世界的看法完全受我们的期望、情绪和文化的影响，最有趣的当属魔术，魔术师经常通过设置某些错误的期望来操纵我们看到的东西。但也有很多日常观察，似乎也得到了相同的结论：当我们饥饿的时候，我们会把非食物的东西误认为是食物（望梅止渴，画饼充饥）；当我们害怕的时候，会把平常的东西误认为是危险的对象（一朝被蛇咬，十年怕井绳）。语言相对论假说也支持了这一观点，人们普遍相信文化对我们观察方式的影响是一样的，药物的显著安慰剂效应也证明了知觉的惊人可塑性。

## 二、感觉的认识论建构主义

布鲁纳的实验结论证明感觉认识论的建构主义观点，即物质对象是由

---

① Bruner, "On Perceptual Readiness", *Psychological Review*, 1957(64), pp. 123 – 52.

② Hanson, *Patterns of Discovery*, Cambridge University Press, 1958, pp. 55 – 85.

表象构成的，而作为独立于思维的实体的客体在认识论上是不可接近的。我们对世界的经验是由我们的概念所中介的，没有直接的方法来检查哪些方面的对象属于他们独立于我们的概念化，从而削弱了现实主义。从形而上学观点来看，没有人可以比较我们对客体的表征和我们所表征的独立于心智的客体。感知是可以理解的，是充满理论的。语义建构主义则认为，没有直接的方法建立术语和它们据称所指的实体之间的关系，这种关系只能通过实体和我们的行为之间的因果关系来间接调节。

根据建构主义观点，知觉的理论性意味着我们的经验是由我们的概念所中介的，因此在两个不同的概念背景下的人对世界的体验是不同的，只有当他们支持相同的概念框架时，他们才能就他们所看到的东西达成一致，并且不可能有任何理论中立的基础。因为不存在理论中立的基础，可供选择的理论之间的理性选择所依据的基础就被屏蔽掉了，科学理论就变得不可通约，因为不存在理论中能够解决意义问题的感性基础。相反，观念受到理论的调节，不同范式的支持者感知的世界才不同。

针对认识论的建构主义进行抨击的尝试需满足两个条件。第一，它必须表明存在一个理论中立的基础，在这个基础上，有关理论检验和确认的争论将最终得到解决。第二，由于关于理论确认的争论最终应该在经验证据的基础上解决，现实的解释必须首先标明观察性概念是如何建立在由知觉提供的理论中立的基础上的，其次抽象概念是如何从观察概念中产生的。

认知不可渗透性的观点持有者对认识论建构主义提出了质疑。视觉，作为正确理解知觉的一部分，从一个场景中以自上而下的方式提取出物体的某些属性，并允许对象个性化和索引，在某种程度上不是理论负载的，以此证明建构主义的结论。认知不可渗透性的支持者则提出：（1）知觉只是间接的通过空间的影响注意和认知渗透的，因为间接的角色认知渗透、信息检索可视化场景是纯粹的自下而上的方法。（2）由于（1），感知状态的内容不受认知调节。因此，感知提供了一个天然的理论基础——当个体具有不同的概念背景时，相同的视觉场景将以相同的方式被不同的人表征出来，同时保持在各自的概念框架中。（3）由于不同概念框架的人可以以同样的方式感知世界，关于理论检验、确认和理论选择的争论将最终在经验的基础上得以解决。

英国心理学家安格斯·盖拉特利（Angus Gellatly）的说法更支持知觉的建构主义。他认为，知觉和认知既可以理解为有意识的经验、思想和行为，也可以理解为在信息处理水平上执行的身体功能。它们是否具有认知渗透性取决于所指的水平。选择性注意是认知影响知觉的机制，理论影响观察和观察报告，文化偏见影响经验，现有知识决定推断。而且，必须把"看"和"视为"区别开来。盖拉特利认为认知的不可渗透性假设更多地关注了知觉和认知的连续性而不完全是认知渗透性本身的问题。诸如"知觉""知觉表征""视觉""早期视觉"和"视觉理解"等各种概念或词汇，有时是同义词，有时是对比的词汇。他同样认为，布鲁纳的价值观和需求决定感知的观点是将感知"抑制到视觉系统的最低层次"，但却没有明确表明这是一种自上而下的表征过程。所以，声称视觉在认知上的不可渗透性是从某些功能上说的，也就是说，参与自主控制的大脑部分执行不可渗透的功能，比如，控制瞳孔扩张，调节昼夜节律，褪黑素分泌对光的反应等都是视网膜信号的自主处理。但是，我们将我们的感觉器官暴露在什么地方却是有意识的经验，因此，选择性注意是一种机制，它是文化对知觉经验影响的介质，包括颜色的经验。

# 第三章 注 意

"注意问题给心理学家带来的挑战已经有很长时间了"①。从历史角度看，在19世纪后期，注意这一概念引起哲学家和心理学家的广泛关注。布劳德·本特（Broadbent）于1958年出版其著作《知觉与交流》后，注意研究重新受到了研究者的重视，并且从此之后一直是心理学的重要议题之一。

阿根廷作家豪尔赫·路易斯·博尔赫斯（Jorge Luis Borges）在他的短篇小说《记忆的富内斯》中描绘了一个拥有绝对记忆和绝对感知的人物。这个故事显示了这个了不起的人物，在重要的方面无法思考、也看不见。博尔赫斯认为，遗忘是记忆和思考的动力。根据这篇小说的逻辑，对一切事物的绝对感知，没有选择和解释，就会导致一种麻痹、一种盲目。博尔赫斯的观点是正确的：每次我们睁开眼睛，我们都会面对大量的信息，尽管如此，我们对视觉世界的理解似乎毫不费力——这就需要把小麦和谷壳分开、从不相关的噪声中选择要获取的信息。注意是这个过程的关键，正是这种机制把"看"变成了"观察"。在知觉中，忽略不相关的信息使我们有可能关注和解释我们所看到的重要部分。注意使我们能够有选择地处理我们所面对的大量信息，优先处理信息的某些方面，而忽略其他方

---

① Pashler, H., Luck, S. J., Hillyyard, S. A., Mangun, G. R & Gazzaniga, M., *Sequential Operation of Disconnected Cerebral Hemispheres in Split-brain Patients*, Neurareport, 5, 1994, pp. 2381 – 2384.

面——只关注视觉场景的某个位置或方面。

注意通常被用来指加工的选择性。这也是威廉姆·詹姆斯（William James）所强调的注意的意义："每个人都知道注意是什么。它是心理接收信息的过程。如果我们以一种清晰和生动的形式来看，它是从同时呈现的几个或思维序列中选择一个对象的过程。意识集中与专注是注意的核心"①。这句话反映了注意的两个特征：第一，注意与意识紧密相关——除非我们意识到某个事物，否则我们不可能注意它；第二，注意和意识一样是一个单一的系统。基于上述假设，无论是心理学还是认知科学，似乎都是在这个前提下开展研究和讨论注意的。我们分别对上述研究展开论述，以便从渗透性视角更好地讨论这个概念。

## 第一节 视觉处理中的注意

注意是一个选择过程，在这个过程中，一些输入比其他输入处理得更快、更好或更深，这样它们就有更好的机会产生或影响行为反应（尽管身体反应是不必要的），注意限制了对行为相关项目的处理。注意机制是必需的，因为一个典型的视觉场景包含的信息比视觉系统在任何给定的时间可以处理的信息要多得多，换句话说，视觉系统只能选择一个或几个对象进行更彻底的处理。由于视觉系统没有能力同时处理视网膜中所有输入的信息，因而，注意的介入，可以选择一些输入同时屏蔽其他输入。注意倾向于通过增强表征行为相关刺激的神经元的反应来处理某些输入，从而偏置刺激之间的竞争相互作用。

注意可以增加神经元处理参与刺激的活动。神经活动的增加能够解释为什么相关的刺激被处理得越来越快、越来越深。注意可以通过降低环

---

① Michael Eysenck, Mark T. Keane, Cognitive Psychology: A Student's Handbook, Fourth Edition, Psychology Press, a member of the Taylor & Francis Group, 2003, p. 175.

阈值来提高显著特征检测器输出，它还可以增加处理显著类型信息的神经元系统的活性。空间注意能够准确地检测和识别刺激所出现的位置，其作用就像一种增益控制机制，最有可能用来提高在所参加的位置的输入的信噪比，以便可以从它们中提取更多的与当下任务的相关信息。注意某些刺激对视觉皮层细胞环速率的影响被广泛接受为注意的神经相关性。

刺激可以在两种意义上与行为相关：要么位于行为相关的位置；要么涉及对象具有与当前行为相关的特征。在这两种情况下，注意产生自上而下的期望。主体主动搜索指定的特征或对象，或者搜索指定位置，这取决于主体可用的信息，也就是说，取决于主体是否有关于某些特征或对象的信息，或者关于他所寻找的行为相关特征或对象的位置。而注意的另一个功能是解决绑定问题并提供连贯的对象表征。

注意选择在历史上与"注意焦点"模型有关。根据这种模型，注意被限制在视觉范围内的单个位置。当一个人在场景中搜索与行为相关的对象时，一个人本质上参与了一个串行过程，在此过程中，一个人将注意的焦点从场景中的一个对象转移到下一个对象，直到找到目标对象。注意有助于增强神经元对刺激的反应，从而固定在特定的视觉空间位置。在某些情况下，视觉集中注意类似于一个聚光灯，视野内一个相对狭小区域内的目标能被清楚地观察到，但很难看清楚那些注视点之外的目标。移动注视点可以转移注意，而且，最简单的假设是注视点以匀速运动。埃里克森（Eriksen）等人提出了一个更为复杂的关于视觉集中注意的模型，即变焦透镜模型，该模型认为注意被指引到视野的给定区域里，但是，集中注意的领域大小可随任务的要求变大或变小。根据这些注意模型，所有的视觉注意都是固有的、空间性的，物体是由注意指向来选择的。

## 一、注意的空间注意模型

作为固有空间注意模型的一个例子，特雷斯曼（Treisman）特征集合理论（我们将在下一节详述）假定通过选择性空间注意从场景中检索对象,这些注意选择对象的特征,形成特征映射,并将在同一位置发现的特征集成到形成对象中。特雷西曼的理论预设了注意的聚光灯模型,根据这种模型,注意在共同位置的基础上连续地作用于场景的组合元素,元素本身被搜索到其中。特征集合理论属于理论集,认为当一个人关注一个物体时,一个人会自动编码它在视觉工作记忆中的所有特征,并将它们用于进一步处理。

然而,琼斯(Jonides)在使用空间线索的实验的基础上,提出注意可以在两种不同的模式下发挥作用:焦点模式和传播模式。前者在可用目标的空间信息时使用,涉及对视觉中的位置进行串行搜索,因此选择在空间维度中操作。后者可以平行地传播到视觉上,并侧重于物体的特征,而不是空间位置。视觉选择性注意的研究将关注空间维度的注意称为"空间注意"或"基于空间的注意",该理论提出刺激是根据聚光灯、变焦镜头或空间梯度的空间位置选择的,空间注意的功能通过实验证明,出现在指定位置的目标比出现在未指定位置的目标处理得更有效。关注对象或对象的特征的注意被称为"以对象为中心"或"基于对象的注意",在这种情况下,刺激不是根据某种特征或整个有组织的物体或形状来选择的。

波斯纳和罗斯巴特(Posner & Rothbart)也支持聚光理论。波斯纳认为可能存在隐性注意(covert attention),即在眼睛不动的情况下注视点转移到一个不同的位置的现象。在他的研究中,当被试检测到光线出现时,他们需尽可能快地做出反应。在光线呈现前一瞬间,向被试呈现一个中心线索或外周线索,这些线索大部分是有效的(也就是说它们表明目标光线呈现的位置),但有时它们是无效的(即它们提供了关于光线呈现位置的错误信息)。波斯纳区分了注意的两个系统:内源性系统(endogenous system),该系统受到被试意愿的控制,且在外周线索呈现时参与活动;外源性系统(exogenous system),该系统负责自动转移注意,且在往后线索呈现时参与活动。

另一种替代聚光灯理论的是邓肯和汉弗莱斯(Duncan & Humphreys)的注意参与理论(AET)。根据这一理论,感知分割和分析的初始注意前平行阶段包括场景中的所有视觉项目,在这个阶段,对视觉场景中的对象的描述是在多个尺度上生成的,并严格将视觉输入分组成结构单元,这个并行阶段的结果是多空间尺度的结构化表征。这一阶段在选择性注意干预后,将选择信息进入到视觉短期记忆中,这是一个串行阶段,允许有意识地处理视觉输入中的项目。同时完成两项任务所需资源可看成分别完成这两项任务所需资源之总和。但是,同时完成两项任务常常需要增加协调和避免干扰等方面的要求。邓肯要求被试对时间相隔很近的两个刺激做出反应,其中一个要求左手反应,而另一个要求右手反应。刺激与反应之间的关系不是一致的(如最右边的刺激要求最右边的手指反应)就是交叉的(如最左边的刺激要求最右边的手指反应)。当刺激与反应的关系对一个刺激时一致但对另一个刺激来说是交叉时,成绩会下降。在这些条件下,如果选用了不恰当的刺激——反应关系,被试有时会感到疑惑并且错误也多是与之有关的。邓肯和汉弗莱斯的理论既有一个平行阶段(视觉输入中的项目——目标对象和干扰物,激活大脑中的神经元组件),也有一个竞争阶段(其中这些项目竞争,直到只选择一个对象)。与特征整合论不同的是,注意参与理论不需要注意聚光灯在视觉范围中连续搜索位置,并绑定到位于同一位置的对象特征中。而且,选择不需要完全依赖于空间信息,而可能依赖于自然信息。

汉弗莱斯进一步阐述了物体在空间中的表征方式。他提出存在两种形式的物体空间表征:物体内表征,其中元素被编码为物体的一部分;物体间表征,其中元素被编码为不同的独立对象。这两种表征都是在视觉系统中并行实现的。前者主要用于认知对象,因此在腹侧系统中形成;后者用于环境和行动中的导航,从而在背侧系统中形成。当注意从物体的一个部分集中到另一个部分时,或者当部分之间的空间关系对于物体的判断很重要时,背侧处理区域是由视觉系统收纳的。他反对特征整合理论,认为空间注意是检测物体的必要条件,视觉元素是在一个没有焦点注意的初始平行阶段编码和结合在一起的,并且注意有助于在这种初始分组产生的对象中进行选择。没有对象的空间的编码是非常有限的,如果它存在的话。跨位置的内存取决于对对象的相对位置进行编码。虽然分组的形式取决于元素的接近程度,距离效应调节了物体的选择,但这似乎表明元素是根据它们在空间中的位置来表征的。汉弗莱斯认为，距离本身的编码是通过对刺激和加合物之间的分组来调节的，这表明空间本身的表征涉及物体之间的关系，并通过对部分之间的分组来调节。

## 二、注意的"偏置竞争模型"

在"视觉处理的偏置竞争帐户"的模型中假定了一个初始的、并行的、自下而上阶段，在此阶段，所有输入都是并行处理的，没有注意瓶颈。在这个账户中，注意的作用是偏向编码环境刺激的神经元群体之间的竞争。视觉场景中的所有刺激最初都是平行处理的，并激活代表它们的神经元组件，这些组件最终参与竞争相互作用，要么是因为它们投射到具有区域组织的皮层区域的细胞上，在这些区域中，神经元限制了感觉信息输入，因此不能处理所有刺激；要么是因为必须在所有当前刺激中选择与行为相关的特征或对象。因此，在注意的偏置竞争模型中，对象的多个表征是活动的，并竞争性地被选择出来。

视觉搜索中有两个注意控制来源。第一，环境刺激产生的处理有自下而上的影响效应，构成视觉输入的视觉系统中的场景提供了自下而上的信息，注意将指示对象的位置和每个位置中存在的特征类型进行搜索。第二，有自上而下的影响，它们来源于感知者当前的行为目标，因为它们是由实验者的指令、目标导向的计划或上下文约束决定的。自上而下效应的来源在颞下叶皮层，在特定的行为相关位置或具有特定的行为相关特征的刺激时，注意到 COM 的发生偏向于反应的神经元或（等效）被调谐到参与刺激的位置或特征。因此，代表行为相关刺激的细胞的激活被增强，这些细胞赢得了进一步的竞争，同时细胞代表分散注意的刺激。这些刺激因此被注意。有学者将偏置竞争模型的本质概括如下："特征地图中的活动取决于视觉输入和自上而下的偏置信号的组合，特征地图的输出信号被汇集在一个标有'后顶叶'的地形、无模态元素中。后者表现出一些东西，就像一张突出地图。突出地图是视觉搜索自上而下偏置的来源。"

有偏置的竞争模式已经扩展到包括基于对象的关注。德西蒙（Desimone）认为注意是神经元组件之间有偏置竞争的结果这类观点表明，任何由于注意而增强的神经元反应都可以更好地理解为"在表征视觉范围内的所有刺激的神经元之间的相互竞争作用"。无论是空间过程还是非空间过程；无论是自下而上过程或是自上而下过程，这些相互作用都可能偏向于与行为相关的刺激。自上而下的影响主要来源于工作记忆，由于有偏置的相互作用，行为无关的刺激被抑制。在这个框架中，注意被解释为不仅仅是神经元反应的增强，而是更多地理解刺激在视觉场景中的竞争相互作用的调节，在这里，注意被看作是系统的一种动态特性，而不是一种单独的机制。

注意在大脑中形成更高的神经元组件并不局限于在视觉的单个位置上的细胞领域，也就是说，视觉处理可以由对象特征（颜色、形状等）引起偏置。在这种情况下，寻找这样一个物体不需要对位置进行连续扫描，而是将场景中的所有刺激从一开始都并行处理，需要对场景进行串行搜索。将注意解释为刺激之间的"有偏置的竞争"模型的主要特征是：注意成为相邻对象之间竞争过程的结果，其中一个或几个胜利者占上风并生存下来，并不是选择其中一个对象。换句话说，注意决定或选择胜利者的情况。深入的证据表明，在简单的记忆和知觉任务中的决定（传统上被认为需要"集中注意"在某些物体上）实际上是由刺激之间的偏置竞争造成的。最成功的模型是顺序采样模型，它假设决策是基于积累关于刺激的噪声信息。这类模型有两大类：随机行走模型和 ACCU——模拟器模型。在随机行走模型中，信息被累积为一个整体，最终一个响应（例如，内存选择任务中两个或多个选项中的某一选择）达到一个响应准则，主体进行相应的选择。在累加器模型中，关于这两个响应的信息分别累积，最终其中一个是达到响应标准并赢得竞争的首位。

当竞争互动偏向于某些因其位置而在行为上相关的刺激时，注意就会变成空间定向的（它在空间维度上工作）。空间注意可以控制自下而上的信号，例如形成特征映射的原始视觉信息，这些特征映射决定了一个物体在场景中的突出性，使它"弹出"（即吸引注意）。这些信号的机制可以通过沿丘脑相互作用来实现腹侧视觉通路。空间注意也可以由自上而下的信号控制，这些信号涉及广泛的皮层区域。这样，空间注意就涉及到一种反馈偏置，它调节视觉范围内参与和非参与的刺激之间的互动竞争。

虽然德西蒙和邓肯（Desimone & Duncan）对视觉处理的偏置竞争描述为，假定存在一个平行的自下而上阶段，在这个阶段，来自环境的信息被输入到大脑的视觉区域。这些刺激包括对象特征，如颜色和线段，但它们没有明确处理在并行处理阶段可能发生的特征绑定问题，也就是说，它们没有指定在并行模式中检索到的哪些特征在此模式下可以组合以形成更复杂的结构。维塞拉（Vecera）专注于基于对象的注意研究，并将视觉搜索的有偏置竞争账户扩展到从背景中分离或分割对象以及通过注意过程选择这些对象。对象分割是一组预先注意的视觉过程，它决定哪些特征结合起来形成视觉场景中的形状（驱动程序等），这些过程从背景中分割一个形状，并将其与其他形状隔离开来，这些形状与背景类似。鉴于视觉系统不能处理视觉范围内多目标场景中的所有刺激，空间中的物体或区域在两个方面相互竞争进行处理。维塞拉认为：首先，在基于对象的隔离过程和由隔离过程形成的隔离区域内存在着竞争，这种竞争的结果是一个知觉群体或数字，比其他群体或数字更突出。其次，在基于对象的注意过程中存在一种竞争，这种竞争的结果是选择一个知觉群体而不是另一个。

竞争是通过自下而上的偏置（这是来自图像线索或环境中的突出信息）和自上而下的偏置（这是来自任务相关或目标相关的信息）来解决的。这两种偏置的来源平行运作，相互竞争或合作。自下而上的信息（即包含在环境中并通过自下而上的视觉过程检索的信息）可能定义知觉群体，并可能偏向某些群体，使他们比其他人更容易被感知，它偏向对象隔离。这些知觉群体以自下而上的方式偏向视觉对象注意的分配，并确定一个感知显著的对象。然而，场景可能包含多个感知显著的对象或区域，这些对象或区域与任务相关或目标相关，或者它甚至可能包含一个感知比行为相关对象更显著的对象。在这种情况下，需要自上而下的信息来源来偏置竞争，以支持一个与行为相关的对象，或抑制不太明显的、与目标无关的对象。

为了在地理分割中实现这一并行竞争相互作用的过程，维塞拉又提出来依赖于并行分布式过程连接模型（PDP）。这一模型是自上而下的反馈信号从物体到表层表征的早期过程。后者以平行的自下而上的方式（以视觉处理的偏置竞争模型的方式）从刺激中提取信息，它由视觉场景中存在的简单图像特征（边缘）组成。信息存储在边界层中，并被输送到网络中的下一层即数字层，该层接收来自对象识别层的自上而下的反馈，表征熟悉的形状，并向边界层发送反馈信号。在这个模型中有两种竞争互动，首先是数字层自下而上和自上而下信号之间的整体竞争，数字的选择从对象表征自上而下的信号和自下而上的图像线索都是有偏差的，其次，边界层之间存在竞争，边界——数字区域共享的不同边界竞争（该模型假定某些区域或边界在其他区域上被选择性地激活）成为前景数列。这种竞争是通过对立边界单元之间的抑制性连接来实现的。

这个模型设想了自上而下和自下而上偏置之间的竞争，自下而上的图像线索是模棱两可的，所以自下而上的输入解决这一竞争的能力是不够的。维塞拉认为，必须有自上而下的输入来偏向自下而上的竞争。该模型中，自上而下的输入来自对象表征：表层表征中的两个区域其中之一对应于由一个对象单元表征的熟悉对象。因此，在场景中存在明确的感知线索似乎足以解决竞争，并在最初的平行自下而上的处理步骤中从表面分割图形。此外，自下而上的信号比自上而下的信号更强，后者更多地充当已经存在的活动的增强因子，而不是作为其他未激活神经元的激活剂。

注意的"竞争"模型强调了从视觉场景中衍生出来的结构之间的竞争，在感知处理的最初阶段，信息是以平行的自下而上的方式从视觉场景中检索出来的。视觉场景中的不同刺激将在平行的神经元组件中激活，并对这些刺激作出反应，从而进行编码。如果必须选择一个特征或对象，并且如果皮层的一个局部区域接收来自这些神经元组件的输入，则刺激之间存在竞争相互作用（当两个刺激位于视觉上有组织的神经元的相同接收场内时，竞争是最强的，其中神经元具有受限的接收场）。最终，一个结构赢得了竞争，并有机会在视觉处理的第二个串行阶段（该阶段是串行的，因为注意瓶颈只允许对象一次处理一个）在视觉流中向上处理。竞争可能会受到各种自上而下的影响，这些影响反映了感知者的期望和目标。有必要重申一下：注意被视为自下而上和自上而下过程之间竞争互动的动态原因。注意的作用是偏倚编码环境刺激的神经元群体之间的竞争。这些偏差可能是空间的，也可能是自然的，这取决于任务和线索的种类，也就是说，它们不限于在视野中的单个位点上具有接收场的细胞，它们包括有利于行为相关特征的偏置。如果偏差是空间的，那么在视觉场景中选择目标对象需要对位置进行串行扫描（例如，适合的类型）。如果偏差是自然的（例如，当线索涉及目标对象的特征时），则目标的选择不需要对场景进行串行扫描，它发生在一个并行阶段，在这个阶段中，场景中存在的所有刺激都被处理，直到找到目标对象。

尤瑟和尼伯（Usher & Niebur）提供了一个以对象为中心的注意模型。它包括一种基于对象的选择性注意的并行机制，即在某些条件下，在焦点模式下进行串行搜索——具有串行空间注意。有研究者通过对大脑皮层细胞的研究发现，大脑皮层细胞中的一些较大的细胞能够响应复杂的结构，如特定形状或面孔，不考虑它们在视觉领域的位置。在必须搜索具有某种特征的目标对象的任务中，大脑皮层的神经元对包含两个对象的表征的响应有两个阶段。第一阶段是一个平行阶段，在这个阶段中，响应两个对象的神经元的激活被增强，这种激活与目标无关，是独立于任务的。换句话说，有一个平行的阶段，在这个阶段，信息是从一个场景自下而上检索的，而不考虑任务需求，并且独立于任何自上而下的期望驱动的反馈。这一阶段可以解释为"假装"，因为不涉及任何选择。在第二阶段，神经元的响应表现为期望驱动的自上而下的处理调节，激活仅对表征目标的神经元组增强，对其他神经元组被抑制。第二阶段是基于选择性对象的注意的基础。

尤瑟和尼伯模型是基于具有分布式表征的神经网络的假设，因此表征相似对象的单元程序集共享一些单元。该网络有三层单元：输入层（其单元模拟V1初级视觉皮层中的神经元）、视觉感觉记忆水平（其单元模拟IT皮层中的神经元组件）和工作记忆层（其单元模拟前额叶皮层中的神经元）。第一层将输入发送到第二层，第三层将反馈投射发送到第二层。为了使系统对输入敏感，每个细胞组中的细胞之间存在兴奋性连接，组件之间存在抑制性连接。视觉感觉记忆中每个神经元组件中细胞之间的兴奋性连接足够强，足以在输入中的物体之间产生竞争，但不足以使视觉感觉记忆层中细胞的激活独立于输入。

　　工作记忆中的每个细胞组对应于视觉感觉记忆中的细胞组。工作记忆层中细胞组的激活强于视觉感觉记忆中相应细胞组的激活，因此前者的反应即使在提示和测试显示之间的延迟（即在没有感觉的情况下）仍然存在每个工作记忆组件在视觉感觉记忆中向其相应的细胞组件发送反馈信号，加强其激活。这意味着，响应已存储在工作内存中的视觉场景中的对象的单元程序集中（因为它已被前面的提示指定为目标），最终比响应视觉场景中的对象的单元程序集具有更强的激活能力，而不是在工作内存中。响应使搜索目标成为期望驱动的搜索的原因，这表明自下而上的目标独立于提取信息的初始平行阶段，反馈输入很弱，因此最初视觉初级皮层中的两个物体都被激活。从工作内存接收额外输入的程序集赢得竞争并抑制另一个程序集的激活。

　　该模型旨在模拟延迟匹配到样本任务中大脑皮层细胞的行为特征，并阐明期望驱动的对象特征选择性注意的机制。机制的功能就是从显示器中的干扰物中"寻找"预期的刺激（预期的刺激是先前显示的刺激）。当发现这样的目标刺激时，选择响应组件进行激活，而在其他情况下（在没有目标的情况下），没有组件实现对系统的完全控制。这是一种并行机制，因为它不通过对显示器中的位置进行串行搜索，并将搜索结果与存储的目标和干扰器进行比较，直到范围内的目标为止；相反，其在期望驱动的过程中选择最有可能的刺激作为目标，Usher-Niebur 模型不限于串行处理。因为空间注意可以一次搜索一个空间位置。这意味着在显示器中不同位置存在的干扰器在被抑制之前被串行搜索并与目标的助记符号进行共享。另一方面，在 Usher-Niebur 模型中，由自上而下的期望驱动的选择性机制一次搜索一个对象。在摄动阶段，对场景中不同物体（无论是目标还是干扰物）作出反应的神经元被并行激活。在选择性注意阶段，神经元组件的激活通过工作记忆事件的自上而下的反馈输入来增强——最终赢得竞争并抑制另一个神经元的激活集群。这样,注意选择目标对象进行进一步的处理,它相对于目标的数量是串行的,而不是相对于干扰器的数量。

## 第二节 注意理论

二十世纪下半叶,唐纳德·布罗德本特(Donald Broadbent)的注意理论主导了实验心理学系对注意的思考。他认为注意是一个过程,通过这个过程,一个人的感官系统的输出的一个子集被一个有限能力的知觉系统选择来处理,这个过程就是注意。后来,布罗德本特找到了感觉系统和知觉系统之间的瓶颈,将注意视为管理信息瓶颈的过程。布罗德本特的主要反对者是后来的选择论者,他们坚持注意过程发生要晚很多,是大脑中正在处理的某些信息子集进入意识流有限容量的过程。从80年代中期,安妮·特雷斯曼(Anne Treisman)的特征整合理论成为该领域的主要理论。特征整合理论将注意过程与特征的分布式表征"结合"成单个知觉的过程。所有这些理论的共同假设是:关于注意的叙述是通过找到一些适当的过程并用它来确定注意。

### 一、注意是一个选择性过程

注意是一个选择性的过程。选择是必要的,因为我们处理视觉信息的能力受到严格限制。这些限制可能是由大脑可利用的总能量的固定量和参与皮层计算的神经元活动的高能量消耗所强加的。大脑活动的代谢成本主要由神经元活动决定,而神经元活动的能量消耗强烈依赖于放电率。大脑的总能量消耗量基本上是恒定的,尖峰的高生物能量消耗需要使用依赖于稀疏的活动神经元集合的有效表征代码,以及根据任务需求灵活分配代谢资源。这些能量限制只允许一小部分机械同时工作,这为选择性注意产生于大脑处理信息的有限能力这一观点提供了神经生理学基础。

刺激物争夺有限资源的观念得到了电生理学、神经影像学和行为学研究的支持。根据有偏竞争假说，视野中的刺激激活了参与竞争性相互作用的神经元群，很可能是在皮层水平。当观察者在某一特定位置注意到视觉刺激时，这种竞争偏向于在注意区域编码信息的神经元。因此，在该部位具有感受野的神经元要么保持活跃，要么变得更加活跃，而其他神经元则受到抑制。在有偏竞争模型的大多数神经实验中，每个处理阶段内的节点通过抑制相邻节点产生的输出活动进行竞争。

单细胞生理学和神经影像学研究表明，神经元感受野（RF）内的多个同时刺激以相互抑制的方式相互作用。当一个单一的视觉刺激连续或同时出现在视野的不同边缘位置时，观察者保持注视，神经反应被比较。一些研究表明，同时呈现比连续呈现引起的反应更弱，并且从纹状体到腹侧和背侧纹状体外区域的反应差异在幅度上增加。同样与偏向竞争的观点一致，功能磁共振成像实验报告了在注意焦点处的视网膜局部特异性信号增强，也报告了当注意分配到其他地方时，在同一位置的信号减少。同样，将注意引导到特定的位置会导致整个剩余视野中广泛的基线活动减少。这些结果与这样一种观点是一致的，即选择性注意会导致更多的资源分配到有人值守的位置，代价是无人值守位置的可用资源。此外，当注意分布在更大的区域时，视皮层激活的程度增加，但与注意分布在更小区域时获得的激活相比，任何给定区域的神经活动水平降低。

空间注意的焦点被比作聚光灯，变焦镜头或高斯梯度，这加强了在一个有限的空间区域内处理视觉刺激。人们普遍认为，注意区域的大小可以自动调整。行为研究表明，当注意分布在视野的较大区域，而不是集中在一个位置时，参与区域的任何给定子区域的空间分辨率和处理效率都会相应降低[1]。通常，我们认为需要有选择地处理杂乱的、颜色和形状不同的显示器中的信息。然而，心理物理学的证据表明，即使是非常简单的展示，注意也参与了整个视野的资源分配。对于简单、无杂乱的显示，只有

---

[1] Muller, N. G. & Kleinschmidt, A., "The Attentional 'Spotlight's Penumbra: Center-surround Modulation in Striate Cortex", *Neuroreport*, 2004, 15(6), pp. 977–980.

两个刺激物在竞争处理，存在处理权衡。在无人看管的位置，对比敏感度和锐度在有人看管的位置所带来的益处伴随着成本①。这些发现表明，权衡是注意分配的一个基本特征，这种机制在不同的刺激和任务条件下具有普遍的效果。因此，这些发现与知觉过程具有无限能力的观点不一致。

总之，注意使我们能够在克服视觉系统的有限能力的同时优化视觉任务的表现。注意优化了系统有限资源的使用，通过增强相关的表征，同时减少了对我们视觉环境中不太相关的位置或特征的表征。因此，选择性注意使我们能够收集相关信息并指导我们的行为——这是生物体进化成功的关键因素。

## 二、特征整合理论

关于视觉搜索的最有影响的理论是特雷斯曼提出的特征整合理论（teature integration theory）。她对物体的特征（如颜色、大小和特定朝向的线条）和物体本身进行了区分。其理论是根据这一区分而构建的，包括如下假设②：

（1）存在一个快速而且发生于早期的平行加工过程。在这一过程里，环境中那些物体的各个视觉特征被组合在一起进行加工。这一过程不受注意的影响。

（2）然后是一个系列加工过程。在这一过程里，特征被整合起来形成各种物体。

（3）系列加工过程要比平行加工过程缓慢，在刺激集（stimulus set）较大时尤为如此。

---

① Burr, D. & Thompson, P., "Motion Psychophysics: 1985 – 2011", *Vision Research*, 2011, 51(13), pp. 1431 – 1456.

② Michael Eysenck, Mark T. Keane, *Cognitive Psychology: A Student's Handbook*, Fourth Edition, Psychology Press, a member of the Taylor & Francis Group, 2003, pp. 232 – 250.

(4) 集中注意可把特征整合起来。在这种情况下，集中注意就像胶水一样协助组织各可用特征形成完整物体。

(5) 贮存的知识（如香蕉一般是黄色的）可以影响特征整合。

(6) 在集中注意或相关知识缺乏的情况下，来自不同物体的特征被随机组合起来而引起"错觉失联"（illusory conjunction）现象。

研究者采用视觉搜索任务来研究视觉搜索所涉及的加工机制。他们要求被试在一个包含 1—30 个项目的视觉画面里搜索一个目标。目标可能是一个物体（一个绿色字母 T）或一个特征（一个蓝色字母或一个字母 S）。当目标为绿色字母 T 时，所有的非目标都与目标共享一个特征（即它们可以是棕色字母 T 或绿色字母 X）。结果预期是被试检测目标时需要集中注意的参与（因为目标被定义为两个特征的组合），但是检测单一特征时就不需要。实验结果与预期一致。当目标被定义为几个特征组合或关联（一个绿色字母 T）时，项目集或画面的大小对检测速度有很大的影响。这可能是因为需要集中注意的缘故。然而，当目标贝蒂尼为单个特征（如一个蓝色字母或一个字母 S）时，项目集或画面的大小对检测速度就没有什么影响。

根据特征整合理论，缺乏集中注意将产生错觉关联现象。当注意被广泛分配时，就会出现各种错觉关联现象，但当被试集中注意刺激时就不会出现这种现象。特雷斯曼对特征整合理论进行了发展。她和同事发现，被试搜索由一个以上特征组合而成的目标时，其加工只局限于那些与目标具有共享特征的干扰刺激。例如，如果你再一个包含蓝色三角形、红色圆圈和红色三角形的画面中搜索一个蓝色圆圈，那么你将忽视那些红色三角形。

此后，特雷斯曼提出了一个更为复杂的特征整合理论。这一新理论确认了四种注意选择。第一是方位选择，涉及一个相对广阔或狭窄的注意视窗。第二是特征选择，其中特征被分为确定表面特征（surface-defining feature，如颜色、明度和相对运动等）和确定形状特征（shape-defining feature，如朝向和大小等）。第三是确定物体的位置（object-defined location），第四，在加工后期存在一个选择过程来决定控制个体的目标文件，从而，注意选择性可否在各个水平上运作取决于当前任务的特殊要求。

最近，特雷斯曼又提出：感官信息以各种不同的提示（形状、颜色、动作、气味和声音）的形式并行到达，这些提示编码在部分模块化系统中，通常一次出现多个对象。结果是一个被称为绑定问题的紧急情况，即我们必须收集这些提示，将它们绑定到正确的时空束中，然后解释它们以指定它们的真实世界起源[①]。

特雷斯曼所指出的问题可以通过一个例子来解释。假设我们有一个被试同时得到一个红番茄和一个绿苹果。正如特雷斯曼所说，这种视觉输入最初被分解成专门的分布式处理：大脑的一部分负责检测物体的形状，另一部分负责检测它们的颜色。形状检测中心表征番茄形状和苹果形状的物体存在；颜色检测中心表征存在一个红色的东西和一个绿色的东西。但是，如果主体是一个正常人，他知道的比这四个事实所暗示的更多：他知道红色的东西是番茄形状的东西，绿色的东西是苹果形状的东西。要知道这一点，他必须有一种方法，将颜色中心的红色表征与形状中心的番茄形状表征"结合"。绑定问题是知道如何将在各种专门检测中心检测到的属性组合在一起的问题。

特雷斯曼提出的解决方案利用了一个事实，即在任何时间、任何地点，只能看到一件事。如果颜色检测中心在第一个位置检测到红色，在第二个位置检测到绿色；在形状检测中心第一个位置检测到西红柿形状，在第二个位置检测到苹果形状，那么，根据每个位置每次最多有一个物体的原则，可以解决绑定问题。特雷斯曼提出，通过将不同大小的"窗口"从感知场景中的一个位置移动到另一个位置，我们可以得到一个正确的边界表征。大脑中的分工不仅仅是检测颜色和形状，绑定问题也不仅仅是表征颜色和形状组合的问题，其他组合也存在。形状的组成部分，如垂直线、水平线和闭合圆，也有独立的中心检测，每个中心仅用于检测一种特征。因此，对于这些特征的组合方式，绑定问题再次出现，比方说，被试使用

---

[①] Treisman, A., "Consciousness and Perceptual Binding", in Axel Cleeremans (ed), *The Unity of Consciousness: Binding, Integration and Dissociation*, Oxford: Oxford University Press, 2003.

独立的中心来检测一条垂直线和一个闭合圆的存在,并且需要使用绑定过程,然后才能确定闭合圆位于垂直线索的顶部,给出棒棒糖形状,而不是底部(比如感叹号)。

现有的关于特征绑定的大量文献中,特雷斯曼提供了关于特征绑定机制如何工作的许多细节。特雷斯曼的证据来自几个方面。首先,束缚与注意之间存在密切关系的理论对缺乏注意时的错误束缚作出了准确而详细的预测。在某些情况下,注意的失败会导致无法正确地绑定特征,结果是主体经历了错误绑定的特征,例如,前例中出现了一个绿色的西红柿。如果刺激显示的时间太短,那么可靠的特征绑定只会发生在被试已经将注意指向的刺激部分。当被试的注意集中在报告屏幕两侧的数字,而屏幕中间呈现多种颜色的形状时,被试容易报告存在颜色和形状被错误绑定的图形。如果他被提示注意一个特定的形状,而忽略了数字,那么他所犯的错误就不会成为错误绑定的错误[1]。

特征整合理论的第二个证据来源是,该理论预测了哪些形状在不被注意的情况下可以相互区分。如果绑定是通过注意来完成的,那么仅仅在绑定特征的方式上不同的形状在被注意之前就不能相互区分。这个理论的结果预测了在干扰背景下搜索特定项目是容易的。如果通过一个单一的特征将目标与干扰者区分开来,搜索就会很容易;如果通过特征组合的方式将目标与干扰物区分开来,将是一件困难的事情。通过观察搜索目标的定位时间与目标嵌入的干扰源数量之间的关系,这些预测得到了证实:不需要绑定就可以将目标与背景区分开来的目标被发现"弹出",检测它们所用的时间或多或少不受干扰源数量的影响。相反,如果目标和干扰源之间的差异只有在特征绑定时才能检测到,则检测目标所需的时间随着干扰源数量的增加而增加。特雷斯曼的实验证明,在执行搜索任务的最初几百毫秒内,当搜索任务涉及从拥挤的视觉环境中收集信息时,被试对某个项目的

---

[1] Treisman, A., "Feature Binding, Attention and Object Perception", *Philosophical Transactions of the Royal Society of London, Series B*, 1998(353), pp. 1295–1306.

注意是由该项目特征的绑定构成的。

## 三、指导搜索理论

沃尔夫（Wolfe）提出了注意的指导搜索理论。该理论是对特征整合理论所做的较大的和更精细地改进。二者之间存在一个相似之处，即假定视觉搜索起始于一个高效率的特征加工过程，而后是效率不高的搜索过程。然而，沃尔夫对特雷斯曼的如下观点做了修正：特雷斯曼认为初始加工是平行进行的，而且这些加工过程或多或少是有效率的。但是，沃尔夫发现，视觉搜索实验的结果（反应时）从变化平坦到波动很大，与刺激集大小成函数关系，并没有证据显示加工会分成两个阶段……这种搜索曲线斜度的连续性，很难令人相信搜索任务能被清楚地分为平行和系列两种类型。从而，如果采用平行加工的话，在判断时间上则不应该出现刺激激活画面大小效应，而如果是系列加工，则会出现显著的刺激集大小效应。事实是绝大多数研究所获得结果都是介于这两个极端之间。

根据向导搜索理论，对基本特征的初始加工将产生一个激活地图，视觉画面中的每一个项目都有自己的激活水平。假定某人正在搜索红色且水平的目标。特征加工将激活所有红色物体和所有水平物体。然后，注意会根据激活水平指向那些激活度最高的项目。这一假设使我们能够理解为什么在非目标与目标共享一些特征时，搜索时间会延长这一现象。

最早的特征整合理论不能解释为什么被试对位于较大画面的目标检索起来比预计的要快一些这一现象。激活地图理论则相对来说灵活一些，因为视觉搜索通过忽视那些不与共享特征的刺激而使加工变得更有效率。

视觉搜索的最基本特征是什么呢？我们又怎样确定这些特征呢？沃尔夫对第二个问题的回答是，"如果一个刺激既支持高效搜索又支持自动组合，那么我们就应该把它包括在基本特征里"[1]。

---

[1] Wolfe, J. M., "Visual Search", in H. Pashler(ed), *Attention*, UK: Psychology Press, 1998, p. 23.

## 四、注意相依理论

邓肯（Duncan）和汉弗莱斯（Humpherys）提出了注意相依理论（attentional engagement theory）。这一理论部分用来解释为什么视觉搜索要比最初的特征整合理论所建议的要快捷和高效。该理论做了两个预测：第一，当目标与非目标之间的相似性增加时，搜索时间将减慢。第二，当目标之间的相似性降低时，搜索时间将减慢。从而，当非目标彼此并不相似，而与目标却相似时，会导致最缓慢的搜索速度。

汉弗莱斯等人通过实验获得了非目标相同时可产生特别迅速搜索的证据。他们要求被试从字母 T 的背景中检测出倒立的字母 T。检测速度几乎不受非目标数目的影响。根据特征整合理论，目标是由特征组合或关联来定义的这一事实意味着视觉搜索在很大程度上应该受到非目标数目的影响。

紧接着，邓肯和汉弗莱斯又做了如下假设：(1) 存在一个早期的、对所有项目进行知觉组合和分析的平行加工阶段。(2) 存在一个把所选信息传输到视觉短时记忆单元的后期加工阶段，这与选择性注意（selective attention）有关。(3) 视觉搜索的速度取决于目标进入视觉短时记忆单元的难易程度。(4) 视觉短时记忆单元最有可能选择那些符合目标项目定义的项目，因而，与目标相似的那些非目标将减慢搜索过程。(5) 以知觉特征（如相似性）组合起来的项目将被选择（或拒绝）进入视觉短时记忆单元。那些不相似的非目标因不能被整体拒绝而将减缓搜索过程。

特雷斯曼等人的研究中，被试需要很长时间从棕色字母 T 和绿色字母 X 背景中检测出绿色字母 T，他们认为这是因需要集中注意来产生特征间的必要关联所引起的。与此相反，邓肯和汉弗莱斯则认为这种延缓现象是因为目标与非目标之间的高度相似性（目标与非目标共享一个特征）以及非目标之间的不相似性（两个不同的非目标之间不共享任何特征）。

汉弗莱斯和穆勒开发了一个注意相依理论连结主义模型，这个模型被称为 SERR（Search via Recursive Rejection）。这一模型的构建是基于组合和搜索过程是平行分布范式的。汉弗莱斯和穆勒对 SERR 模型和特征整合模型的理论预测进行了比较。被试必须尽可能快地检测目标字母 T。在一种条件下，他们设计了两个或更多个相同的目标，只要被试检测到一个或全部就做出反应。在这种条件下用来检测目标的时间比另一种条件中（在该条件中只有一个目标）所用最快时间还要快一些。这一发现与 SERR 模型所强调的平行加工相吻合，但很难用系列加工理论来解释。

综上所述，特征整合理论对视觉搜索的理论范式产生了多方面的影响。首先，研究者普遍认为搜索包括两个连续的加工过程。其次，第一个过程要快捷和高效率而第二个过程要缓慢和低效率的观点也被接受了。第三，不同视觉特征分别获独立接收加工的观点似乎也与不同视觉皮质分别处理不同特征的生理学证据一致。

早期的特征整合理论存在四个主要缺陷。第一，视觉搜索是完全平行或系列处理的假设似乎太牵强而与证据不符。第二，对包含组合或管理谈特征的目标进行搜索要比特征整合理论预测的事实上要更快一些。这一特点被想到搜索理论和注意相依存理论所采纳。例如，如果非目标能被组合起来或者非目标与目标不共享相同特征的话，对管理目标的搜索速度会提高。第三，特征整合理论最初假定关于视觉搜索的集效应（set effect）或画面大小效应（display size effect）主要受目标的特征（单一特征或关联特征）所影响。事实上，其他因素（如对非目标的整合）也有一定的作用。第四，特雷斯曼的假设在缺乏集中注意的条件下，所有特征均是完全自由变化的。结果是，任何特征都可以通过组合而产生错觉关联。实际上，绝大多数错觉关联都是在两个项目比较接近而不是相离的情况下出现的。这一发现促使后来的研究者提出了位置不确定理论，这一理论认为错觉关联时由于对视觉特征的位置不确定而引起的。

## 五、视觉注意障碍理论

波斯纳和彼得森（Posner & Peterson）在 20 世纪末提出了一个可以理解视觉注意障碍的理论构架。他们认为有三种独立的能力可以用来控制注意：第一，注意从一个给定视觉刺激脱离；第二，注意从一个目标转移到另一个目标；第三，注意接近或锁定一个新目标。这三种能力均是后期注意系统（posterior attention system）的功能。此外，大脑中还存在一个早期注意系统（anterior attention system），这一系统主要负责协调视觉注意的各种特征，其功能有点类似于工作记忆系统的中枢执行系统。也就是说，注意系统是分层次加工信息的，在这个系统中当早期注意系统不需要处理其他信息时，它可对后期注意系统产生控制作用。

波斯纳的"早期注意系统"的证据基于额叶的早期注意系统负责刺激选择和心理资源的分配。后期注意系统受早期注意系统的影响，控制注意的低水平特征加工（比如注意的脱离等）。有证据表明早期注意系统可能比波斯纳的假设要更复杂一些。因为有临床发现，左侧额叶损伤会产生与右侧额叶损伤不同模式的注意障碍。这些发现显示大脑中可能存在不止一个早期注意系统。

比如，忽视患者①的注意脱离（disengagement of attention）现象。波斯纳等人向忽视患者呈现即将出现目标位置的线索并要求该患者判断目标位置。即使线索和目标均出现于损伤视野中，被试也还是能够相当出色地完成任务，然而，当线索呈现于患者未损伤视野而目标呈现于损伤视野时，患者的成绩就很差。这些发现表明患者很难把注意从呈现到未损伤视觉区域的刺激中分离出来。由此可见，注意脱离在忽视患者的症状中起到关键作用。

---

① 忽视常常出现于因中风导致的右侧顶叶损伤患者中，右半球损伤的忽视患者不能注意到左侧目标，或者不能对左侧目标做出反应。例如，忽视患者描绘或复制一个目标图形时，他们总是把图形的左侧空在那里，根据Driver的观点，忽视障碍的关键问题可能是，尽管患者基本上能够注视或注意损伤对侧目标，但他们常常不能自发地完成这一动作。此外，忽视患者对与表象而不是知觉有关的任务也出现忽视现象。非常重要的是，忽视并不是一种单一症状而是一种症状群，而且这种症状群对不同患者来说程度也可能不同。忽视现象是忽视患者存在注意缺陷，其核心观点是注意在左右两侧的分配是不均衡的，忽视障碍的多样性，是不能由单一理论来解释的。

一般来说，忽视患者的大脑顶叶存在相当严重的损伤，PET 扫描表明当注意从一侧空间转移到另一侧时，顶叶的某些区域兴奋明显增加，患同时性失认障碍的 Balint 氏综合征患者也会表现出注意脱离方面的问题。这种障碍表现为在一个时间点上，即使目标靠得很近，被试也只能注意一个目标。由于大多数患者都具有完好视野，因此被注意目标似乎产生了一种固着（hold-on）效应，进而使得注意脱离出现问题。然而，被忽视的刺激在某种程度上还是获得了加工。科斯莱特和萨夫兰（Coslett & Saffran）在一个同时性失认障碍患者身上观察到了两个快速呈现单词之间的强烈的语义关联效应（semantic relatedness effect）。

又比如，丘脑枕核损伤患者的注意集中问题。实验者要求患者对具有前置提示线索的刺激做出反应。结果表明，不论目标呈现于损伤侧或对侧，只要线索是有效的，患者反应就会更快一些。然而，当目标呈现于损伤对侧的视野时，患者的反应在两种线索条件下均要比另一侧视野慢很多。这些发现表明患者不能对这些刺激锁定注意。PET 研究发现，当要求被试忽视一个给定的刺激时，枕核的兴奋水平会增加。因而，枕核对阻止注意集中到非目标以及把注意指向目标这一系列加工起到了一定作用。

忽视患者提供了一个明显的注意不集中的例子，这是因为我们可以证明，对于他们的注意障碍，有些病患仍然在执行特征结合的过程，有一些特征结合的案例并不构成注意。单侧忽视是各种脑损伤的常见后果，尤其右侧顶叶损伤时，有证据表明，忽视病人倾向于忽视左边的人或物，他们吃饭的时候，只吃盘子右边的食物，只穿右边的拖鞋和袖子，尽管这伴随着一个简单的视觉缺陷，但病人的问题不仅仅是简单的知觉问题，问题不在于左边的物体落在了视野的盲区，而是注意不能转移到左边。当物体呈现水平排列时，他们只报告最右边的一个；当要求他们从记忆或样本中绘制物体时，他们只能完成一侧；当要求他们从记忆中描述一个场景时，他们只提到发生在场景右侧的想象中的事情。由此，我们可以推定，被忽略的左边刺激所经历的任何加工都无法构成注意加工。如果我们能证明这些病人确实绑定了左边事物的特征，那么，我们就可以推断出有一种特征绑定是在不构成注意的情况下发生的。

## 第三节　认知视角下的注意

尽管感觉系统已经将视觉、听觉、气味、味道以及触觉的混合信息带到能够处理的数量，对于电脑而言，这些信息依然过于庞大。这也是为什么感觉信息还必须经过选择性注意的筛选。比如当你坐下来阅读这本书的时候，由裤子引起的触觉和压觉依然在向电脑传递神经冲动。尽管感觉信息一直都存在，但你却并没有意识到。这就是"着衣不自知"的现象，是选择性注意的一个例子——主动地关注特定的感觉输入的信息。选择性注意似乎依靠大脑的功能对感觉信息进行选择和筛除。我们能够"特写"某个特定的信息，同时排除其他感觉信息。

所以，有些人把选择性注意想象成一个瓶颈，或者一条感觉信息通往知觉系统的狭窄的通道。当某个信息进入瓶颈之后，它似乎就会阻碍其他信息通过。比如，你开车走到一个十字路口，需要确认信号灯是否还是绿色。正当你准备确认的时候，你身边的朋友突然向你指出路边的熟人，如果你之后没有注意到绿灯已经变成红灯的话，你就有可能会闯红灯。所以，心理学家就提出了顺序瓶颈的概念。

### 一、顺序瓶颈

心理学家提出，在人类的信息加工中存在着顺序瓶颈（serial bottleneck），即只能将事情一件一件地去做，而不能进行平行加工所有的事情。例如，人们普遍认为运动系统存在平行操作的限制。尽管我们大多数人能够同时执行涉及不同运动系统的彼此不相关的动作，（如一边看手机一边吃饭），但是要让一个运动系统同时做两件事却很难。虽然我们有两只手，但是只有一个系统来使我们的双手运动，所以，我们很难让两只手以不同的方式同时运动。一个典型的实验就是：我们不能同时左手画圆，右手画长方形。人类的许多运动系统，有的控制脚动，有的控制手动，有些控制眼动等等，它们都在分别独立工作着。但是，要让任意一个这样的系统同时去做两件事却很困难。

但是，我们这里关心的是：瓶颈是在什么时候出现的？是在我们知觉到刺激之前，还是在我们知觉到刺激之后对它进行思考之前，或者还是仅仅在需要做出动作之前？我们通常认为在动作能够发生之前必定有一定的顺序思考。比方说，我们发现将两个数字同时相加和相乘，基本上是不可能的。此外，还有一个问题是瓶颈位于信息加工过程中的何处。有关瓶颈何时出现的各种理论可以归结为早期选择理论（early-selection theories）或后期选择理论（late-selection theories），划分依据是这些理论认为瓶颈何时发生，也就是说，无论在何处出现了瓶颈，我们的认知加工必须对什么信息需要注意，什么信息需要忽略做出选择，即我们如何选择需要注意什么。

除了信息选择在信息加工流中何处发生的问题之外，什么因素决定了我们注意的对象也是值得探讨的问题。目标导向因素（内源性控制）和刺激驱动因素（外源性控制）被认为是形成注意的两种起因。具体说，当我们去博物馆参观的时候，一幅巨大的绘画作品吸引了你，这使得你仔细看了看画作中的人物，这是刺激驱动注意，不是我们想要注意它，而是它抓住了我们的注意。但是，这时导游提醒我们向另一边去看这个博物馆的镇馆之宝——某朝代的凤冠，于是，我们开始寻找这件文物。我们有了目标，它引导我们的注意扫描画面寻找被描述的对象。心理学家舒尔曼（Shulman）等人认为，在一定程度上，不同的人脑系统分别控制着目标导向注意（goal-derected attention）和刺激驱动注意（simulus-driven attention）。例如，神经成像证据显示，目标导向注意系统更偏左侧化，而刺激驱动注意系统更偏右侧化。

选择待加工信息的脑区与加工被选择信息的脑区是不同的。顶叶皮层是影响视觉皮层等区域的信息加工的脑区。前额叶皮层是影响运动皮层和后部区域的信息加工的脑区，这些前额叶区域包括背外侧前额叶皮层，以及表层之下的前扣带回皮层，它们执行选择功能并指导加工进行的脑区负责注意控制。

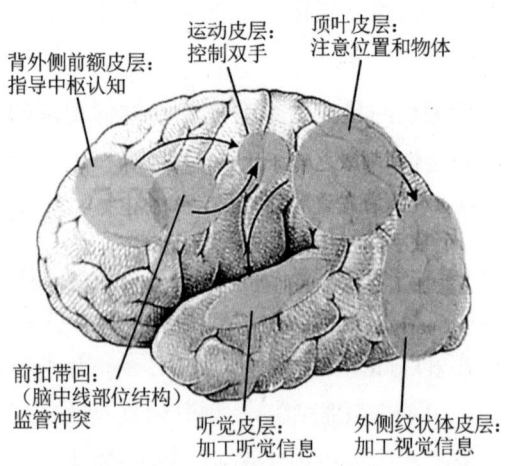

图3.1 与注意有关的脑区以及它们所控制一些的知觉和运动区①

## 二、早期的听觉注意研究

有关注意的一些早期研究主要集中于听觉注意。大部分这些研究都是围绕双耳分听任务（dichotic listening task）进行的。在典型的双耳分听实验中，被试戴着一副耳机，他们会同时听到两条信息，每条信息各传入一只耳朵，要求被试"跟踪"两条信息中的一条（仅复述来自一条信息的话语）。绝大多数被试都能够注意一条信息而忽略另一条。

心理学家们发现，在双耳分听任务中，未注意的信息只有少量的信息得到了加工，在听完信息后，被试报告他们能够分辨出未注意的信息是一个人的声音还是噪声，人的声音是男声还是女声，以及在测试过程中说话者的性别是否有所改变。这些有限信息就是他们所能报告的全部内容。他们不能说出听到的是哪种语言也记不住任何词汇，哪怕是一再重复的单

---

① 图片来源：[美]约翰·安德森：《认知心理学及其启示》，秦裕林、程瑶、周海燕、徐玥译，北京：人民邮电出版社2012年版，第70页。

词。人们常常将执行这个任务比作鸡尾酒会,在酒会上的客人倾听一条信息(一个交谈)而过滤掉其他信息。这是一个目标导向加工的例子,听者选择待加工的信息。但是回到目标导向加工和刺激驱动加工的区别上,重要的刺激信息能够干扰我们的目标。我们可能体验过这样的情况,我们正专心地听一个人讲话时,在其他人的谈论中听到了自己的名字,这种情况下,很难保持我们的注意在原讲话者所讲的内容上。

布罗德本特(Broadbent)提出了过滤器理论来解释这些结果。他的基本假设是,感觉信息在系统内穿行直到到达某个瓶颈,在那里,人们根据某些物理特征来选择待加工的信息,而过滤掉其他信息。在双耳分听任务中,假设传入每只耳朵中的信息都被记录了,但是在某个点上被试只选择一只耳朵去倾听。在鸡尾酒会上,我们根据诸如说话者的音,这类物理特征来选择倾听哪位说话者。

布罗德本特的最初的过滤器模型的一个关键特征是,他认为我们是基于像耳朵或音调等这类物理特征来选择信息进行加工的。这个假设有一定的神经生理学道理,进入每只耳朵的信息抵达不同的神经,不同神经传递的每只耳朵的声音频率有所不同,因此,我们可以想象脑以某种方式选择某些神经"去注意"。人们当然能够根据信息的特征来选择要注意的信息,然而,有证据表明我们还可以根据语义内容来选择信息进行加工,在一项研究中,格雷和韦德伯恩(Gray & Wedderburn)证明了被试成功地跟踪了在两耳之间来回切换的信息。假定被试跟踪的信息中意义明确的部分是"dogs scratch fleas"(狗抓跳蚤),传到他一只耳朵中的信息可能是"dogs six fleas"(狗六跳蚤),而传到另一只耳朵的信息可能是"eight scratch two"(八抓二)。要求被试跟踪意义明确的信息,他们会报告出听到的是"dogs scratch fleas"(狗抓跳蚤)。因此,被试能够根据语义而不是根据每只耳朵所听到的物理特征来跟踪信息。

特雷斯曼(Treisman)观察了要求被试跟踪一只特定耳朵的情况。被跟踪的耳朵中的信息在一定的时间内意义明确,然后就变成任意排列的单词串。与此同时,意义明确的信息转移至另一只耳朵,也就是被试一直未注意听的那只耳朵。有些被试违背了要求,转换另一只耳朵继续追随意明确的信息。其他的被试则仍然追随之前跟踪的耳朵。因此，人们似乎有时用耳朵来选择要跟随的信息，有时则按照语义内容来选择。

为了解释这些结果，特雷斯曼对布罗德本特的模型进行了修正，提出了衰减理论（attenuation theory）。这个模型假设，根据其物理特性某些信息会被削弱但不会被完全过滤掉。因此，在双耳分听任务中，被试将来自未被注意的耳朵的信号减至最弱，但并未完全消除掉。语义选择标准能够运用于所有信息，而不管它们是否被衰减。如果信息被衰减，那么运用语义选择标准会比较困难，但还是有可能的。特雷斯曼在她1960年的实验中得出，大多数被试实际上继续跟踪规定的耳朵，追随未被衰减的信息要比运用语义标准将注意转移至被衰减的信息容易。

后来，有一些研究者提出了后期选择理论。他们认为所有信息都未被衰减而得到了完全加工。他们假设能力局限存在与反应系统中，而不是知觉系统中。人们能够知觉多条信息，但是每次只能跟踪一条信息，因此，人们需要某些依据来选择一条信息进行跟踪，如果被试使用意义作为判断标准（不论是遵循实验要求还是违反要求），他们将变换耳朵去追随有意义的信息。如果被试使用初始的耳朵来决定要注意的信息，他们将会跟踪被选择的那只耳朵。

两种理论的区别如图3.2所示。两个模型都被认为在加工过程中存在过滤器或瓶颈。衰减理论认为过滤器选择加以注意的信息，后期选择理论却认为过滤器在知觉刺激经过了言语内容的分析后才起作用。特雷斯曼试图探讨这两个理论之间的区别，她设计了一个双耳分听任务，在这个任务中，被试必须跟踪一条信息，并且还必须为一个目标词而对双耳的信息都进行加工。如果他们听见了目标词，他们就轻拍做出暗示。根据后期选择理论，来自双耳的信息都会得到处理，被试应该能够同样好地觉察出来两只耳朵的关键词；相反，衰竭理论则会预期由于信息在非跟踪耳中被衰减，所以，对关键词的觉察就要差得多。在实验中被试觉察出了来自跟踪耳的87%的目标词，而只察觉出来自非跟踪耳的8%的目标词。

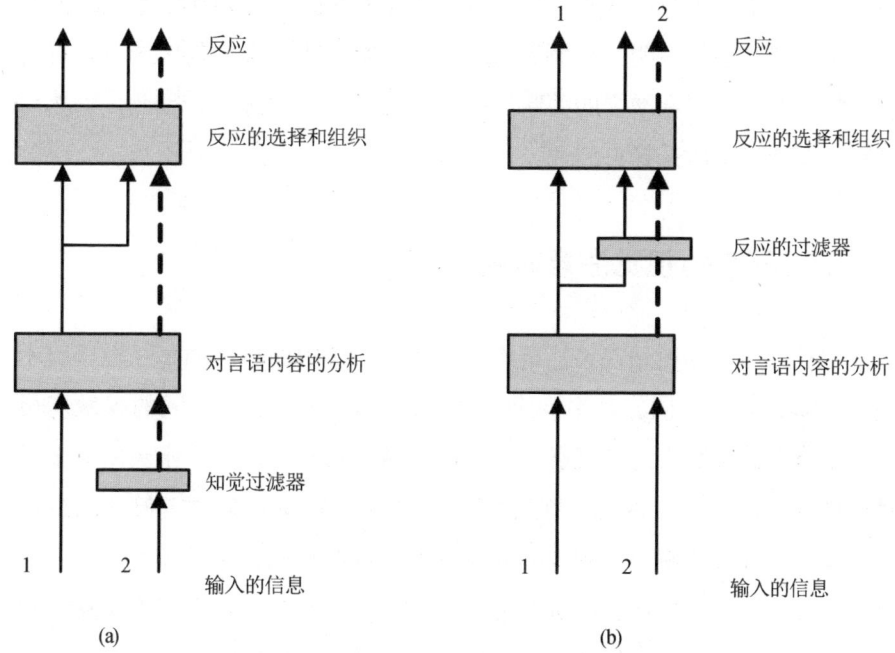

**图 3.2　衰减理论和后期选择理论对比图**①
（a）衰减理论；（b）后期选择理论

神经学证据支持了衰减理论，这个理论断言既存在来自注意耳的信号的增强，又存在来自非注意耳的信号的衰减。初级听觉皮层对来自听者注意耳的听觉信号的反应增强，而对来自另一只耳朵的信号的反应减弱。沃尔多夫等人（Woldorff et al.）通过 ERP 记录发现，这些反应发生在刺激呈现后的 20—50 毫秒之间，听觉加工中这种增强反应，早在识别信息中的语义之前就发生了。还有证据表明，听觉皮层中信息的增强是基于特征而不是位置。扎托利（Zatorre）等人在一项 PET 研究中发现，当人们根据音调来注意某条信息时，在听觉皮层中出现了类似的增强（被记录为激活增强），这项研究还发现，在引导注意的顶叶区也出现了激活的增强。

虽然听觉注意能够增强初级听觉皮层活动，但是，尚无可靠的证据支

---

①　图片来源：［美］约翰·安德森：《认知心理学及其启示》，秦裕林、程瑶、周海燕、徐玥译，北京：人民邮电出版社 2012 年版，第 73 页。

持在听觉加工的更早期阶段，如在听觉神经或在脑干中的加工存在注意效应。上述研究结果表明，初级听觉皮层是最先受注意影响的区域，对听觉皮层的影响是衰减和增强的关系，信息并没有完全被过掉，因此，仍然可能在后期加工阶段选择它们。

## 三、早期的视觉注意研究

视觉加工中的瓶颈现象甚至比听觉信息加工中的更加明显。视网膜不同区域的视敏度不同，其中一个叫做中央凹的非常小的区域的视敏度最大。虽然人的眼睛会记录视野中一大片区域的信息，但是，中央凹只记录视野中的一小部分。因此，在我们选择将自己的视力集中于何处的过程中，我们也在选择将我们的大部分视觉加工资源投向视野的特定部分，并减少对加工视野其他部分的资源分配。通常，我们会专注于我们正在注视的那部分视野。例如，当我们阅读时，我们会移动眼睛，以便能注视正在注意的词汇。

然而，视觉注意的焦点并不总是中央凹正在加工的视野部分一致。人能够按指导语注视视野的一部分（使这部分成为中央凹的焦点），却注意视野非中央凹的其他部分。在一项实验中，波斯纳（Posner）等人让被试注视一个固定点，然后向他们呈现位于这个注视点左侧或右侧7处的一个刺激。在一些测试中，告诉被试刺激可能出现在哪一侧；而在另外的测试中，则没有这种提示。当有提示时，80%的提示是正确的，而有20%的提示与刺激出现的一侧相反，主试监测眼动，只有双眼停留在注视点处的那些测试的数据有效。结果显示，当刺激出现在预期位置时，被试对刺激的反应较快；当刺激出现在意外的位置时，被试对刺激的反应较慢。研究者发现，人们能够注意距中央凹远达24处视野的区域。虽然人们能够在未伴随眼动的情况下转移视觉注意，但是人们通常还是会移动他们的眼睛，以便使中央凹加工他们正在注意的那部分视野。波斯纳指出，对眼动的有效控制要求我们注意中央凹以外的部位。也就是说，我们必须注意和识别一个感兴趣的非中央凹区域，才能使我们双眼注视这个区域，从而以最佳精度对它加工。因此，注意的转移通常发生在相应的眼动之前。

为了加工复杂视觉情景，我们必须在视野内转换注意以追踪视觉信息这个过程与跟踪某个交谈过程相似。奈塞尔和贝克伦（Neisser & Becklen）进行了一个类似听觉跟踪任务的视觉跟踪实验。他们让被试观看彼此叠映在一起的两个录像。其中一个是两人在玩拍手游戏，另一个是一些人在打篮球。实验者要求被试注意其中的一部影片，并且注意影片中的怪异情节，比如拍手游戏过程中两位游戏者双手暂停和相握。被试能够注意观看一部影片，并报告说能够过滤掉另一部影片。但实际上，当要求被试注意观看两部影片中的怪异情节时，他们则感到非常困难并丢失了许多关键情节。这种情况涉及到使用物理线索和使用内容线索的有趣结合。被试移动双眼和聚焦他们的注意，使得被跟踪事件的关键部分落在重要凹和注意的聚焦中心。另一方面，他们想要知道如何移动双眼追随某个事件的唯一方法就是参照正在加工事件的内容。因此，物理线索促进他们对关键影片进行加工，而对关键影片的加工又促使他们提取内容，使他们知道目光要移向哪里。因此，人们能够将注意集中在视野的某一部分上，并且能够转移注意焦点去处理他们感兴趣的事物。

认知心理学对注意问题的认识有一个渐变的过程，从将听觉注意和视觉注意分开、将知觉加工中的注意与执行控制中的注意以及产生反应中的注意分开，认知心理学逐渐认识到注意是多方面的。在认知心理学视角下，大脑由许多平行加工的系统所构成，包括各种知觉系统、各种运动系统和中枢认知，每一个这样的平行系统似乎都存在瓶颈，即系统必须集中加工单一事情的地方。于是，将注意设想为一个过程，通过这个过程，系统从潜在地相互竞争的若干信息加工需求中，一次选择一个来处理。

## 第四节　渗透性视角下的"注意过程论"分析

注意是一个过程的观点为大多数心理学所共识。"分听注意实验"是被试在理解了主试的指导语后完成的实验任务，这需要语义认知，语义信息会无意识中影响早期视觉资源的注意竞争。注意产生和输出的多样性表明"知觉期待"不仅能把注意的焦点放到视觉加工所包含的刺激上，而且还可以把注意放到产出、输出的方式上。注意特征模型通过约束对象的特征来关注某些任务，主体对这些任务的关注是由特征绑定过程的实例构成的，但是特征绑定的过程也可以在不构成注意的情况下发生。特征导向型注意的无意识聚焦是因为概念持有，所以使得注意调节下视觉内容具有认知渗透性。因此，注意不是一个选择过程，而是具有认知渗透性的认知统一。

## 一、注意的实验研究

心理学家威廉·詹姆斯（William James）认为注意是心理学接收信息的过程。确切地说，注意是从同时呈现的几个物体或思维序列中选择一个对象的过程，其中意识集中与专注是注意的核心。而且，詹姆斯还将注意区分为了主动和被动两种情况，当注意因个体的目标驱动而涉及自上而下的控制加工时，注意是主动的；当外部刺激引起自下而上的控制时，（如很大的噪声，很强的光），注意是被动的。自下而上的注意（刺激驱动的注意）比自上而下的注意（目标驱动注意）具有更快速和有效的特点，因为前者更需要意志、努力来决定哪些刺激与当前目标有关。詹姆斯认为注意是生理过程，该过程是感觉器官的调节和调整，比如眼睛看向亮光的方向，竖起耳朵可以更好地捕捉声音，闻一闻花香或伸手触摸某个东西。并且，注意还是从与被关注对象相关的概念中心进行的预期准备，比如，在烤火腿肠的时候想象烤熟后火腿的味道，在解决几何难题时设想可能的解决方案等。这些过程，注意起到了一定的作用，所以，詹姆斯试图用一个个过程的操作实例来定义注意的内涵，即注意是一个选择性加工的过程。

唐纳德·布罗德本特（Donald Broadbent）通过"分听实验"提出选择性注意理论。他认为必须有一个过程，通过这个过程，一个人的感官系统输出的一个子集被一个有限能力的知觉系统选择来处理,这个过程就是注意。布罗德本特还做了一个关于记忆的"双耳分听"研究,其结论表明没有被加工的信息是因为在加工早期已经被排除在外了,因为在大量信息输入的时候,有一个过滤器将没有被注意的信息过滤掉,也就没有被进一步加工,过滤器是根据最突出的物理特征来选择一个输入并阻止其他输入。在早期追随实验中(两耳分听也属于),实验材料的两个刺激是颇为类似的,这样也导致了选择性注意理论的不灵活性,以致不能解释对未被注意的信息做分析时,被试所显示的巨大变异性。此外,后来的研究者发现两个信息之间的相似程度对没有被注意的信息的记忆有显著影响:当被注意的段落信息与词汇一同以听觉形式呈现时,对词汇的记忆很差;当被注意听觉段落信息与图形一同呈现时,对图片的记忆成绩很好;如果两个输入刺激不相似,他们也会有不同程度的加工,或者说不是被完全屏蔽掉、过滤掉,而是进行了一些加工。

最近,美国心理学家玛丽莎·卡拉斯科(Marissa Carrasco)再次重申了注意是一个选择性的过程。她认为,选择是必要的,因为我们处理视觉信息的能力受到严格限制。这些限制可能是由大脑可利用的总能量的固定量和参与皮层计算的神经元活动的高能量消耗所强加的。大脑活动的代谢成本主要由神经元活动决定,而神经元活动的能量消耗强烈依赖于放电率[1]。考虑到大脑的总能量消耗量基本上是恒定的,极端的高生物能量消耗需要使用依赖于稀疏的活动神经元集合的有效表征代码,以及根据任务需求灵活分配代谢资源。这些能量限制只允许一小部分机械同时工作,这为选择性注意产生于大脑处理信息的有限能力这一观点提供了神经生理学基础[2]。

注意的实验研究存在三个主要的局限性:第一,尽管我们能注意到外

---

[1] Attwell & Laughlin, "An Energy Budget for Signaling in the Grey Matter of the Brain", *Journal of Cerebral Blood Flow Metabolism*, 2001(10), pp. 1133 – 1145.

[2] Lennie, "The Cost of Cortical Computation", *Current Biology*, 2003(6), pp. 493 – 497.

部环境，也能注意到内部环境（长时记忆中关于我们的思考和信息），但大多数研究只关注了前者，为什么会这样呢？研究者可以用多种方式对环境刺激信息进行确定和控制，而对注意的内部决定因素就不可能控制了。第二，我们在客观世界中所注意的对象，在很大程度上由我们当前目标所决定，而且，在绝大多数研究中，被试所注意的对象由实验指导语而不是他们的动机状态决定。第三，在现实世界里，我们通常注意三维的人和物，并根据这些人和物来确定哪些行为是合适的。但是，在实验室中，被试被要求对短暂呈现的二维静态画面作出强制性反应，实际上，这些实验情境很难出现在我们的日常生活中。

## 二、注意的多样性

注意的实验研究是通过找到一些适当的过程，并用它来确定注意，这是"过程优先"的方法，这种方法忽略了注意的多样性。迈克尔·波斯纳（Michael Posner）就指出，"注意不是一个单一的概念"[1]。拉贾帕拉·苏拉曼（Rajapala Suraman）在他的《注意的大脑》这本书中的导言部分发出疑问："当面对一系列注意假定的功能时，我们的回答是否应该是质疑注意的概念本身？"他问道："如果注意参与了所有这些功能，则它是独立的？还是它们是不可分割的一部分？或者注意是附带现象？或者如果注意不是一个具有单一定义的单一实体，那么，它不就是一个含义不全的概念吗？"[2]。试图解释注意是什么并没有什么问题，问题在于解释的前提：注意是一个过程。但实际上，注意可能并不是这样一个过程。

艾伦·奥尔波特（Alan Albert）提出了很有影响力的反对识别单一注意过程的主张：作为一种因果机制，不可能存在注意。没有一个统一的计

---

[1] MichaelI. Posner, "'Attention: the Mechanisms of Consciousness' Proceedings of the National Academy of Sciences", *USA*, 1994(91), pp. 7398–7403.

[2] MichaelI. Posner & Mary Kleviord Rothbart, "Aducating the Human Brain", *Cognitive Development*, 2008(23), pp. 335–338.

算功能，或者说是心理操作，所有所谓的注意现象都可以归因于此——所有注意现象的因果基础都应该是一种独特的机制或计算，而不是思维知觉或任何其它通俗心理学范畴的单一基础。奥尔波特的观点转向了注意控制成分的一致性，这种一致性很好地证明了他的结论——作为因果机制不可能有注意这样的东西。奥尔波特可以通过日常生活的证据得到解释，比如，一盏灯之所以能引起人们的注意，是因为它很亮；一个小朋友引起别人的注意，是因为他很调皮或长得可爱；一个声音引起人们的注意，是因为它很响亮；一种味道引起人们的注意，是因为它很臭……注意可以根据简单的物理特征、复杂的物理特征、二阶特征、感知事物的特征、语义特征等引起，各种复杂程度和抽象程度上的特征都可以决定一个人注意的方向，注意的结果和它的起因表现出同样的多样性，注意的事物因此可能被看得更清楚或使行动更明确，使记忆更深刻，让理解更微妙。

正是这些原因和结果的多样性暗示了"过程说"似乎出了问题。但是，需要强调的是，注意的原因和结果的多样性与"过程说"并不矛盾，因为对于一个程来讲，原因可以汇集到这一过程中，过程也可以产生各种影响。当奥尔波特指出注意控制的不同组成部分的一致性和功能可分性时，他不仅强调了注意因果的多样性，而且强调了注意直接因果的多样性。其大致思路是：注意如果是过程，则这个计算加工过程必须位于大脑的某个区域，该区域表征了事物被关注的所有属性。但事实证明，不同类型的属性，其表征发生在大脑的不同部位，因此，如果事实证明注意可以基于高度不同的特征来进行，那么，注意的过程就必须位于大脑中不同的区域。

根据奥尔波特的观点，如果认知系统由各种特异性机制构成，那么，我们就能解释为什么关于注意的实验室实验中设定的两个相似任务相似性程度的重要性：相似任务彼此竞争同一特异性加工机制或模块，而彼此迥异的任务则涉及不同模块，因而，也就不会发生干扰。奥尔波特的"模块说"与"过程说"仍不是冲突的，因为注意可能发生在整个大脑中，并且可能是一个过程，而且这个过程是大脑中几个功能不同的部分可以执行的过程，甚至可能是以相同的方式执行的过程。当然，奥尔波特所讨论的多样性，排除了过程论中假定注意过程的某些标准，以及对注意的分类等问题。

## 三、捆绑问题

在视觉系统中存在着不同类型的神经元，它们对诸如颜色、各种朝向的线条以及运动中的物体等不同特征做出反应。我们视野中的单个物体包含许多特征，例如，一根垂直的红色线条是由一根垂直的线条和红颜色组合而成的。同一个物体的不同特征由不同神经元表征，这一事实提出了一个逻辑上的问题：这些特征是如何结合在一起以形成对物体的知觉？如果视野中只存在一个单一的物体，这将不会是一个太大的问题。我们可以设想所有这些特征都属于这个物体。但是，如果视野中有多个物体会怎么样呢？例如，假设在视野中只有两个物体：一根红色的垂直柱条和一根绿色的水平柱条。这两个物体可能导致对红色敏感的神经元冲动、对绿色敏感的神经元冲动、对垂直线条敏感的神经元冲动以及对水平线条敏感的神经元冲动。如果这些冲动同时发生，视觉系统如何知道所看到的是一根红色的垂直柱条和一根绿色的水平柱条，而不是一根红色的水平柱条和一根绿色的水平柱条？脑如何将视野中的各种特征整合在一起被称为捆绑问题（binding problem）。

特雷斯曼提出了她的特征整合理论（feature-integration theory）来回答捆绑问题。她认为，人们在能够将一个刺激的特征整合成一个模式之前，必须将他们的注意集中在这个刺激上。例如，在上述例子中，视觉系统首先会将注意引导至红色垂直柱条的位置，并合成这个物体。然后，再将注意引导至绿色水平柱条处，再合成这一物体。根据特雷斯曼的观点，当人们需要整合特征以识别物体时（例如，当辨认由一根垂直线条和两根斜线条组成的字母 K 时），他们必须在阵列中搜索。当只有一个单一的独有特征（如红色夹克衫或一条特殊朝向的线条）时，我们能将注意直接转移至该物体并对其进行识别，因此无需搜索。

捆绑问题并非只是个假设上的困境，它是人们实际上会经历的困扰。

证据来源之一是错觉关联（illusory conjunctions）的研究，其中被试报告的特征组合实际并未发生。例如，特雷斯曼和施密特（Treisman & Schmidt, 1982）考察了对注意中心以外的刺激特征的组合情况。被试被要求报告出在视野的某一部分中闪烁的两个黑色数字是什么。这是他们的初步任务，同时也是他们的注意集中之处。而在视野的另一部分则呈现了不同颜色的字母。例如，在未被注意的视野部分处可能向被试呈现粉红色的字母、黄色的字母 S 以及蓝色的字母 N。在被试报告出数字之后，要求他们说出所看到的任何字母以及这些字母的颜色。在他们的报告中看到特征的错定关联（例如一个粉红色的 S）的次数几乎与看到特征的正确组合的次数一样多。因此，看来只有当我们将注意集中到一个物体上时，我们才能够将特征组合到准确的知觉中。否则，我们虽能觉察到特征，但很有可能将它们组合成了从未出现过的物体的知觉。虽然只有在相当特殊的情况下才会在正常人身上出现错觉关联，但是，某些顶叶皮层受损的患者特别容易出现这种错觉。例如，由弗里德曼—希尔（Friedman-Hill）等人研究的一名患者，在一些不同颜色的字母被呈现长达 10 秒时，依然会将字母的颜色弄混。

已经有了许多关于将单一物体的特征捆绑在一起的神经机制的研究。视觉区域 V4 中的神经元有着大的感受野（视角可达若干度），一次呈现的多个物体可能会落在单个神经元的视野中。勒克（Luck）等人训练恒河猴注视视野中的特定部分，并记录这一区域周围的神经元活动。他们发现神经元对应着特定类型的对象。例如，他们发现有一个细胞只对蓝色垂直柱条起反应。当一根蓝色垂直柱条和一根绿色水平柱条都呈现在这个细胞的感受中时，会发生什么情况？如果猴子注意蓝色垂直柱条，那么这个细胞的反应率会与只呈现一根蓝色垂直柱条时保持在相同的水平。另一方面，如果猴子注意集中在绿色的水平柱条上，那么这个细胞的放电频率就会大大地下降。因此相同的刺激（蓝色垂直柱条加上绿色水平柱条）会由于注意的对象不同而引起不同的反应。出现这个现象可能是由于注意抑制了对感受野内处于注意位置以外的所有其他特征的反应。在人类的 fMRI 实验中也得到了类似的结果。卡斯特纳（Kastner）等人测量了对出现在视野某一区域的刺激做反应的视觉区域的 fMRI 信号。他们发现，当注意从这一区域移走时，对该区域的刺激的 fMRI 反应也相应减弱；但是当注意集中在这一区域时，fMRI 反应也得到了保持。这些实验表明与被注意的物体和位置对应的神经活动得到了增强。

西蒙斯和查布里斯（Simons & Chabris）报告了一个令人瞩目的持续注意效应的演示。他们让被试观看录像，在这段录像中身着黑色球衣的一队球员来回传递篮球，身着白色球衣的另一队球员也在来回传球。他们要求被试或者计算身着黑色球衣的球队投掷篮球的次数，或者计算身着白色球衣的球队投掷篮球的次数。假定在一种情况下是让被试追踪身着黑色球衣的球队所发生的事情，另一种情况下是让被试追踪身着白色球衣的球队所发生的事情。由于球员是彼此混杂在一起的，因此这个任务有点难，它需要持续集中注意。在游戏过程中，一位身穿黑色大猩猩皮毛的人穿过房间。当被试追踪身着白色球衣的球队时，他们注意到那个身着黑色大猩猩皮毛的人的次数只有 8%；当他们追踪身着黑色球衣的球队时，他们注意到那个人的次数达 67%。他们是如此专注地追踪录像中身着白色球衣的队员发生的事情以至于完全忽视了这一黑色对象。当人们被动地观看录像时从来没有忽视过那位身着黑色大猩猩皮毛的人。

## 四、非注意特征绑定

前述的证据表明，主体可以通过约束对象的特征来关注某些任务，主体对这些任务的关注是由特征绑定过程的实例构成的。但是特征绑定的过程可以在不构成注意的情况下发生，即在一个场合构成的注意过程在另一个场合可能不构成注意。因此，一个事件是否构成注意的问题，不是什么过程被实例化的问题，也就是说，可以认为注意的形而上学不是过程的形而上学。

通过特征绑定，我们能了解到我们看到哪些颜色属于哪些形状，我们知道形状的各个部分是如何排列的。因此，当被试成功可靠地感知到形状各部分的排列方式时，我们就知道他们一定在执行特征绑定过程。然而，这里需要注意的是,并非所有的复合形状都需要经过特征绑定才能被检测到,特征绑定过程是必需的,以便提供那些特征配置的表征,这些特征与颜色和方向一样,是彼此隔离处理的。但这不是先验的,也不是显而易见的,视觉系统是孤立地处理这些特征的。比方说,形状的封闭性,事实证明,人们不需要为了区分一个三角形和几条不相连的线段之间的区别而绑定自己对三角形这三条线的表征。一个三角形和不形成三角形的三条线段之间的差异是一种不需要执行特征绑定过程就可以检测到的差异,因为三角形的闭合性是视觉系统的基本特征,而不是仅在绑定后表征的。视觉系统将一个突现特征视为原始特征的方式与我们发现的绑定可以构成注意的方式大致相同。当一个特征被视为基本特征时,一个视觉场景可以并行地搜索该特征,因此定位该特征所花费的时间很短,并且受背景中干扰物数量的影响很小。当目标被弹出,一个特征仅仅在绑定后才被表征时,必须连续搜索视觉场景以检测该特征,并且随着需要搜索的干扰因素的增加,查找该特征所需的时间也会增加。此外,当阻止特征绑定时,原始特征可以重新组合以形成虚幻的连接,但绑定后表征的特征不能以这种方式重新组合。

以上发现说明:顶叶首先把注意从现有目标脱离,然后中脑负责把注意转移向目标区,接着枕核参与对方位信息进行处理。一个重要的意义就是注意系统其实是相当复杂的。奥尔波特(Allport)认为,"空间注意是一种分散性功能,大脑的多个功能迥异的机构均参与注意加工。也就是说,大脑中并不存在单一的注意中枢"[①]。

此外,有研究发现,猴脑的三个区域表现出与注意的控制有关。这些区域是上丘、后顶叶和被称之为丘脑后结节的中脑区域。在人类患者中,这些区域特别是顶叶的损伤会导致视觉注意缺陷。例如,波斯纳等人发现,顶叶损伤患者难以摆脱对一侧视野的注意。

右侧顶叶损伤会导致独特的缺陷模式。波斯纳等人研究了一位这类患

---

① Treisman, "Feature Binding, Attention and Object Perception", *Philosophical Transactions of the Royal Society of London*, 1998(353), pp. 1295–1306.

者的注意缺陷。他们给患者提示预期在注视点左侧或右侧出现的一个刺激，80%的刺激会呈现在预期的位置，然而有20%的刺激呈现在预期之外的一侧视野。当刺激呈现在右视野时，如果提示不正确，患者只表现出很小的缺陷。然而，如果刺激呈现在左视野且提示不正确时，患者会表现出明显的缺陷。因为右侧顶叶加工左侧视野，一旦注意集中于右侧视野时，右侧顶叶损伤会导致将注意转至左侧视野的能力的削弱。这种单侧注意缺陷可以通过在顶叶皮层施加TMS而在正常个体身上暂时性地制造出来。

更加极端的一种注意缺陷被称为单侧视觉忽视。右脑半球受损的患者完全忽视视野的左侧，而左脑半球受损的患者则完全忽视视野的左侧，而左脑半球受损的患者则完全忽视视野的右侧。

右侧顶叶似乎参与多种感觉通道中的空间注意分配，而不只是视觉。例如，当一个人注意听觉或视觉刺激的位置时，右顶叶的激活增强。同时，右顶叶看起来比左顶叶更多地负责了对注意的空间分配。这就是为什么右顶叶受损往往会产生如此明显的效应，左顶叶受损往往会造成不易察觉的缺陷。罗伯逊和拉福（Robertson & Rafal）认为，右侧顶叶负责注意诸如空间位置那样的整体特征，相反，左侧顶叶区则负责将注意引向物体的局部。右顶叶受损的患者能够复制出所给出图片中具体的组成部分，但无法复制出它们的空间架构。相反，左顶叶受损的患者能够复制整体架构，却无法复制细节。与此相似，近年的脑成像研究发现，当一个人对整体图形做出反应时，右顶叶表现出激活增强；而当一个人注意局部图形时，左半球表现出激活增强。

## 五、偏向竞争的注意

我们已经看到特性绑定过程可以构成注意，但可以在不构成注意的情况下实例化（就像在单侧忽视的患者中一样），这也不足以驳斥"过程论"。"特征整合理论"并没有驳斥过程优先论，因为过程优先论只要求存在某种过程的分类法，在这种分类法上，将同一过程实例化为注意的实例就足以成为注意的例子，这并不要求每个分类法都具有该属性。于是，特征绑定的过程可以构成注意，但是可以在不构成注意的情况下发生，就像表明物质碳可以构成菱形，但是可以在不构成菱形的情况下发生（比如铅笔的笔芯）。关于特征绑定的事实并没有表明注意力不是一个过程；他们只是表明，这并不是一个认知过程——一个在描述层面上发现特征绑定的过程。反对过程说，就要先证明这个分类法有问题。任何实例化与注意实例相同的过程的事物本身就是注意实例。我们回顾的证据表明，没有一种认知过程的分类法能够将所有特征绑定实例指定给一个单一的类别，而在这种分类法上，任何将同一过程实例化为注意实例的事物本身就是注意实例。于是，有可能有一个关注过程的替代分类法的过程。

偏向竞争是指注意是知觉竞争（某系列刺激已经获胜）的结果及其加工方式，场景中的某些特征在视觉加工过程中会逐渐凸显。沃夫（Wolfe）等人提出了注意的导向搜索理论。该理论是对特征整合理论所做的较大地和更精细地改进。最早的特征整合理论不能解释为什么被试对位于较大画面的目标检索起来比预计的要快一些这一现象。而激活地图理论则相对来说灵活一些，因为视觉搜索通过忽视那些非共享特征的刺激而使加工变得更有效率。比如，在一个主体面前可能有几个物体，所有的物体都是一个人意识到的，所有的物体都能提供一种满足自己欲望的反应。当我想要一个苹果时，我站在同样美味的苹果面前，需要一些过程来确定我将要拿起的是哪个苹果，并同时避免接触其他的苹果。如果没有这样的过程，我会在各种苹果之间摇摆不定，无法打破它们之间的联系，而且还会不断地被一种想要拿起每一个苹果的冲动而无法协调地行动。拿起一个苹果是我唯一想到的事情，直接对一个苹果采取行动，这种选择就形成了注意。

但是，正如我们可以找到无法构成注意的特征绑定一样，我们也可以找到无法构成注意的动作过程的选择。比如，当我正在和研究生讨论她的论文的时候，想告诉她"把这篇文章的综述部分再写得详细一点"，这时，我突然接到母亲的电话，电话那边母亲问我中午的饺子吃什么馅的。而我拿着电话的同时，这边和研究生说："把综述部分写得韭菜馅点儿。"这种情况在生活中是比较常见的，每个人可能都会遇到，这表明在这两个行为中至少有一个根本没有注意到，那么就可以选择不构成注意的行动。还有，任何一种注意都可以被其他注意所打断：知觉注意可以被有意识的思想打断；有意识的思考可以被吸引思考者注意的外部事件打断；注意的上述两种情况又有可能同时被想象所打断……行动的选择性连同特雷斯曼的单侧忽视研究的结果，都不支持在描述的认知水平上用过程来识别注意。

如果存在一个单一的、恰当的、高层次的注意资源，通过感知、有意识地思考或想象中获得，这种资源可以获得它自己最近的一些状态和由它自己先前的状态产生的记忆表征，那么，关于注意的这些日常事实就可以得到解释。这就是说，我们的注意被一件事占据，解释了我们没有注意到另一件事，这是注意的一个显著特征。当我们意识到自己在其他地方错过了什么的时候，我们通常会意识到自己在把注意集中在某件事情或其他事情上。只有当不同种类的注意涉及到相同的潜在认知机制时，我们才能对不同形式的注意相互干扰的方式提供一个统一的解释。对这些干扰效应最好的解释是：不同形式的注意相互干扰，因为它们在争夺实现注意过程的资源。干扰的最佳解释应该是竞争对单一、通用的、有限资源的竞争，在这个资源中注意过程被实例化。

当然，如果干扰发生在一对任务之间，而这两个任务都需要特定的公共资源来完成，比如说，如果它们都涉及手动协调或工作记忆，在这些情况下，干扰可以解释为使用任务共同拥有的特定资源的竞争问题。如果干扰发生在一对涉及处理非常相似的表征形式的任务之间，这种干扰可以解释为大脑无法封装的不同信息处理途径之间的"串扰"。尽管不同形式的注意之间存在干扰，但它并不是发生在任何两个需要注意点的任务之间完全普遍存在的干扰，两种任务可以共享注意资源，比如我们可以边听歌曲边扫地，可以边看谱子边弹钢琴，可以边说话边嗑瓜子……两个任务都需要注意，根据过程优先的观点，如果要有效地完成每一个任务，就必须有一个注意过程，则现在可以将任务之间的干扰解释为此过程的资源竞争的结果。

## 六、注意是认知的统一

实验室主导的注意实验，实验开始的指导语已经预示了被试是在先理解了主试的指导语——需要完成的任务才进行的选择实验，这是需要语义认知的，语义信息会无意识中影响早期视觉资源的注意竞争。注意产生和输出的多样性表明，"知觉期待"不仅能把注意的焦点放到视觉加工已经包含的刺激上，而且还可以把注意放到产出、输出的方式上。特征导向型注意不应告诉我们注意影响下对目标物的知觉加工会发生什么，而是应当解释一下"为什么我们要把注意投放到目标物上"。也就是说，注意的无意识聚焦是因为概念的持有，错误的特征绑定所引起的知觉现象性内容之间的差异，可能是观察者的概念能力无意识中造成的，也就是说特征导向型注意的无意识聚焦是因为概念持有，所以使得注意调节下视觉内容具有认知渗透性。偏向竞争则指出注意是知觉竞争的结果及其加工方式。

我们有各种各样的认知过程在主体的大脑中进行——看的过程、听的过程、记忆的检索过程、语言表达的过程等，这些过程所维持的主体活动是需要一心一意（注意）去做的事情。这些过程都是主体参与时发生的，而且它们和主体之间的联系就是我们所探讨的注意的特征。这些过程通过相互支持来传达注意的状态，所以，注意不是一个过程，而是一种认知的统一。

从渗透性的角度，注意有一种不可渗透主义解释：注意聚焦的是视觉资源，然后这些视觉资源在没有任何注意的影响下完成加工。克里斯托弗·莫勒（Christopher Moller）提出了与此对立的观点。他认为，布鲁纳和珀斯特曼（Bruner & Perstman）以为由"期待"造成的知觉影响凭直觉可以说成是注意的影响，这样的话，布鲁纳和珀斯特曼所说的知觉期待就不仅仅能把注意的焦点放到视觉加工已经包含的刺激上，而且还可以把注意放到加工产出输出的方式上。他认为，视觉中特征导向型注意的作用来证明视觉加工没有进行时并不是就注意参与，而且，特征整合理论不应被当成一种告诉我们注意影响下对目标物的知觉加工会发生什么的理论，而应该被当成一种有关"为什么要把注意投到目标物上"的理论。例如，莫勒描述了克拉维茨和贝尔曼的发现：语义信息会影响早期视觉加工特征注意。基于对偏向竞争的理解，莫勒认为该发现的意思是说语义信息会无意识中影响早期视觉资源的注意竞争。

拉夫拓扑罗斯（Raftoporus）也用到了注意的偏向竞争，但是方法不一样。拉夫拓扑罗斯认为，特征导向型注意可能是早期视觉加工的一部分（而不是像派丽夏恩说的那样排除在视觉加工之外的），但是此时特征导向型注意不会是内源性的，不一定是概念无意识中投下的，它可能是集成认知结构的一部分，该结构中知觉状态间的互动不涉及认知渗透。拉夫拓扑罗斯广泛应用了"特征导向型注意仅限于早期视觉加工"这一观点，从德西蒙和邓肯的偏向竞争、芮森科（Renesco）的注意相干场理论、维色拉（Victoria salad）的"目标物隔离和目标物个体化"的区别中，得出了"注意不会直接影响早期视觉加工"的结论。例如，比较一下下面两种涉及注意在构建视觉目标中的作用的场景：如果有意识地把注意投到目标物上，让目标物在知觉中个体化，那么，目标物的个体化就是由意识驱动的而且具有认知渗透性；但是，如果有意识地扫描某个场景，知觉停在了已经被视觉加工（其中特征导向型注意的影响是无意识的）隔离的目标物上，那么，目标物的个体化就是外源性驱动的而且具有认知不可渗透性。

如果我们能够展示内源性注意直接影响被派丽夏恩视为早期视觉的一部分的加工，那么，这就是注意对视觉的认知渗透的一种情况。泽姆贝克斯（Zembecks）认为，意识驱动的空间注意会影响根据单眼线索构建体积表征的视觉加工。如果语义信息决定了无意识注意在所期待的特征或位置上的焦点，就产生了另一种由注意调节的认知渗透形式。例如，泰伊（Tye）认为，模糊的视觉图像（如查斯特鸭兔图像）引起的知觉现象性内容之间的差异可能是观察者的概念能力无意识中造成的。既然这样，也许就可以说特征导向型注意的无意识聚焦是因为概念持有，所以使得注意调节下视觉内容具有认知渗透性。但是，区分泰伊的想法和后期视觉的认知影响并不容易。比如，拉夫拓扑罗斯举出了目标物识别加工中渗透的证据：该目标物识别加工（对顶叶皮层大约160ms时场景的语义内容或主旨的无意识分析后）中视觉资源指向视觉场景中的可以获得许多有用信息的位置。在这里,种类特有属性的概念编码信息管控视觉搜索以促进目标物识别,但是结果在视觉后期才能显示出来。

最后,另一种认知中注意对早期视觉的间接影响是线索化的。当感知者要么期待在他的视野中某一特定位置出现随意一种刺激,要么期待在他视野的任何一个位置出现特定的刺激。观察者的期待会影响激活视觉区域(在接受域的线索位置内)内神经元或编码线索性刺激特征的神经元的基准。这种偏差是预料之内的而且发生在刺激呈现之前,这种偏差是自上而下的,因为线索是存储在工作记忆中的,而且会通过自上而下的信息流激活视觉区域内的相关神经元。

# 第四章　认知渗透性

我们通常会说:"如果一个人心情不好的时候,整个天空都是灰色的。"当然,这只是个比喻,但是,如果这个比喻成立,那么,就说明一个问题——情绪会影响主体的感性体验。同样一个场景,各种条件不变,只是因为主体情绪不同,就会出现"千人千种看法"。这是一种精神状态对视觉体验的认知渗透的例子。认知渗透性的例子还包括知识对视觉的判断,比如,当你学会了"黄色"这个颜色的时候,你就可以"看到"黄色的香蕉;当你有下雨的记忆的时候,听到雷声就判断可能会下雨;当你演讲的时候,观众的鼓掌表示了对你的赞同和鼓励。所以,认知渗透性似乎可以处处体现出来,情绪、信念、记忆、知识、欲望和特质等都会影响我们的知觉判断。所以,认知渗透性对于知觉的影响是显而易见的,对这一概念的关注和讨论也层出不穷。

关于认知渗透性和认知不可渗透性的讨论,以派丽夏恩提出的视觉二分法(视觉分为早期视觉和后期视觉)使得讨论更加激烈。早期视觉作为表象产生过程的假设涉及表象解释过程的进一步假设。然而,如果"穷人"真的看到(不是隐喻性的"看到")一枚硬币比"富人"看到的硬币大,那么,在其他各种贫困人口中可能出现的误解和随之而来的不适应行为表征就需要深思熟虑了。鉴于这种状况,有必要澄清,在视觉大脑中,是否存在着一种机制,可以消除对早期视觉"提供"的表征进行不太合理的解释。如果早期视觉存在,这些"聪明"的机制是不能被感知者的动机、信念和知识所影响,即这些机制在认知上是不可渗透的。于是,我们

# 第四章 认知渗透性

有必要再深入探讨认知渗透性。

## 第一节 认知渗透性的涵义

派丽夏恩借助语义一致概念,提出了信息加工系统的认知渗透性的一条必要条件:如果一个系统具有认知渗透性,那么,其计算功能就能以语义一致的方式感应到器官的目标和信念,即可以用一种和主体知道的东西存在逻辑关系的方式修改该系统。所谓的语义一致就是知觉内容和认知系统之间的一种关系。派丽夏恩还提出了另一种选择,世界的心理表征是抽象的,而不是像图画一样,并且涉及到以预先编译的子程序或规则形式的命题,这些都是解释。也就是说,一个人的内省与心理表征的本质之间没有必然的联系。意识和心理表征之间这种脱节的延伸是早期视觉和认知不可渗透的。

### 一、马克菲森(Markfisson)对认知渗透性的解释

马克菲森解释了知觉内容和认知系统之间关系的本质:虽然视觉状态的内容可能是非概念的、认知状态的内容是概念的,但是如果视觉状态内容的正确陈述需要借助能指定知觉状态内容的概念,那么两种内容之间的语义关系就成立。除了以内容为基础的条件,派丽夏恩还对运行状态提出了一条要求:知觉系统要有认知渗透性,在进行计算时就必须直接借助认知系统的信息资源。这一条件实际上否定了"由注意力调节的对知觉的认知影响就是认知渗透性"的定义,并且,这一条件也可以否定几种对认知渗透性的解释[1]:

--------

[1] Pylyshyn, "Is Vision Continuous with Cognition?", *Behavioral and Brain Sciences*, 1999(22), pp. 341–365.

(1) 概念拥有能决定空间注意力或特征导向型注意力的焦点，从而决定了对哪种刺激进行视觉加工是由认知状态决定的（决定方式和认知状态的内容之间存在语义一致）。因为线索化的原因，注意力的这种选择性分配可能发生在刺激启动后或刺激启动前。例如，"种类的形状或熟悉方向"的概念编码信息会影响图像切分或者影响我们会获得哪种知觉经验的模糊图像。派丽夏恩认为，视觉加工只受认知的间接影响（这种影响是对要加工的刺激的注意性选择产生的），而不是直接借助认知状态的计算资源。所以，认知状态决定哪种刺激要进行视觉加工并不等于认知渗透性。

(2) 对信息局部的自上而下的影响可能间接包含了通过知觉学习后的理论信念。需要注意的是，符合语义一致标准但调节认知影响的是认知运行状态和知觉运行状态之间的外部的、历史性的、因果的联系。这种联系比派丽夏恩说的由注意力调节的例子中的联系要弱，所以，按照派丽夏恩的理解，这种联系不应被看作是认知渗透性的一种形式，而应该被认为知觉学习中的认知影响是认知渗透性的一种形式，研究者将其称为"历时渗透"。

认知运行状态和知觉运行状态之间的间接联系也可能是内在的，所以，从运行标准看，也不能将其解释成认知渗透。如马克菲森举出的一个例子所示：假设某人相信外星人正在攻击地球，这种信念会导致压力产生，而这种压力会诱发偏头痛。不论这个人什么时候患了偏头痛，他的上半部分视野中将会有闪光出现。所以，假设这个人因为患了偏头痛而出现视野的闪光现象，那么，他的这种经历的内容和导致这种遭遇的信念（外星人攻击地球）之间存在语义联系。

此外，也有研究者对认知渗透性也提出了语义要求和运行要求。他们认为，以下三种条件的结合就蕴含了信息封闭性的缺失[①]：

(1) 内部因果联系：S 的视觉经验 V 的内容 P 取决于非视觉系统 Y（通过一种内部因果联系）。

---

① Wu, "Visual Spatial Constancy and Modularity: Does Intention Penetrate Vision?", *Philosophical Studies*, 2013(65), pp. 647–649.

(2) 计算条件：由于把 Y 中的信息利用成一种资源的 P 中存在计算，Y 对 V (P) 的影响使得视觉内容就可以理解。

(3) 不可解释：（ⅰ）近刺激、（ⅱ）眼睛状态、（ⅲ）注意力焦点的改变都无法解释结果 P。

计算条件是语义的时候，其运行状态：支持视觉状态的计算必须能利用概念性表征资源，这就蕴含了后期视觉具有认知渗透性，也就是说，目标物识别加工要利用概念信息。总的来说就是，(1) 和 (2) 不涉及把知觉学习解释为认知渗透，因为知觉学习中的因果联系是外部的。(3) 把注意力影响排除在认知渗透的例子之外—线索化例外：线索化通过内部心理联系影响知觉加工，而这一例外就是认知渗透。

马克菲森还提出了基于运行的语义条件。他把认知渗透性解释为一种情况，在该情况中感知到的视觉条件以及感觉器官都是固定的；注意的焦点是固定的，不同的知觉经验的诱因是认知系统状态的差异。上述情况中的注意力焦点的固定排除了外部的间接因果联系。但是，马克菲森发现了符合定义的一种重要案例类型：色彩记忆的影响和概念中的典型颜色。其他一些研究者则弱化了语义条件：只要认知状态会对知觉内容造成影响，语义条件不需要认知内容和认知状态之间有任何语义可理解性关系。比如，西格尔（Siegel）把认知渗透性定义为律则可能性，即"认知状态或情感状态会导致视觉内容的改变"。在相同的外部条件下，视觉接近远端刺激时就会获知这种视觉内容。斯托克（Stoke）补充了这一假设：当且仅当 (1) 知觉经验 E 依赖于某认知状态 C 且 (2) E 和 C 之间的因果联系是内在的、心理上的，知觉经验 E 就具有认知渗透性。两种定义都包括了要求"渗透的知觉状态的内容不同于没有渗透时的内容"、两种定义都包括运行要求：西格尔的"通过固定注意力"和斯托克的"通过排除外部因果联系"。但两者都不要求"渗透状态的内容要使被渗透状态的内容具有可理解性"或"渗透状态的内容和被渗透状态的内容具有语义一致性"。

某些认知渗透性的经典案例并不符合语义可理解性这一条件，比如，在"渴望的观看"实验中，在一个人面前放两张作为礼物的卡，一张卡上标有余额 25 元，而另一张标有余额 0 元，看见两张卡的被试会认为前一张比后一张离他更近。对这种情境的解释是：想象两张卡会让主体高兴，这就会带来生理的改变，而这种改变又会对知觉产生系统影响，从而使目标物看起来距离他更近。这种情况可以解释为"渗透状态可能并不总是概念状态"，但是，是否可以把渗透状态和被渗透状态之间的这种关系描述成语义一致性还不能确定，所以，就不可能定义渗透状态和被渗透状态之间的语义可理解性关系。再比如，如果知道自己吃的是什么会直接影响食物的味道，那这就是概念渗透知觉的一个例子。但是如果知道自己吃的是什么导致产生一些会影响味道的感觉，那么，渗透状态就是情感的而非概念的。

认知驱动的空间注意力并不包含概念的认知渗透：虽然空间注意力常由概念信息驱动，例如，当我们把集中空间注意力当作对目标物方向的概念期待的一种功能时，或许内源性注意力也能由感官探索习惯或不包括特定概念的知觉活动的某种形式驱动。但值得一提的是，语义可理解性条件并不适用于目前所讨论的渗透性相关的许多重要案例。在西格尔的研究中，她提出，识别概念或类概念会影响一个人的视觉经验，而且一些案例体现了语义一致性。不论这些影响是早期视觉中的无意识影响还是后期视觉中的有意识影响，它们都会改变视觉现象学，而且改变方式还涉及和种类的特有特征有关的语义信息。马克菲森对"为什么认知渗透的知觉状态依然包含非概念内容"的解释中，可理解性依然是很重要的一点：从指定渗透状态内容的概念的角度看，被渗透状态的非概念内容是能具体指明的。最后，马克菲森在"色彩知觉的渗透性"的论点中也保留了语义一致性这一点：逐渐靠近典型色彩时，被渗透的色彩经验表征了实际色彩，而且典型色彩的信息是语义信息。

最近的讨论是对运行状态之间直接联系必要性的怀疑。比如，马克菲森把运行条件当作了选择性条件，间接性地把该条件当成了认知渗透性的例子。马克菲森认为，"色彩经验具有认知渗透性"。他对颜色实验的解释是，我们将目标物分类的方式决定了我们对目标物持有什么样的色彩经验。记忆颜色（处于概念编码状态）影响的是目标物的现象外貌，而不是我们对目标物颜色的信念或判断。马克菲森描述了一种机制，这种机制允许非知觉的概念状态的现象特征和知觉经验的现象特征之间产生互动。近来的一些心理学实验表明，概念可以影响颜色的感知——观察者倾向于给物体赋予典型的颜色，即使这些物体并不具有这些颜色。这意味着我们看待物体的方式决定了我们如何知觉它们，也就是说知觉经验是认知可渗透的。但是，也有研究者提出质疑：实验中的被试（观察者）必须在边缘情况下判断物体的颜色，在视力下降的情况下，或者基于颜色概念而不是匹配的原则，被试对物体的思考方式可以影响他们对颜色的判断，但是不会改变他们对颜色的体验。后者明显是认知不可渗透性的观点。

## 二、里昂斯（Lyons）的"注意调节"解释

持有知觉的认知不可渗透性观点的学者一直试图通过"注意转移"来否定视觉加工不受认知影响的立场，但是，从认识论的角度，知觉如果是受认知的间接影响，其实是否定了认知与知觉之间联系的假设。比如，里昂斯比较了对"渴望的观看"的两种潜在解释。其一，渴望观看是一种注意力效应；其二，渴望观看是由欲望引起的知觉的直接认知渗透：主体希望目标物离他更近，因而，使得目标物看起来离他更近。没有注意力调节的直接渗透符合派丽夏恩的运行条件，而且能确保运行时的信息转换。但是里昂斯总结说，在信念的知觉判断中，不论是直接渗透还是间接注意调节的影响，从认识论看，其结果都一样。这表明，在定义渗透性时强行排除注意力调节下对知觉的认知影响也许就导致了严格意义上的不可渗透性，但同时依然承认认识论结果"要避免不可渗透假设"。

詹姆斯·斯托克（James Johnston）试图通过提出一种对认知渗透性的结果主义定义来解决上述争论。他认为，对于认知渗透性的定义至今都没有达成共识，结果导致实际上无法检测渗透性和不可渗透性假设。他指出，渗透性的两种标准导致得出相矛盾且模棱两可的结论：第一个标准是派丽夏恩提出的语义一致；第二个是斯托克自己提出的内部因果影响。他们的定义导致得出重要案例中相矛盾的结论，比如，对目标物价值的信念可以影响对其大小的知觉判断，这种情况并不是派丽夏恩标准中的认知渗

透,但好像是斯托克标准中的认知渗透。基于对知觉认知渗透性后果的现有共识,斯托克提出了知觉认知渗透性的结果主义定义:认知渗透性是不充分观察的理论负载性、知觉认识论作用的无效性和对知觉模块性的否定。按照这一定义,注意转移对知觉的认知影响就相当于认知渗透(由于某些认识论原因),而且知觉学习相当于认知渗透,因为知觉学习导致观察具有一定的理论负载性[1]。

神经生理学家亚历山大·格鲁内瓦尔德(Alexandre Grunewald)提出短时记忆、非注意任务效应和视觉系统中的非空间视网膜外表征是认知渗透的标志。所有这些都是生理学上的发现,他们并不认为视觉整体上是不可渗透的。相反,大脑的平行子回路,每一个子回路都有不同的能力,包括感知和认知(在某些情况下还有运动)方面,可能只是存在无法渗透的认知成分。所以,感知和认知是个连续的过程,它们不能被硬性分割,而是应当交织成不同感官的认知回路,这些回路可以根据所需的能力选择性地回忆起来。

心理学家西里尔·拉蒂默(Cyril Latymer)则认为派丽夏恩实际上没有明确地说明认知渗透和认知不可渗透的外延。集中注意力的使用也有一些模糊不清,这样会导致这个解释在知觉、认知和神经生理学之间滑动。也就是这种定义的方法助长了分类和假设检验的过于简单化,并将注意力从机制和因果关系等更困难、相关和复杂的问题上引开。比方说,当我感知到墙上的一扇门形成的边缘时,虽然我可能能够描述我对边缘的感知,但我不知道介导我感知的感知过程;同样的,当我猜字谜的时候,我可能能够意识到我是如何从线索和我的语言知识中得到解决方案,但我不知道介导我解决方案的过程。所以,观察者无法清楚地表达他们如何从阴影中计算物体的恒常性、亮度和形状的原理。简单讲,我们无法讲清楚从什么意义上说,从阴影中计算形状是不可渗透的,而猜字谜是可渗透的。

总之,在初始计算主义框架内,知觉的认知渗透性有两个条件:(1)知

---

[1] Stokes, "Perceiving and Desiring: A New Look at Cognitive Penetrability of Experience", *Philosophical Studies*, 2012, 158(3), pp. 479–492.

觉系统借助认知系统的信息资源执行计算（运行条件）；（2）如果不借助认知资源，那么知觉系统将无法保证产出的输出表征，而且这些表征要和渗透的信息资源存在语义一致（内容条件）。在后续的研究中，人们开始弱化或者省去这些条件，尤其是认知对知觉内容的影响，现在被广泛看成是认知渗透性的典型代表。这种观点忽略了事实"就算保留'一致'条件，也可以找到比较好的认知渗透性案例"。

## 三、爱德华（Edouard）的"倾斜效应"解释

日内瓦心理学家爱德华希望探究触觉知觉中是否存在一些与认知相分离的知觉过程。他和他的研究团队研究触觉知觉渗透性的起因源于这样一个事实：在比较视觉知觉和触觉知觉时，许多研究表明，触觉过程比视觉过程更依赖于认知。视觉信息被施加在大脑上（无法决定不看），而大多数触觉信息是由认知系统组织的探索性运动提取的（可以决定不去触摸）。因此，触觉感知的一个重要部分是可感知的，这不足为奇。然而，如果我们观察到某些触觉过程在认知上是不可渗透的，并且我们假设类似的空间处理在触觉和视觉中起作用，我们可以预测至少部分视觉知觉在认知上也是不可渗透的。相比之下，如果我们观察到所有的触觉过程都是可感知的，这只能说明感知和认知之间的联系的性质因感知模态的不同而不同。

在视觉系统中，垂直方向和水平方向被认为比倾斜方向更准确。这种各向异性被称之为"倾斜效应"。倾斜效应在很多知觉任务的研究中被发现。产生视觉倾斜效果的过程似乎是多成分的，并且发生在不同的加工水平上。视觉倾斜效果与派丽夏恩所提出的不连续性理论是一致的。事实上，产生倾斜效果的部分视觉过程似乎是模块化的，因为不可能抑制视觉倾斜效果的发生，只能修改其大小（即垂直水平方向和倾斜方向之间的性能差异的大小）。例如，希尔（Heele）等比较了同时或连续呈现刺激时获得的方向辨别阈值（垂直、水平、45°和135°几个倾斜方向）。他们呈现了四个方向的辨别力，以及降低了视觉倾斜效应幅度后的辨别力。另一方面，沃格尔斯和奥班（Vogels & Orban）检验了视觉倾斜效应是否受到

5000次鉴定试验的影响。结果证明，实践的效果提高了所有方向的辨别阈值。在45°—135°倾斜向方向上进行定向辨别训练，其效果比在垂直——水平方向上的效果更明显（尽管斜向效应的幅度减小了，但在实践后仍然显著）。这些发现表明，产生斜向效应的部分视觉过程在认知上是不可渗透的。

关于方向的触觉知觉和倾斜效应的实验表明，产生倾斜效应的触觉过程是多成分的，并且发生在不同的加工水平上。然而，数据似乎更符合连续性理论。实际上，产生倾斜效应的触觉过程似乎不是模块化的，因为可以通过改变刺激编码条件来抑制触觉倾斜效应的发生。蒙着眼睛的被试被要求触摸地探索一根杆子并再现它的方向。结果表明，扫描过程中手臂——手系统产生的反重力提供的"重力线索"与触觉倾斜效应有关。在三个空间平面（水平面、正面和矢状面）中，前臂在空中自由（无支撑）时会出现倾斜效应，扫描时会产生反重力。相比之下，当前臂被支撑的时候与器械表面保持物理接触时，水平面上没有倾斜效应。在这种情况下，移动手臂和手需要最小的反重力。此外，当前臂由一组砝码和滑轮组成的装置减轻时，前臂在正面和矢状面上的倾斜效应较低。在后两种情况下，扫描过程中反重力减小。这些观察结果表明，触觉倾斜效应的发生受到人工探索编码条件的影响，因为这些条件改变了扫描的重力约束。遗憾的是，实践对触觉倾斜效应的影响还没有被研究。然而，这些结果可能表明，所有产生倾斜效应的触觉过程都是可感知的。

总之，产生视觉倾斜效果的部分视觉过程可能是认知不可渗透的，而所有产生倾斜效果的触觉过程是认知可渗透的。综上所述，这表明知觉和认知之间的联系可能取决于知觉形式：触觉知觉和认知是连续的。

## 第二节　认知渗透性假设中的重要概念

认知渗透性的辩论中涉及的主要概念有：模块性、信息封闭性、早期视觉、后期视觉、固有视觉加工、理论负载性、知觉学习、注意的不同概念、知觉与认知的区别。在此，我们将解释这些概念、区别及其在认知渗透性辩论中的作用。

## 一、认知不可渗透性、模块性、信息封闭性

依照前述福多的意思，具有模块性的知觉系统具有认知不可渗透性，但是知觉模块的认知不可渗透性并不能说明该系统有信息封闭性。知觉信息加工系统不会受到认知影响，但会受到其他借助感觉形态加工信息的知觉模块的影响。派丽夏恩的假设"早期视觉具有认知不可渗透性"和"知觉过程中不同感觉形态之间的互动"这一点一致，这使得派丽夏恩的假设比福多的知觉封装性假设更可信。跨模块活动的一个例子就是"麦格克效应"：如果看到嘴型是 ba，而传来的声音是 ga 时，电脑会中和两种信息，使我们听到的是 da。这表明，听觉加工的是视觉输入——如果感觉形态的信息 A 影响了感觉形态 B 产生的输出，那么，B 对 A 就没有信息封闭性，而且，按照福多的立场看 B 就不具有模块性，即 B 的信息加工来源不受其信息属性数据库的限制。但是，只要 B 不受认知加工的影响，B 就不具有认知渗透性。

丹尼尔·本斯通（Daniel Benstone）、乔纳森·科恩（Jonathan Cohen）为解释感觉形态内部以及跨感觉形态的互动提出了"知觉模块"的概念，认为"知觉加工之间是开放的"并提出了一种集成模块。但是，他们没有否定模块性，而是把信息封闭性的标准换成了各向异性。信念的固定是各向同性加工的一个典例：大脑采用的溯因推理的整体特征意味着存储在系统中任何地方的信息都可能会影响信念的形成。科恩他们的观点是"各向异性系统具有模块性"，因为到目前为止各向异性系统加工可感应到的参数范围不受限制。因此，如果最终证明感光器不具有信息封闭性，那它们就不具有模块性。而一些研究者发现，负责表征特定高位的多式空间关系的系统是不具有模块性的。另一方面，标准的认知加工，如识别追逐场景、特定社会线索等依赖于"输入参数的范围远不可限制"，那么，这样

的认知加工就可能具有模块性。除了模块性，本斯通和科恩还提到，一个集成框架内也可能存在知觉与认知的区别和特定知觉系统的认知不可渗透性。

里昂斯基于信息加工系统的可隔离性、统一性、专业化标准也提出了一种模块性的概念：在信息加工系统 S1、S2 和任务 T 中，就任务 T 而言，当且仅当 S1 处理 T，而且，就算 S2 不启动任何功能，S1 还是能处理 T 时，S1 相对于 S2 才具有可隔离性。这一定义中，S1 是一个模块化的非封闭系统（它可以引用 S2 的信息加工资源）。里昂斯和福多对模块性的定义的最大区别在于里昂斯的"可隔离性"标准，这一标准要弱于信息封闭性。在里昂斯任务中，从防止知觉受不良认知影响角度看，他对知觉模块性的定义比福多的定义要安全得多。

里昂斯、本斯通和科恩对模块性标准的认识可用以反驳福多的封闭性假设、支持早期视觉具有认知不可渗透性假设。显然，这可以把对知觉模块性的批评限制到封闭性（和认知不可渗透性有区别）。

奥菲利亚·德罗伊（Ophelia Droy）研究了感觉形态之间的互动。德罗伊指出，感觉形态似乎不限于低层次知觉加工，但会受认知信息影响。虽然输入模块通常被看成是在感觉系统和阻碍类思维加工系统的层次中都处于同一位置，但是仍然存在多感官模块，所以，视觉和听觉空间信息可能会传入产生听觉——视觉局部化表征的多感官系统中。如果这种模块受到了语义信息的影响，知觉就会具有认知渗透性。以下就是这种情况：当多感官互动显示出语义一致时，对特定目标物或感觉特征结合的背景假设就决定了不同的感觉源信息是否会集成到一个单一目标物中。比方说，水壶形状和鸣笛声可以整合为一个视听目标物，但水壶形状和狗吠声就不可以。这种假设显然包括了目标物存储的概念表征，这就意味着核心概念表征的影响相当于认知渗透。德罗伊重新构建、评估了的经验推理，这种经验推理隐藏于一致性的语义效应解释，她总结到：证据并没有表明一致性是一种自上而下的因果影响，如果把一致性理解成一种自上而下的因果影响更合理，但还需要对其进行补充，即这种自上而下的影响只能是认知性的；还有一种解释是这种证据源于跨模块通信：不包括概念表征的一致性的非理智表征。

## 二、认知渗透性、早期视觉、后期视觉

派丽夏恩将视觉区分为早期视觉和后期视觉,且认为早期视觉是没有认知渗透性的那部分知觉。于是,区分早期视觉和后期视觉在认知渗透性辩论中就变得至关重要。需要注意的是,早期视觉和后期视觉的区别不同于认知和知觉的区别。

根据福多的观点,具有信息封闭性的那部分视觉包含所有进行视觉目标物识别的加工,但这是不可能的。学界普遍认为,视觉信息和概念信息及长时记忆之间的互动确保了目标物识别。为了证明这一点,派丽夏恩把早期阶段的视觉隔离了出来,早期视觉排除了识别加工以及不涉及被马尔称之为"二维(2D)草图"的过程,他声称,只有早期视觉不具有认知渗透性。

马尔对视觉的解释中,早期视觉和后期视觉的区别是关键。马尔认为,视觉首先会在一个场景中提取目标物的轮廓信息,最主要是靠场景反射光的方式来提取。所提取的信息加上灯光的信息,再结合对实体视觉、时差、单眼深度线索的固有解释、产生几何形态表征的几何原理和拓扑原理的加工,视觉系统就会为场景中的体积和深度关系构建一个以观察者为中心的表征。马尔把这种视觉表征称为二维(2D)草图,体积比3D草图小,但它是在没有其他语义解释的情况下,由受限视觉点形成的二维场景的空间表征,所以,仅限于可视目标物。目标物不可视部分只能过后以马尔称为3D模型的形式表征出来,3D模式部分会被格式化,以匹配记忆中的目标物表征。

马尔使用了"早期视觉"(有时候又称为纯粹知觉)这一术语来描述和构建"二维视觉草图"(2D草图)的加工种类:在不借助任何对所视目标物特征、用法、功能的假设的前提下,通过纯粹的数据加工对目标物的重现。所以,马尔认为视觉不涉及所谓的"语义"加工。马尔用以支撑其立场的证据是临床神经学中的发现。沃灵顿和泰勒(Warrington & Taylor)

在20世纪70年代的研究中发现，只有从放远了目标物自然轴的角度观看目标物（早期视觉根据轮廓构建深度的一种几何属性）时才会导致因右顶叶损伤而引发的物体识别障碍。马尔这一点用以支撑"形状的构建是由视觉系统不借助有关目标物的语义输入独立完成的"。通俗讲，他的立场是：即使在困难环境中（该环境中的人可能期望视觉使用一些语义信息来补充或分清视觉输出）也可以独立决定以观察者为中心的几何形状。马尔认为自己的视觉观点和计算机视觉科学家的视觉观点是相对的。后者的目标物识别项目利用了语义信息去决定一个场景中的目标物的形状和分割，这种模式表明整个视觉目标的识别都是由语义信息决定的。马尔认为语义信息只在后期视觉中才会干涉目标物识别，而后期视觉的先决条件就是2D草图，因为要进入后期，视觉首先需要将2D草图的以观察者为中心的协同框架画到以目标物为中心的协同系统上。

为区分早期视觉和后期视觉，派丽夏恩引用了"视觉和认知功能"，功能性失调的临床证据、错觉持续、视觉组织原则从推理原则中的独立、视觉信号的衰弱和通道的心理物理学证据。汉姆福睿斯和雷多克斯（Ham Forrest & Redox）从视觉失认相关研究中发现，尽管病人的记忆和视觉计算可以保存，但还是会出现目标物识别缺陷。这似乎证明了"知觉加工和识别加工是分开的"，而且仅刺激信息就可以"驱动"识别时应用的知觉表征而免受情境知识影响。此外，派丽夏恩还讨论了识别和视觉导向行为的分离，并得出结论："心智/大脑其余部位没有背侧流"。

派丽夏恩对早期视觉局限性的描述与马尔的并不类似。因为派丽夏恩的论述是以马尔的视觉层次概念为基础的。早期视觉被认为是不涉及以观察者为中心的表征，只有在早期视觉有固定形状后语义信息才能反馈到早期视觉加工。早期视觉的输出在由至少包括表面布局的形状表征、闭合轮廓及细节（足以看见一个以形状为识别索引的记忆中的部分刺激）组成的基础上。派丽夏恩补充了两个特征，其一，早期视觉构建像目标物的原始表征，这与和目标物没有区别的以观察者为中心的场景表征不同。其二，注意并不直接调节早期视觉加工。

兰姆等人为测定视觉系统中神经加工的时间而开展的研究试图从加工

潜在因素角度否定早期视觉，该研究展示了视觉三个阶段的画面：

（1）刺激启动后，信号传输从视网膜开始、经过大脑上部视觉区域到下部颞叶皮层大约持续100毫秒。兰姆将这种信息流称为"前馈清扫"，因为它是一种不接收更下部区域反馈的信号传输形式，它不接受更下部反馈是因为后面涉及的每个区域的神经元启动频率比早前涉及的区域的神经元慢许多，所以没有时间完成横向连接和产生反馈连接。因此，只要视觉区域的信息前馈清扫还在继续，就都是一种自下而上的信号传输形式。前馈清扫是无意识的，它决定神经元的首要的感受域及其基本校正特征、提取对后续分类有用的信息、探测某些重要特征。

（2）前馈清扫结束后神经元之间开始产生回馈（重复性的）连接和横向连接，达到最大值120毫秒时结束，此时信息回馈到了先前区域，从而引起视觉流分布的信息之间产生互动。这一阶段，视觉系统会形成转换特征（时空特性、表面特性、以观察者为中心的形状、色彩、组织、方向、移动等等）的表征，完成原始特征绑定和目标物隔离。这种反馈形式不包括认知中心信号，但是涉及大脑视觉区域内的互动，所以兰姆等研究者将其称为"局部反复性加工"。

（3）最后，在150—200毫秒时，前额和额前区域以及记忆回路中的信号开始干涉、调节视觉皮层的知觉加工。最终，视觉流外部区域之间的反复互动使得视觉工作记忆的存储成为可能并导致整体反复性加工。至此，以作为神经元突触权重存储在长时记忆中的信息激活物就能调节包括了自下而上加工、横向连接、一区域到另一区域自上而下的效应的视觉加工。所以，整体反复性加工潜在的标志着知觉内容概念化的开始，这一阶段的视觉加工就具有概念可调节性和认知渗透性。

拉夫拓扑罗斯认为，前馈清扫和局部反复性加工联合起来就成了派丽夏恩所说的早期视觉中的一个重要角色，视觉区域的整体反复性加工就相当于后期视觉。早期视觉要是认知不可渗透性，要么就不能接收来自认识中心的自上而下的信号，要么就算接收了那样的信号，这些信号也不会以"语义一致方法"或一种会改变早期视觉内容的方式影响早期视觉加工，而且，这必须要应用到整体反复性加工的全过程。根据拉夫拓扑罗斯的观点，在这种意义上，前馈清扫和局部反复性加工都不具有渗透性。他还认为，兰姆等人对局部和整体反复性加工的区分与派丽夏恩对早期视觉输出的解释是一致的，即反馈清扫和局部反复性加工过程中的视觉加工不会受认知驱动注意的影响。

## 三、认知渗透性和固有概念知识

信息自上而下的流动是指信号从大脑中信息加工流的后一阶段传输到该阶段的下一阶段。丘奇兰德认为，有证据表明，人类视神经中有10%的轴突纤维是从外侧膝状体返到视网膜表层的下行投射。通常，局部反馈信号对于早期视觉是非常重要的。视觉中自上而下效应的证据经常被用以争论说是知觉具有认知渗透性。但是，要自上而下效应相当于知觉认知渗透性，知觉加工就必须受到大脑认知下部区域中另一加工的影响。例如，V4区域对V1区域会产生自上而下效应这一事实并不是说视觉具有认知渗透性，因为V4是一个视觉区，这一区域不包含任何可以勉强通过认知来解释的信息，如长时记忆、概念或命题态度内容。①

许多类似的局部自上而下视觉加工都会被误以为是认知对早期视觉的影响，因为这种加工形式执行的算法和物理世界中的假设一致。视觉根据这些假设演变为功能然后嵌入促进视觉加工的神经回路。比如，马尔表征生理视觉机制的设计会阻碍贝叶斯先验信息把光差转化为轮廓、计算实体影像的深度或照明时缓变的曲度，或者阻碍限制。他认为这些假设是视觉系统中固有的，反映了宇宙中的某类统计规则。马尔及其他视觉科学家认为，这些假设是必要的，因为下部视网膜图像决定了远端目标物和认知，除非视觉受限于这些假设，否则视觉就会构建远端目标物的知觉表征。调节信息加工的类似原则限制了每一个层次的视觉加工。卡瓦纳（Cavana）认为，视觉不依赖于对视网膜信息纯粹的自下而上分析，相反，视觉会通

---

① 大脑的V区是指与视觉有关的区域，其中V1区是与简单视觉有关的区域，V4区是与颜色视觉有关的区域。

过目标知识完成认知构建。规则之上对一部分数据的扩展会组成一种推理形式。也有研究者认为，许多关于物质目标物的领域特殊性原则及其某些属性限制了知觉，这种限制包括对特殊输入的注意偏置以及一定数量的限制这些输入计算的原则性倾向，而且，这些限制的运作形式类似推理和思考。

但是，这种"固有原则"、形成原理、操作限制不会出现在内省中，他们在意识范围以外运行而且其操作不能归因于感知者的行为，知觉在"目标物连续轨迹上直线运行"分析目标物时，主体并不相信这些原则，相反，主体会限制知觉的运作方式，因为主体的这种限制不受感知者控制，所以并不可以消除。即使主体知道他们这种限制会导致错误，但他们还是无法用其他限制代替这种限制。知觉这种"限制"的假设是不需要器官做出任何规则表征的设计层次属性。这种情况下，神经状态的形成就得益于激活的扩散及其穿过突触时的改变。固有限制会遭到计算处理器的阻碍，计算原则会描述一种状态到其他状态的转换，尽管转换后的状态有内容，但是数学原则并不属于系统状态所以不会有任何表征。

博奇（Bochi）辩护了这一观点：许多哲学家认为计算状态的概念或解释具有理论负载性，但我并不赞同。我把状态或解释称为是"计算性的"并不是说存在句法项目（其句法或形式特征独立于计算状态的表征内容）上的转换。我也不是说控制转换的原则是心理学例子，即使是在"含蓄"系统中，控制知觉转换的原则也绝不是该系统任何状态的表征内容。或者说，人脑的计算处理器可以认识到以一种态度状态认识不到的"默念知识"的形式存在的规则或泛化。大卫伊斯（David Isis）认为，这种默念知识和态度状态不是推理性地整合到一起的，而是"信念的"并且存在于特殊目的和独立的子系统中。虽然默念状态的内容不是概念化的甚至是主体接触不到的，但态度状态的成分概念如信念必须是"信徒（持某种信念的人）"拥有的概念。

任何情况下，知觉上的操作限制反映出来的原则都不会是视觉系统会用来执行转换的推理原则或者应用到类似推理中的前提。不仅操作限制不是概念上、命题上构建的心理内容，而且操作限制甚至都不是知觉系统的意指状态。最后，知觉依赖于操作限制这一事实并不意味着概念影响知觉，因为在任何受阻于操作限制的对原则的解释中，这些解释的原则都不存在概念上的编码。

## 四、认知渗透性和知觉学习

即使一个知觉信息处理系统依赖于另一知觉系统的资源，且依赖方式很明显是非认知的，仍然可以认为该知觉信息处理系统的结果和认知渗透结果相似。这种在不借助任何人类层次或信念状态前提下产生的影响形式之一就是：知觉学习对知觉加工的影响，该知觉加工中主体的过往经验一定程度上决定了主体视觉状态加工新信息的方式。

有证据表明，知觉学习过程中的视觉记忆会影响我们感知世界的方式。受影响的感知任务就是心理学家所称的目标分级、识别、分类。这些任务在心理学中的术语表达和哲学中采用的术语是不一样的，心理学家所说的目标分级任务是一种粗略的分级形式，它发生的潜伏时间非常短：将项目分别分为动物和外观的刺激物启动后的 95—100 毫秒至 85—95 毫秒。目标识别和分类是很漫长的过程：初始刺激物启动后的 150 毫秒一直持续到 300 毫秒甚至 600 毫秒。通常，熟悉对视觉加工的影响发生在 300—360 毫秒时，这些影响就是后感官的，会影响识别和分类需要的语义信息及加工。所以，这可以证明只有后期视觉才具有认知渗透性。但是，一些研究者表征，通过反复暴露，有时候甚至是单独的一次呈现对目标物或场景建立起来的熟悉会促进视觉搜索，从而影响图像背景切分、加速对目标物的分级（不包括分类），而且，熟悉和反复记忆会影响目标物分级。这些发现证明了认知渗透的两个潜在来源：

首先，因为分级开始得很早，这样熟悉度对它的影响不可能是后感官的，可能很早地就渗透于早期视觉中。如果分级加工要么需要语义信息的干预，要么需要激活工作记忆中目标物的表征的话，这种威胁就会具体化，因为这时就相当于视觉加工存在观念干涉。不过，熟悉对早期分级的影响似乎源于低层次视觉区域：从 V1 到 V4，也许在后皮层和侧枕叶偏上的区域。此外，如果分级受到了需要语义信息或目标物记忆激活的视觉记忆，那么分级速度就会变慢。乌尔曼（Uman）等人表征，在任何语义干涉产生之前，视觉系统早就完成了探测不同图像子集物理属性的统计偏差，而且早期视觉区域储存了表征不完整目标物和图形的隐性联想。而且，早期视觉记忆存储不同于整个目标物和目标物形状的"边框复合体"。

其次，即使没有概念或人类层次状态的调节，视觉记忆还是会影响早期加工。视觉记忆表明，我们的过往经验会改变我们看待世界的方式，从而形成所谓的"历时认知渗透"。我们所见已经是对新信息的一种解释，与前述固有形成原理一样，我们所见不是过去个人经验的运行，而是视觉系统反映呈现在知觉中的远端物体的高级普遍性的方式的运作，它影响早期视觉加工新数据的视觉记忆，于是，有不同经验的个体看待世界的方式也是不同的。

因此，尽管有关视觉记忆的发现并不一定展示了认知状态对知觉的影响，但这些发现可以用来反驳和对认知渗透性的否定有关联的认识论目的。前面所讨论的，认知不可渗透性和知觉模块性假设旨在反驳对心理学发现的特定解释中的认识论观点，所以知觉学习导致的间接知觉偏差在认知不可渗透性和知觉模块性假设中都不适用。斯托克在他对认知不可渗透性的定义中明确讨论了理论中立和知觉辩解的有关内容。拉夫拓扑罗斯认为，认知结构的相关观点是知觉认识论中不可缺少的部分。这就涉及到下一个探讨话题：认知渗透性和理论负载性的关系。

## 五、认知渗透性和观察理论负载性

伯根（Bergen）区分了观察理论负载性的三种形式：（1）理论影响知觉加工以至于部分认知是由理论框架决定的；（2）不能用理论中立的方式来描述观察，理论假设决定了观察术语的意思；（3）理论使得某些特定的观察比其他观察更加突出。这里就涉及到了认知渗透性文献中的"理论负载性的概念会影响知觉"的问题。比如第一节提到的库恩等引用了证明知觉渗透性的心理学发现来支撑他们的观点"观察的理论负载性"，所以，他们认为是渗透性让观察具有理论负载性。同时，不可渗透性假设的辩护者否定观察具有理论负载性（福多和拉夫拓扑罗斯），为了否定"知觉具有认知渗透性"这一结论，他们并没有进一步否定理论负载性，相反，他们有时还试图表明"认知具有不可渗透性，所以观察不具有理论负载性"。他们这种做法的潜在危险在于认知不可渗透性也许不足以证明观察的理论负载性——即使知觉具有不可渗透性，观察在某种意义上也可能具有理论负载性。里昂斯从理论负载性的概念中得出了相似的结论，该结论表明知觉信念的形成由概念驱动：如果知觉包括知觉信念（是一种信念状态），那么，部分知觉就具有理论负载性。但是，那部分知觉不可能是早期产生的那部分，而且，如果认知不可渗透性仅限于早期知觉加工，里昂斯所说的理论负载性就不可能涉及认知不可渗透性。

观察是否具有理论负载性、理论负载性是否是知觉认知渗透性的一种结果，都取决于主体持有理论的原因以及理论的影响是否等于认知渗透。不管某信念或概念是科学理论、通俗理论的一部分还是不属于任何理论领域，任何影响知觉经验产生方式的信念或概念都是一种渗透状态。但是，有某种理论并不代表就持有一系列信念和概念，理论也许不会有什么影响，不像会涉及到显性规则或显性的句式原则的内在的知识结构。这些规则原则可能适用于有关日常生活中某些物体的行为的通俗物理理论，也可能（或有时候不能）应用于大脑做历时适应性调整。我们不知道，通俗物理学对知觉的影响（如果有）会不会组成认知渗透。但有些观点认为，通俗心理学（被解释为一种理论）具有模块性，这种模块性使得通俗心理学能渗透其他信念，这种立场遭到了批判，因为社会推理并不借助有限资源或甚至是有限的一系列信念，即社会推理是各向异性的。最后，理论负载性的概念不可用于描述事实。所以，虽然可以说知觉系统的运作好像应用了理论，但事实上并没有，也许那些转换中都不涉及表征，而且，在任何情况下主体都没有用到或是知道某种理论。

理论负载性比较有意思的一种形式是源于知觉学习对知觉加工的影响。如前所述，虽然视觉记忆的有关发现并不能说明认知状态对知觉的影响，但是仍然可以反驳"认知不可渗透性假设的认识论应用"。如果以某

## 第四章 认知渗透性

科学家专业领域中的反复视觉经验的方式进行知觉学习，科学家的专业需求就会塑造他的知觉敏感性，从而让他能识别他人不能识别的模式，该科学家能知道要注意视觉分析的哪个维度，而且这一过程会通过选择特征探测器的输出再塑造他的基本感觉器官。假设知觉学习引起了科学家视知觉的早期视觉回路的改变，而科学家信奉的理论让他可以关注到他视野中视觉数组的某一特定位置并整合图片（其他没有接受和他一样视觉培训和记忆的人不知道采用这样的方式）。的确，接受过识别特定模式培训而且记住那些模式的科学家（如放射科医生）及其他专家（如鸟类观察家）有其他主体无法感知的模式。不仅如此，这些科学家还有探测其他人无法探测的模式。

如果上述情况是准确的，那么理论负载性在渗透性辩论中的作用就会带来重要影响。这表明知觉对新视觉信息的影响可能间接地被我们当成了概念化的理论，其结果会证明丘奇兰德的信念：观察的理论负载性源于大脑的可塑性；同时，否定了前面提到过的假设"知觉的认知渗透性消除了有理论负载性的可能"，这种情况下视觉影响是非认知的，所以，既支持了认知不可渗透性，也肯定了知觉还是具有理论负载性的。

如果知觉学习（特定领域中知觉洞察力的提升）对知觉的影响是有益的，则不会导致学习者产生和其他感知者无法通约的知觉。但是库恩认为，如果知觉学习塑造了观察者不同的大脑回路，那么接受相同刺激的观察者看见的事物也是不一样的，这种情况下理论就是不可通约的。也许我们可以反驳库恩：因为慢速和快速的知觉学习都是数据驱动而非认知驱动的，所以，如果两个主体发展了库恩主义范式下的不同知觉技能但接收的数据是一样的，那么，两个主体就会看见相同的事物。此时，知觉学习就不会包含理论负载性的认识论结果。里昂斯表征，在可靠主义框架内，渗透性有时候可能产生有益的认识论影响，因为此时渗透性可以加速对刺激物的分级。虽然里昂斯观点的前提是知觉学习的共时情境，但依然可以说明知觉学习中分级速度的提高，从而证实了"知觉学习的认识论影响是有益的"。

另外，如果知觉学习的认识论影响是有益的（尽管因为大脑可塑性导致知觉具有理论负载性),那么,根据福多的观点,"尽管观察者持有的理论可能有差别,但知觉的封闭性是他们达成知觉共识的非充分必要条件,而且没有封闭性就必须有理论负载性"。

## 六、认知渗透性和注意

注意这一概念在认知渗透性辩论中起着重要作用。福多首先使用"注意转移论"来反驳丘奇兰德的"模糊图像论"(如查斯特兔子/鸭图像,说明了视觉内容取决于高层次认知假设)。丘奇兰德认为,一个人应用的概念不同,则每次看见的图像就会不同。福多争论说,在视觉模糊的情况下,注意会把视觉资源聚焦到每次所见场景的不同部分上,然后那些资源不借助任何注意和高层次认知假设而进行视觉加工。结果,视觉加工的输出每次都不一样,但并不是因为任何概念对知觉的直接影响。和福多一样,派丽夏恩认为认知状态对知觉的影响仅限于"早期视觉开始前特定部位或特定属性上注意的分配以及涉及内源性注意(尤其是在场景模糊或需要感官探查的时候)的后期认知程序的操作"。拉夫拓扑罗斯修正并发展了这种关于注意在知觉中的作用的不可渗透性观点,他区分了注意的几种形式而且保证其中一些属于早期视觉加工的一部分。

因为任何时候,视觉场景包含的信息要比视觉加工的信息多得多,所以注意机制是非常必要的。视觉系统会在某个时刻选择一个或多个目标物进行更多的全面加工,通过增加某些刺激的神经元加工活动,注意可能偏向刺激间的竞争互动。比如,通过降低突触特征探测器的启动门槛或者增加神经元加工活动以增加输出。此外,注意的两大区分在渗透性辩论中至关重要:内源性注意和外源性注意的区别、注意"偏向竞争"和注意聚焦的区别。

外源性注意的诱因是刺激物或者刺激物的某些早期加工,最高值在100—129毫秒。内源性注意由认知驱动,花时大约300毫秒(内源性空间注意的例子:期待某物出现在某个位置,然后将注意集中到那个位置。旅行途中提防像蛇的东西就是特征导向型内源性注意)。两种形式的注意都可以是明显的、隐秘的、空间的或特征导向型的。通常,内源性注意是一种认知现象:个人层次的、自发的、扩展时间太长以至于目标认知以外的视觉已经加工了关注的场景;但外源性注意可能发生在早期视觉中(内源性注意对早期视觉加工的影响相当于认知渗透性,而外源性注意的影响相当于视觉加工中的不可渗透性)。

"注意聚焦"这一概念是指一种独特功能或加工,它能干预解决表征之间的知觉竞争并挑选一些表征进行进一步加工。"偏向竞争"是指注意是知觉竞争(某系列刺激已经获胜)的结果及其加工方式:场景中的某些特征在视觉加工过程中会逐渐凸显。一些理论就应用了偏向竞争这一概念,这些理论反驳早期视觉加工中内源性注意的影响并把注意的影响归于早期视觉阶段(这一阶段不受认知影响)。但是,对偏向竞争的解释却并没有把无意识的认知影响从视觉加工过程中场景的某些特定的、逐渐凸显的诱因中排除。

注意对非认知渗透的解释是这样的:注意聚焦的是视觉资源,然后这些视觉资源在没有任何注意的影响下完成加工。克里斯托弗·莫勒(Christopher Moller)提出了与此对立的观点,他认为由"期待"造成的知觉影响凭直觉可以说成是注意的影响,这样的话,知觉期待就不仅仅能把注意的焦点放到已经包含视觉加工的刺激上,而且,还可以把注意放到加工结果输出的方式上。莫勒还引用了克拉维茨和贝尔曼(Krawitz & Behrman)对视觉中特征导向型注意的作用来证明视觉加工没有进行时,也并不是注意没有参与。莫勒利用"注意的偏向竞争"来反驳派丽夏恩提出的有关"注意在知觉中的作用"的观点。他认为派丽夏恩的观点排除了视觉加工中注意的影响,但竞争理论整合了注意和视觉,竞争理论是"为什么要把注意投到目标物上"的理论。比如,语义信息会影响早期视觉加工特征注意,基于对偏向竞争的理解,语义信息会无意地影响早期视觉资源的注意竞争。

拉夫拓扑罗斯也用到了注意的偏向竞争,但是方法不一样。他认为,特征导向型注意可能是早期视觉加工的一部分,但此时特征导向型注意不会是内源性的,也不一定是概念无意识加工的,它可能是集成认知结构的一部分。该结构中知觉状态间的互动不涉及认知渗透,即"特征导向型注意仅限于早期视觉加工"。他从"注意的相关场理论"以及"目标物隔离和目标物个体化的区别",得出此结论:"注意不会直接影响早期视觉加工"。比方说,比较一下两种涉及注意在构建视觉目标中的作用的场景:如果有意识地把注意投到目标物上,让目标物在知觉中个体化,那么,目标物的个体化就是由意识驱动的而且具有认知渗透性。但是,如果有意识地扫描某个场景,知觉停在了已经被视觉加工的(其中特征导向型注意的影响是无意识的)、隔离的目标物上,那么,目标物的个体化就是外源性驱动的而且具有认知不可渗透性。

## 七、知觉和认知:有区别吗?

要把知觉和认知之间的依赖关系解释为知觉的认知渗透性,就必须要区分知觉状态和认知状态。知觉不具有认知状态渗透性或知觉不能被认知状态渗透之间存在区别。但是,还有一种观点认为渗透性问题很简单:知觉认知不可渗透性可以区分知觉和认知,但渗透性就意味着不可以将知觉从认知中分离出来。这一说法遭到了反驳,原因如下:

虽然描述认知渗透性的状态可以形式化为对知觉和认知之间区别的否定,但现在很少采用这种方法。汉森等人在描述长时记忆对视觉色彩加工的假设影响时得出"高层次认知对低层次知觉机制的影响"的结论。为把这种影响形式化为"状态之间没有区别",汉森等人进一步提出"长时记忆对视觉色彩加工的影响意味着无法区分长时记忆和视觉色彩加工"。但是,他们把这种情况解释成"一个系统对另一个系统的影响"。于是,里昂斯就"如何保持系统之间的不同以免'渗透'的发生"给出了一种明确提议:承认认知渗透性不会消除信息加工系统之间的区别,因为依然可以根据独立性、统一性、专业化等标准来定义系统。

值得一提的是,在二十世纪四十年代,对于"知觉的认知渗透性"证据的解释方式暗示着知觉和认知区别的消除。所有知觉经验都是类加工的终极产品,刺激的知觉影响都取决于器官的设定或受期望状态。马尔对知觉的这种解释的反驳以及派丽夏恩对认知和知觉连续性的否定（认为其连续性是基于马尔的视觉层次概念）可能在一定程度上能解释涉及到渗透性的观点形式化方式的转化。这就牵涉到了第二点：首先，假设知觉的认知不可渗透性可能是知觉和认知区别的一部分内容。假如一个信息加工系统具有认知不可渗透性，这就意味着该系统在其他特定系统中自动运作。但是，要保证能区分知觉和认知，就需要解释"为什么认为第一个系统是知觉性的而其他系统是认知性的"。因此，我们不能认为不可渗透性很简单，可以依据不可渗透性来区分知觉和认知。其次，不论是要定义认知渗透性还是认知不可渗透性，都需要区分知觉状态和认知状态，尤其定义认知不可渗透性还需要某些特定类型的关系。所以，知觉和认知的区别比渗透性和不可渗透性的问题更基础。

知觉和认知是否有区别呢？一种极端的观点认为大脑没有任何功能层级，显然，这是无法让人确信的；互动主义者则强调信息从早期激活区域到后期反馈是具有认知功能层级划分的。大多数人支持低层次加工必须在高层次加工之前的观点；有些人则担心知觉个性化为一种类别是比较困难的，因为这取决于自上而下的影响，贝叶斯先验信息和跨模块效应，而且可能存在既不属于知觉、也不属于认知的边界状态。

认知功能层级划分的观点借助了神经学中的分离证据，可以从功能性角度区分开早期视觉和认知，还可以画出后期视觉加工的功能图。根据神经心理学，左右顶叶损伤后，视觉场景中以视觉者为中心的大脑表征之前的加工和借助语义反馈进行目标物识别的加工是分开的。视觉失认后，显示模板匹配（后期视觉的一项加工）是独立于早期视觉计算和语义信息的。马翁等人在认知实验中将认知解释为一系列会给特定模块带来损害的语义信息加工系统，语义学通常被操作化为信息，这些信息可以调节从输入和输出系统（其中的输入输出系统从其内容和形式看具有模块特异性）的图像绘制。卡拉马扎（Caramazza）等人从临床证据中发现了跨模块的目标物识别加工，而且发现词汇加工能接收到的语义信息和特定感官模块的信息加工是有区别的。换句话说，认知科学对如何区分知觉和认知有一种工作假设。

对知觉中早期视觉的定义也有一种工作假设。这种假设借助的是测定神经加工从感官表层传播到在更后部区域自动作业的大脑区域所用时间。兰姆等认为"前馈清除"和局部反复性加工的一系列加工是非认知的,因为这些加工优先处理的是信念的、个人层次的加工,同时也是视觉性的,因为到达眼睛的刺激是可描绘的(可追溯的)。这就足以证明早期视觉是知觉的了。

是否存在难以将其分类为知觉的或认知的边界状态呢?本斯通和科恩认为,掌控高层次顺序和多模块空间关系的系统可能是非模块的、各向同性的、也可以说这种系统是认知的。但是,二者又表明,其他标准的认知加工如识别追逐场景和识别特定社会线索可能最终被证明是模块性的、各向异性的,所以,最终就是非认知的。知觉内容是边界状态最重要的一个例子是思维实验。假设知觉经验表征了高级属性,如种类,那么,概念要么就是知觉状态的一部分,要么就决定知觉状态的内容。如果是这样,能不能把知觉内容(如意识的知觉内容)解释成知觉的和非认知的?德瑞特斯科(Dretsco)设计了一项思维实验,实验的目的是从知觉经验中排除一些标准——"种类是在知觉经验中表现出来的",继而得出结论"在知觉经验中表现出来的不是种类本身,而是作为种类的特性的低级属性"。另外一种证明方法是,从高层次知觉内容中区分知觉和认知,也就是"如果知觉代表种类,那也只是在某些非概念方面"以及"从高层次知觉内容中区分知觉和认知阻碍了把有意识的知觉内容解释为认知状态、解释为像思维一样的概念状态"。例如,语义信息会让种类的特征在视觉经验中越发凸显从而影响视觉,但视觉内容并不会变成概念性的。马克菲森却认为知觉认知渗透性和论点"知觉没有概念内容"是有通约性的,如果马克菲森是对的,那知觉经验也许就能代表种类但仍然不是一种认知状态。

多克奇和马丁(Ducky & Martin)则讨论了另一种处于知觉和认知状态之间的边界状态:知觉中的认识感觉。他们认为,熟悉这种感觉取决于识别能力,这种感觉能改变整个知觉现象学而且不会影响知觉内容。此外,二者声称,自信这种认识感觉可以解释发生在判断层面而非感官经验中的记忆色彩效应。如果多克奇和马丁的观点正确,那么知觉中的认识感觉就是认知状态而非知觉状态。

边界状态并不影响区分知觉和认知，因为边界状态主要影响的是把后期视觉加工分为知觉的或是认知的。对于如何分清早期视觉和认知已经有了比较完善的工作假设，所以，认为只有在这些假设下才能区分开知觉和认知似乎更合理，继而讨论认知渗透性或认知不可渗透性的区别也更合理。但是，如果边界状态并没有否定知觉认知的区别，那边界状态一定就是渗透性讨论中的一大问题了。假设从功能性或加工潜在因素角度对早期视觉的定义成功隔离了一系列非边界知觉状态，那么，渗透性辩论中的关键问题就是"后期视觉"，后期视觉阶段会更难区分知觉和认知。虽然功能性分离能区分开某些后期视觉加工，但是更难从认知状态如命题态度、概念、长时记忆、意象、认知驱动状态中区分开后期视觉。后期视觉阶段的加工涉及目标物识别、知觉信念、说明性思维及其确认。由于认识论原因，所有这些都很重要而且其认知渗透性依然会影响知觉的经验输出（主体从这些知觉的经验输出中获取信息和判断）。

## 第三节 认知渗透性在认识论上存在的问题

福多认为感知系统的模块化对于认识论来讲是有益的补充，因为对"感知系统"的理解中，假设感知系统是模块化的，是信息封装的，这意味着感知系统的运行对信念和欲望、情感等的依赖性并不强或者说是"免疫"的。这就减轻了对观察理论负载性的担忧：如果感知是模块化的，那么，我们所看到的就不会受我们想看到的、期望看到的或经过练习后看到的东西的影响。一个人所观察的是由知觉模块的输出所决定的，而模块在认知上是不可渗透的。

后来，西格尔提出了"认知渗透性的正当性"或"认知渗透有益"的观点。她举例说，X光片对于放射科医生和缺乏放射专业知识的人看来是不同的，放射科医生从自己的经验中获得的关于X光片的信息要比普通人多很多；成年人对待同样的道德事件要比非成年人有更多的想法和观点，也就是，一个人的感性经验是通过认知经验的渗透而变得丰富多样。当然，在某些情况下，认知渗透并不能带给你准确的知觉判断。比如，我们经常会根据背影、走路的样子、所穿的衣服判断在我们前面走着的可能是我们认识的人，但当你走近一看，却发现认错了人；还有我们对颜色的误判（商场衣服的颜色和回家后衣服的颜色发生了变化）；又比如我们之前章节提到的"鸭/兔图"的判断差异性等等，都将对认知渗透性是否能够提供正确的知觉判断提出挑战。在最简单的情况下，如果你的经验以某种方式呈现于世界，你的经验就是被认知渗透的，只是因为那是认知渗透的信念呈现给世界的方式，这好似认知渗透性以循环结构来形成的信念。所以，尽管认知渗透对知觉的判断有些时候是错误的，但也并不妨碍它的存在，而且，西格尔探索了这一假设的认识论后果。西格尔的论点是有条件的，即如果知觉是认知渗透的，那么认知渗透性就是可靠的。而这种可靠性包括了知觉判断的正确性或错误性，也就是说，即便是错误的判断也只是说明了认知渗透削弱了感知的可靠性，但它依然还是影响了判断，在认识论上依然是可靠的。

## 一、感性信念与自上而下的影响

早期视觉是派丽夏恩在1999年提出的，它是视觉的前注意阶段。早期视觉包括一个前馈扫描（FFS），其中信号由下至上传输，在可视区域持续约100ms；它还是一个阶段，在该阶段进行着信息的平行和重复性的处理，大约从80—100ms开始，限制在视觉区域内，不涉及来自更高认知中心的信号。早期视觉包含的信息有时空属性、空间关系、表面黑斑、定位、颜色、双目立体观测、大小、运动和形状。早期视觉是信息封装的，但它的内容仅限于上述马尔所列的二维草图。知觉识别则包括了自上而下的认知渗透，比如判断眼前的这个东西是苹果、是一只小猫，我们必须知道苹果是什么样的，小猫又是什么样的。

知觉信念包括"我面前有只小猫""书架上有书""下雪了""那盏灯

亮着"等等，这些是非常简单的知觉信念，不涉及更困难的认知加工，也就是说，类似上述的判断，我们不需要对知觉经验内容做任何假设，这些知觉信念直接对应知觉经验内容。这种知觉信念似乎与早期视觉所构建的完全陌生的场景或二维图像相去甚远，早期视觉信息的封装性在认识论方面还是有问题的。如果感觉是可靠的、安全的，不受认知渗透的影响，那么你对时空属性、空间关系、定位、形状、大小固有的认识论上的错误必将使后续的感知信念处于危险的境地，即便早期视觉已经被概括其中。认知不可渗透性的捍卫者也不得不承认科学探究所认为的大部分知觉其实都是无封装的。

基于上述原因，确定哪些类型的认知渗透在认识论上是有问题的，哪些不是很重要的。

首先，究竟什么是认知渗透性的认识论问题？什么样的渗透性在认识论上是有问题的？假设感知在认知上渗透的，即我们看到的是自己认为的、是对我们的欲望高度敏感的，而且，假设这种渗透性虽然普遍，但并没有普遍到显而易见——我们不只是看到我们期望或渴望看到的任何东西，而不管远端的刺激，事实上，这些假设却是真实的。因此，如果我们事先预期会在这里看到一个苹果，我们则更有可能看到一个苹果，我们会高估这个苹果的大小，这取决于我们是否想吃掉它；我们判断它的颜色，取决于我们记忆里储存的关于颜色的典型实例等等。但问题出在哪里呢？

显然，这个问题从一开始就是关于认知渗透性在认识论上的含义是什么，而不是关于我们是否相信认知渗透性存在的事实或寻找认知渗透性的证据。如果你有理由认为你的感知很容易受到某种自上而下的影响，那么，你的信念可以进行适当的修正；如果没有，你就应当考虑在认识论上的错误了。因为无论你作为主体是否意识到这种渗透性，认知渗透性在认识论上的结果在实际生活中是真实存在的。

福多和拉夫拓扑罗斯倾向于从观察理论权威的科学哲学角度来构建认识论问题。他们认为，如果观察在很大程度上受到理论的影响，那么，科学上的争论将是棘手的，也就是说，你我不能通过观察来解决对同一刺激的不同感知。这里出现了两个问题：第一，如果科学家们从不同的理论立场出发，自上而下的影响会使共识变得不可能；第二，理论信念将是自我确证的，而不需要对现实进行任何独立的检验。但是，我们如何将这种担忧从科学哲学转化成为认识论呢？

　　共识是一个很重要的问题，但尚不清楚未能达成共识是否有认识论上的缺陷。诸如正当理由、知识、真理、理性等形而上的东西与一个人能否说服别人相信这些事是没有关系的。通常，聪明、理性、训练有素的感知者看到的东西如果与我看到的东西不一致，我们就可能会妥协，也就是否定自己的知觉信念。任何事实，如果主体意识到它，削弱主体相信这个事实的理由就是削弱主体的知识或经验，无论主体是否意识到这样的事实。这也就是，无论你相信与否，认知渗透都可能以这种方式干扰我们的感性认识。然而，即使我们意识到与我们有不同感知的人，但他们的观点是否能够削弱我们的认知是不确定的。这也就是说，因为认知渗透性似乎威胁到了知觉信念的正确性，但这仅仅是一种"被分层"的情况，它破坏了一个信念的知识地位，却使其正确性地位保持完好。所以，认知渗透是对正确性的威胁，而不是对知识本身的威胁。

　　自我确证的问题与正确性有更直接的联系。一种说法是，如果你一开始就相信系统 A，那么，你就会得到证实系统 A 的结果；如果你一开始就相信 B 系统，那么，你就会得到对 B 的确证。相信什么，取决于你启动什么系统，没有客观原因，也就没有理性的依据来选择一个启动系统而不是另一个。比方说，在 1976 年美国总统竞选期间，研究人员做了一个实验，他们请一组被试"想象杰拉德·福特（Jerald Ford）在即将到来的选举中获胜"，请另一组被试"想象吉米·卡特（Jimmy Carter）在即将到来的选举中获胜"。随后，研究人员又请所有受试者估计两名候选人获胜的可能性。结果，先前设想过福特获胜的人，大多估计福特会胜出；相反，先前设想过卡特获胜的人，大多估计卡特会胜出。这一例证说明，信念系统的进化完全是由信念系统内部的因素决定的，与外部现实没有显著的联系，两个或两个以上的不同的系统同样会面对一致性的问题，除非有特殊的外部事件实质性干扰了内部系统，否则，我们没有理由随意否定掉自己的信念。

然而，上述怀疑论的论点假设了一种非常具体的自上而下的影响，这种影响远比经验上的可信更为普遍和有力。比如，假设自上而下的影响仅仅是概率性的，理论上一致的观察结果比其他情况下更有可能出现，但是客观事实仍然是观察结果的重要决定因素。许多因素使我们对世界的感知不能完全正确——糟糕的观察条件、伪装、分心等等。为什么先验比其他因素更重要呢？心理学家丹尼尔·西蒙斯（Daniel Simons）和克里斯多弗·查布利斯（Christopher Chabris）进行了一个非常著名的实验：他们要求被试看一段 1 分钟的录像，录像中有 2 支球队，各有 3 名队员，一支球队穿白衣，另一支穿黑衣。这些人在一间小屋里走来走去，并来回投掷两个篮球。被试的任务是数清白队传了多少次球。突然，在第 35 秒的时候，一只大猩猩走进房间，穿过人群，捶打自己的胸部，9 秒钟之后离开。录像结束后，被试被问及是否看见了这只大猩猩。从视觉的角度，在有限的空间内我们应该是能够看到突然跑进屋子披着猩猩皮（假的）的家伙，怎么可能有人漏看了呢？但事实是，有 50% 的被试在观看录像的时候并没有看到大猩猩，甚至当研究人员问他们是否看到什么不寻常的事情时，他们也想不起来。这是"无意视盲"的现象，是指要是注意力集中在一项事物上，比方说开车时打手机，我们不少人会看不到其他动态事件。研究者甚至在给 1500 名行为心理学家的讲座上进行实验，结果注意到猩猩的比例更低。我们常常对于自己的观察能力过于自负，我们以为自己的眼睛像是摄像机，大脑则像是等着被规则填满的空白磁盘，在这一模型里，记忆像是倒带机，在意识的剧场重复播放，而脑皮层这个司令官观看着演出，并向级别更高的脑中枢报告看到了什么。只是，眼见并不一定为实，知觉系统以及分析数据的电脑，比这些要复杂得多。这样的验证似乎得出了一个普遍的怀疑论结论：所有的信念都是不正确的。如果整个信念体系没有任何理性、无疑问的基础，那么，怀疑论就会随之而来。但是，我们必须清醒地认识到，还有一种更致命的观点就是局部的循环论。

西格尔并不认为所有自上而下的影响都是认识论上的错误，也不认为它会导致全球性的怀疑主义，但她认为自上而下的影响会导致局部情况下的不合理信念。即使认知渗透不会使所有的信念都变得不合理，它也能使直接由它产生的信念变得不合理。比方说，一个研究人员认为她在显微镜载玻片中看到了微生物，因为她似乎看到了它们，她之所以能够看到这些微生物是因为她预先相信了预设。这里就是一个循环问题：如果我相信 X 是因为我看到 F，我看到 X，因为我相信 X 是 F。这种情况存在一种认识论上的错误——循环不是全部。当 A 是 B 的理由，B 又是 A 的理由时，循环才会发生，当然，经验不是建立在先见之明的基础上，一种经验可能是由先前的信念引起的——由于认知渗透性——而不是基于它。所以，循环论并没有抓住西格尔的认知渗透性当中所存在问题的重点。

此外，记忆或欲望与认知渗透有着相同的结构，但我们不能说我们的记忆或欲望就是错误或不正确的。比如，"望梅止渴"，在我们口渴的时候，我们只是希望前面会有绿洲，会有挂满果实的梅林，尽管结果不是，但是欲望本身是没有错误的。再比如，通常发生了什么，如果是，我相信 P，这使我有一种记忆似乎是 P，我记得这就是 P。这并不是说回忆是表面状态内容的一部分，而是 S 表明表面印象 P 是一个不同的模式。因此，认为 P 导致了一个现象的信念表明，P 导致了另一个认为 P 的信念，它本身不是整体循环。假如是循环，则记忆将总是导致不合理的信念运行，显然，事实并非如此。事实上，先前的信念对记忆表象的影响要比对知觉表象的影响大得多。如果认为认知渗透总是导致不正确的结果，那么，就必须承认记忆也会如此。当然，有人会反驳，记忆不同于感知，记忆应当被认知渗透，而感知却不是。我们可以借由一个假设来回应。假设你我到郊外，因为我确信所走的路周围会有蛇，于是我的信念启动了我的视觉系统，使我更有可能看穿蛇的伪装，因为这个信念，我比你更有可能在道路上发现蛇。首先，这里没有认识论上的错误：我对蛇的信念是完全正确的。一个信念依赖的过程在特定条件下产生合理的信念，只有当所有对该过程的输入都是合理的情况，才能重新导致信念。就蛇的例子来说，在郊外道路这一特殊的路况下，有一个绳形、圆的、蠕动的东西将匹配我对蛇的信念，从而导致我确认是碰到了蛇。其次，并非所有的认知渗透都涉及信念的渗透，比如涉及欲望的渗透。我非常想知道步行的路上是否有蛇，这种动机让我更有可能发现那里的蛇，似乎非正统的认知渗透并没有减少其正确性。当然，这里也存在不合理的信念——我对蛇有一种病态的恐惧，以至于我到处都能"看到"它们。第三点，也是最重要的一点，认知渗透性的好与坏，正确与错误，与渗透性信念的认知状态几乎没有关系。假设我的视觉系统已经准备好去识别蛇，因为我相信（没有任何好的理由）小路上很可能有蛇。如果这个不合理的信念启动了我的视觉系统，使我能更好地发现道路上真正的蛇，那么，由此产生的知觉信念是合理的，尽管它们的起源有认知渗透的作用，尽管在认知渗透中有不合理的信念的作用。

## 二、认知渗透性的问题所在

我们一直在分析信念自上而下影响知觉的认识论的错误解释，但是，并没有找到知觉认知渗透性问题所在。

首先，情境对模式识别的影响。在讨论认知渗透性的时候我们已经框定了识别对象，屏蔽掉对象周围的事物，认知渗透效应已经在启动了，也就是我们后续的讨论是在渗透性下的循环论。日常生活中，刺激并非单一，知觉感知的世界是复杂多变的、多维的。我们不可能孤立地看待某一个事物或事件。通常，在识别、判定物体之前，似乎唯一可以利用的客观信息是待识别的物理刺激，然而，情况并非如此。物体总是出现在情境中的，而我们可以利用情境来识别物体。比如，我们会将一些符号错认，如图4.1所示，我们会将这些符号看成是 THE 和 CAT，尽管 H 和 A 用的是完全相同的符号。单词提供的整体情境迫使人们获得相应的理解。当情境或世界的一般性知识指导知觉时，这种加工称为自上而下（top-down processing）的加工，因为高层次的一般性知识影响着低层次的知觉单元的解释。这个例子表明，许多像单词这样复杂的视觉刺激中存在冗余信息，刺激包含了远远多于将一个刺激与另一个刺激区分开所需的特征。因此，当只有部分特征可识别时，知觉也能成功地进行下去，其余特征可以由情境补充。在言语中，这种冗余信息存在于除特征层次外的许多其他层次上。

知觉的认知渗透性

# THE CAT

图 4.1 情境作用的一个例子。由于所处情境的不同，
相同的刺激被知觉成 H 或 A①

对复杂视觉景象的知觉来说，情境似乎也很重要。比德曼（Biederman）等人新异景象中的物体知觉。他们向被试呈现了两种景象。图 4.2（a）为正常景象，相同的景象在图 4.2（b）中被打乱了。被试观看在屏幕上短暂呈现的其中的一幅景象，然后立即在空白屏幕上出现一个箭头，该箭头所指的位置是之前景象中的一个物体的位置，他们要求被试指出这个物体是什么。在这个例子中，箭头可能指向了消防栓所处的位置。当被试观看连贯画面时，要比观看杂乱画面时能更正确地完成识别任务。因此，就像对文本或言语的加工那样，人们能够使用视觉景象中的情境信息来识别物体。

图 4.2 比德曼等人研究复杂视觉进行识别中的情境作用时使用的景象
（a）连贯的景象；（b）杂乱无章的景象。在杂乱无章的景象中更难以识别消防栓②

最具戏剧性的一个情境影响知觉的例子是变化盲（change blindness）现象。人们不能在一个典型的复杂景象中追踪所有信息。当视网膜受到干扰时（比如眼动或电影中的镜头切换），如果景象中的元素发生变化，且

---

① 图片来源：Selfridge, Reprinted by permission of the publisher. © 1955 by the institute of Electrical and Electronics Engineers.

② 图片来源：Biederman, Glass & Stacy, Reprinted by permission of the publisher. © 1973 by the American Psychological Association.

它与情境相匹配，那么人们通常不能觉察这种变化。在最早关于变化盲的研究中，当被试发生眼动时，其所观看的图片中引入一个巨大的变化。例如，画面中汽车的颜色可能变了，而被试通常察觉不到这些变化。西蒙斯（Simons）等人曾经在康奈尔大学校园中拦住过往的行人向他们问路，就在毫不知情的被试正在指路时，几名工人抬着一扇门从主试和被试之间穿过。一名同伙在这是替换了主试。15 名被试中只有 7 名注意到了这种变化。在一个关于人脸变化的觉察能力的实验室研究中，研究者发现，与没有觉察到脸变化相比，被试觉察到脸变化时其梭状回有较强的激活。

　　对于复杂情境的识别，斯特劳森（Strawson）认为，我们的感知是对一个连续独立存在的事物的感知，即如果我看到事物是这样的，我的视觉体验将以一种微粒的反事实的支持方式呈现。如果我看到的与事情本来情况不一样的话，我会通过非自然的假设来排除观察的可能性。在此基础上，可以得出知觉经验两个内容维度：知觉经验的内容不仅记录事物是怎样的，而且记录感知者与事物是怎样的关系。如果我们感知，那么，事物的外观必须（以一种适当的微粒反事实的支持方式）不仅取决于事物是如何的，而且取决于一个人与事物是如何的关系。因此，当一个人感知到事物的状态时，事物外观的变化必须同时跟踪事物的状态和行为。真正的幻觉是感知内容的透视方面明显地没有适当依赖感知者的实际和可能的行为。

　　因此，知觉需要对客体的敏感性联合起来操作，也就是要有感觉运动理解。感觉运动是一种理解，知觉依赖于感觉运动理解的运作方式在普通生活中是随处可见的。这种理解也部分地向我们呈现了一个世界，这个"理解"是独立于语言使用的，由人类和非人类共同拥有的实用知识，它不是"种类"。

　　据此，我们可以继续推演，思想是一种延伸的感知。当一个人运用感觉运动技能来接近某个非常遥远的事物或人时，思维可以扩展感知。当某物在有意识的视觉体验中出现或者在思想中提到某物，是说它在有意识的思想中出现，是一个巧妙的接触事物的问题。某些形式的意向性或有意识的参照是一个有技巧的人和一个真正存在的事物之间的关系。在没有真正存在东西的地方，就不可能有真正的访问或可利用性，最多也不过是某物的幻觉。要使得思想或经验涉及到对象，感知必须是理解的。

当然，并不是所有的思想都指向它的对象，这要归功于思想者对对象的熟悉程度。在某些情况下，一个人能够或获得的技能将是感性技能，在其他情况下，他们获得的将是不同种类的技能。

其次，在认知渗透中，经验本身的特性被先前的认知状态所改变。没有人会否认先前的信念会影响我们如何解释经验。认知渗透这一论题似乎是关于感性经验本身性质的一个更有争议的论断。这将有助于更准确地确定一个给定的经验需要什么才能算作是认知渗透。正如西格尔所言，不同的认知渗透概念将有助于不同的项目。从认识论角度，更确切地说是认知渗透有助于不同的基本信念。因此，认知渗透与在经验基础上形成的信念的基础地位有关。

一个简单的反事实条件：如果 S 没有认知状态 C，那么，它就没有经验 E。认知状态可以改变我们的行为，包括我们所处的环境和我们所关注的事物，这反过来又会改变我们所拥有的经验。例如，我想看看冰箱里有什么东西，导致我打开冰箱，体验里面的东西。以这种方式影响我们经验的认知状态满足了上面所描述的简单的反事实条件。就目前而言，认知渗透现象最好解释为心理结构各部分之间的因果关系，尤其在简单的反事实条件下，认知渗透最好定义在一些经验 E 和认知状态 C 的内在因果依赖性上，其中"内部"表征所关注的依赖性都是"头脑中的"，因而，麦克菲森提出了一个粗略的想法[1]：

（1）当感觉器官上的近端刺激的性质、感觉器官的状态和受试者的注意力集中的位置保持不变时，如果缺乏 C 的被试不可能有不同的经验 E 的话，则某种认知状态渗透了知觉经验 E。

（2）非神经生理学的解释。信息封装性的思想通常被认为对理解认知渗透的哲学结果具有重要意义。尽管这一理论存在一些弱点，但它确实能

---

[1] Preston J. Werner, "A Posteriori Ethical Intuitionism and the Problem of Cognitive Penetrability", *European Journal of Philosophy*, 2017, pp. 1794–1795.

够很好地解释一些现象，比如，尽管所有其他感官特征保持不变，不同的主体还是可以有不同的经验，这表明在认知状态和知觉系统之间存在一些当前或历史的信息流。

（3）情感体验也会受到认知渗透的影响。乔娜·万斯（Jona Vance）举了一个例子：口哨恐惧。温妮相信她的家人深夜不在家，如果有人在家里，那么这个人就是入侵者。当温妮听到有人在她身后吹口哨，她的经验认为，如果有人在家里，他们就是入侵者（再加上哨声产生的听觉刺激引起她的恐惧中起了一定作用）。如果她缺乏这种信念，她就不会对这些刺激产生恐惧。

人们普遍认为，一些情感体验，例如恐惧体验，可以证明存在危险等信念是正确的。如果视觉经验的认知渗透性对这些经验的认识论角色有任何影响，那么类似的结果也适用于情感经验是合理的。

其次，认知依赖①性的存在。认知不可渗透性的支持者认为，视觉输入可以为道德信念提供理由，而且，他们认为这些道德信念是非推理正确性的，它们是独立于其他任何信念的。这种论证的非推理性质是至关重要的，因为如果没有它，认知不可渗透性的支持者有一些其他基本道德信念的来源，而且似乎没有其他非先验的途径。因此，就必须了解"认知独立"性的含义：

> 认知独立性是说，如果没有认知状态 D，那么，有正当理由的信念 B 是认知独立的，因此 B 的正当性直接或间接地取决于 D 的认知状态。一种信念，如果依靠某种感性经验来证明其正当性，那么，只要感性经验本身足以证明其正当性，它就可以算作认识上的独立性。一个信念 B 是认知依赖的，那么，当存在某种认知状态 D 时，B 的论证依赖于 D。

---

① 一个状态或过程 E，在认知上依赖于另一个状态 D，关于内容 C，如果状态或过程 E 对 C 是正当，则仅当（部分原因）D 对 C 是正当。

例如，假设我有一个合理的信念：我的冰箱里没有牛奶和豆浆。当我打开冰箱，通过视觉，我看到有一袋豆浆。于是，我形成了一个合理的信念：我的冰箱里没有牛奶。虽然我的信念部分基于我在冰箱里看到豆浆的经历，但也部分基于我的信念——我不同时喝牛奶和豆浆。这样，我的信念就依赖于认知。

上述情况似乎无可反驳，反观西格尔的"循环案例"：吉尔认为杰克脸上有愤怒表情的理由是基于她对杰克脸上有愤怒表情的经历。但她对杰克脸上有愤怒表情的经历，是由她先前认为杰克生气的看法决定的。由此，似乎她的经验赋予这一事实的理由（如果有的话）反过来又基于她先前认为杰克生气的理由。所以，她认为杰克脸上有愤怒的表情，这在认知上是有依赖性的，因此不是基础性的。

假设上一段的推理是正确的，那么，我们几乎所有感知体验或评价属性都是认知渗透的结果。也就是说，我们在这些经历的基础上形成的几乎所有的信念，似乎都是认知上的依赖。而从认知非渗透性的角度，存在一些非琐碎的、在认知上独立的、正当的道德信念，这些信念是基本的。以某种道德属性 M 为例，它是某种感性经验 E 的内容的一部分：

（1）如果 M 在 E 中的实例化是因果地依赖于某些先验认知状态的渗透，那么任何基于 E 的道德信念 B 在某种意义上是认知地依赖的，即 B 部分地凭借 S 被证明是正当的（如果有的话）。

（2）感性或情感体验中的所有道德内容都是由先前认知状态的渗透所决定的。

（3）所以 M 在 E 中的实例化依赖于一些先验认知状态的渗透。

（4）因此，任何基于 E 的道德信念 B 在认知上都是依赖的，在这个意义上，B 是合理的（如果有的话），部分地凭借 S。

（5）这种推理延伸到任何道德属性，这些属性体现在感性或情感体验中。

因此，认知非渗透性是假的。

"循环案例"中的杰克和吉尔的例子，一开始看起来似乎有道理。但这不是一个认识论的主张，而是一个因果的主张（具有认识论的后果），

## 第四章　认知渗透性

其地位主要是一个经验问题，而且，这是一个远未解决的经验问题。但是，尽管认知渗透的普遍性，无论是关于道德负荷的认知状态还是其他认知状态，都还没有建立起来，其余的论证逻辑上需遵循前两个前提。因此，如果前提（2）仍然不受实证反驳的影响，那么，这个论点一开始看起来非常有力。

虽然影响（2）真理的研究肯定与认知非渗透性有关，但更好地回应这一论点需要提供一些积极的理由来怀疑其中一个前提，而不仅仅是提供理由来保持不可知论，也就是说，并非所有感性经验都因果地依赖于某些先验的认知状态，从而形成认知依赖。虽然这种从因果依赖到认知依赖的转变是容易和直观的，但一旦我们明确了感性经验的正当性赋予地位和其正当性赋予地位的因果解释之间的区别，我们可能就明白了某些认知渗透与认知独立是相容的。

最后，共时渗透性的存在。由于共时渗透性的存在，使得认知非渗透性不能将任何认知意义归因于一个给定的外观状态的先前因果。根据前述的认知依赖的前提（1）：如果 M 在 E 中的实例化是因果地依赖于某些先验认知状态的渗透，那么，任何基于 E 的道德信念 B 在某种意义上是认知地依赖的，即 B 部分地凭借 S 被证明是正当的（如果有的话）。解释上述前提的最好例子是共时渗透。回到"循环案例：吉尔认为杰克有一种愤怒的表情"，吉尔认为杰克生气了，当她看着杰克的脸时，这种信念会影响她的视觉系统，因为它在处理视觉信息，这将产生她对杰克的脸有愤怒表情的体验。在经历形成的过程中，信息在吉尔的认知系统和视觉感知系统之间流动，她认为杰克有一种愤怒的表情是基于她对杰克脸上有愤怒表情的经历，但这种特殊经历的性质，目前取决于她先前的信念。因此，它似乎在认知上依赖于她先前的信念。

"吉尔认为杰克有一种愤怒的表情"这一案例的特点似乎可以推广到所有共时渗透的标准案例。根据定义，共时渗透涉及到认知状态与特定属性在经验中的表征直接相关。如果认知系统暂时被阻止影响视觉处理系统，这可以通过考虑经验的性质来说明。如果是这样的话，吉尔对杰克脸部的视觉体验会有所不同。这说明这种信念在认知上依赖于吉尔先前认为杰克生气的信念。当然，这并不是说吉尔认为杰克有愤怒的表情是没有道理的，相反，这是说如果它是正当的，部分凭借这一理由赋予其基础地位——她先前的信念，杰克是愤怒的。总之，共时表征渗透与正当信念是相容的，但与认知非渗透性主张的基础正当信念是不相容的。

我们可以评估是否同样的推理路线适用于历时渗透。比如，个体对穆勒-莱尔错觉易感性的解释[①]。科学的解释是：在三维世界中，深度知觉与判断距离有关。物体离视网膜越近，在视网膜上就越大。然而，在穆勒-莱尔错觉的二维世界中，我们的大脑基于单目（图像）线索对两个轴的相对深度做出假设。我们习惯于看到物体的外部角落离我们很近，角落的顶部和底部向外倾斜并远离（就像穆勒-莱尔错觉中向外的箭头）。我们习惯于看到物体的内部角落离我们越远，角落的顶部和底部向我们倾斜（就像穆勒-莱尔错觉中向内的箭头）。

人们的视觉处理系统"推断"出了关于线条长度的某些事情，个体的认知系统在一段时间内影响了其视觉处理系统，使其倾向于在某些环境下更可靠的解释。关键是，按照认知非渗透性的观点，视觉发生是历时性的，也就是说视觉发生初始是没有认知渗透的，之后才有认知渗透对视觉的影响。那么，穆勒-莱尔错觉就不应当发生。如果在解释线条长度的相关信息方面，个体的视觉系统是信息封装的，那么，所有的人都应该很清楚这两条线的长度是一样的，但是表征是不会消失的。如果这是一个认知渗透性的例子，可以说是历时性的。

不过，假设某个人以前从未见过穆勒-莱尔错觉这样的情况，他仔细看了看，根据他的视觉经验，形成了两端箭头向外的线条更长的信念。如果有的话，其信念的正当性是基于什么？认知非渗透性的支持者必须声称他的视觉经验本身依赖于一些关于这些线条的背景（认知）理论，以及它们服从某些模式的倾向。背景认知理论对个体的视觉系统产生了因果影响，对其进行了重构，使之有利于对数据的某些解释。这就是历时渗透的

---

① 穆勒-莱尔错觉是指，同样长度的线段，因为线段两端箭头方向的不同，导致人们判断线段长度的不一致。如图：

原理。这种过去的重构使得个体目前的信念在认知上依赖于其背景认知理论。因此，历时渗透对"证据"的不敏感是很自然的，当主体的信念与主体的感知经验完全匹配时，有助于个体做出正确的判断，也就是两条线段长度一致；当二者不匹配的时候，就可能做出不一致的判断。因此，认知渗透性是不涉及正确和不正确的性质判断的，它是一个合理性问题的解释，视觉体验如何产生事物的特征与个体的视觉处理系统的遗传和经验有关，与正确性没有直接关系。给定的心理过程是如何具有它们所具有的结构和倾向的问题与认知渗透性的正确与否无关。

通常，不合理的信念不太可能是真的，因此特别容易干扰感知的可靠性；只要深入地信念是自我确证的，错误的信念将会导致进一步错误地经验状态。然而，这只是一个粗略的相关性；真正决定正确性是否被削弱的是渗透的本质，而不是渗透主体。"渗透循环案例"中，吉尔对杰克的心理状态的看法是否正确或合理关系不大，更多的是与认知影响如何影响知觉的细节有关。考虑到认知渗透性可能以四种不同的方式运作：（1）它可能使知觉过程偏向于行动者的预期；（2）它可能促进某些模式的弹出；（3）它可能会增加与确认或否定期望相关的诊断特征的知觉显著性；（4）可能依赖过去的经验来解决有歧义的刺激，这四种"影响模式"都会影响感知的内容。如果这种影响是由一个缓慢的联想过程产生的，那么，它往往只会受到物理世界持久、稳定的影响；如果它是快速和不稳定的，它将受制于表征的临时影响。影响过程越倾向于前者，结果信念就越有道理，越匹配于视觉输入的信息特征；越是倾向于后者，就越可能出现"错觉"的情形。

当被试看到一张香蕉的单色照片时，他们会认为香蕉比同样颜色的长方形更黄。假设这是一种真正的知觉效应，有三个明显的特征可能会浮现在脑海中：（1）被试当前的、偶然的认为香蕉是黄色的信念确实对知觉状态产生了自上而下的影响，使香蕉看起来更黄；（2）被试对香蕉是黄色的长期信念具有自上而下效应；（3）被试与黄香蕉的接触使其产生了一种联想关系，即香蕉的低水平感知特征在颜色检测系统中呈原始黄色，对感知状态产生横向而非自上而下的影响。这三种情况中在认识论上的区别：

（1）和（2）两种情况预测了不同的短期效果，使我们相信并非所有的香蕉都是黄色的；（1）的渗透性效果逊色于（2）；（2）和（3）之间没有认识论上的区别。

## 三、认知渗透的轨迹

与四种影响方式区别的正交影响可能发生的5个位点的区别：（1）影响可能是前知觉的，影响眼睛注视或空间注意，但不影响知觉过程的内部工作；（2）可能是一种早期经验效应，运行于早期知觉过程的非概念输出，并对其产生影响。（3）可能是一种后期经验效应，使早期的非概念性知觉状态不受影响，但影响了西格尔的认识论所依赖的非概念表象；（4）可能是一种真正的感知，但非后经验效应；（5）可能完全传递感性，例如，当视觉不能告诉我是否我看到一条狗穿过房间，直到我听到狗在我的身后叫，我确定那是一条狗。区别这些不同位点的效应是重要的，但是也是困难的，而这些区别似乎可以从科学的角度解释认识论上的问题。

出于争论的认识论目的，（1）和（5）之间的差异相当重要，如果自上而下对吉尔关于杰克的愤怒识别的影响或吉尔自身信念内容感性地传递，则（1）不是真正的认知渗透，而（5）也不是一种知觉认知渗透。（2）和（3）的渗透比在其他点的感知更难以处理，因此，在认识论上更具影响力。前后经验效应似乎可能更容易纠正或避免，但事实上这是不大可能的，刺激无法改变，信念和预期模式是肯定影响知觉轨迹的，科学的轨迹证明，一般的表征是无法告诉我们早期经验和后期经验在认知渗透上的真正差异。后期经验状态和知觉信念之间存在着差距，这使得表面状态和知觉信念之间存在着认知渗透的可能性，因此，（3）和（4）两个位置都具有同样的认知状态，但似乎又不能完全对等。而真正的差异不是渗透的方式、也不是位置，而是认识论上的差异。

有很多种情况是后知觉的。黄香蕉的另一种可能性是（4）的后经验状态不受影响，但因为他们知道香蕉是黄色的，被试认为它们看起来是黄色的，即便这些东西不是。当"高层次"的属性发挥作用时，后知觉的位点就变得更加可信。认识论的结果是相同的，后感性经验的渗透不比前感性经验渗透更难处理。关于这些情况的哲学辩论表明，被试无法内省地判断他们的知觉是否被认知渗透，如果是，又是在哪个位置？不同的遗传之间存在着显著的差异，使得我们个体很难处理知觉经验导致的认识论上的差异。

## 四、小结

认知渗透性的讨论其局限性在于对某些特定位点的争议，渗透的位置对知觉的认识论其实并不重要，重要的是渗透的方式，特别是这个过程是让感知变得更好还是变得更差（错觉或错误），"更好"或"更差"是与真实相关的概念。

根据拉夫托普洛斯对大量关于视觉中自上而下效应的时间研究的观点，虽然自上而下的影响在初期就能到达，但影响是延迟的。刺激开始之后是一个完全前馈、自下而上的过程，产生场景的初始表现。在构造了初始表征之后，自上而下的过程就开始了，但是它们被限制在前馈扫描产生的表征。在对环境进行采样之前，神经解剖学的连接就已经在视觉系统启动的过程中就位了，而采样之后进行这个过程的只是要持续170毫秒。自上而下的加工过程会在多大程度上使感知偏向于先前的预期，其结果可能是显著的限制，因此，在多大程度上，预期P的感知者会看到P，无论P是真的还是假的。

由于已知的形状——颜色的对应而导致的对颜色的误解也可能是由一种通常有利于可靠性的现象造成的。视觉系统常常需要同时解决颜色和光线等条件的影响，一个颜色感知系统使用形状或类别来确定颜色，然后可以使用这些信息来确定当时的光线条件，这反过来可以用来确定周围其他物体的颜色。

此外，跨模态传输或集成在现实场景中趋向于更高的可靠性（即使不是在实验室中）。无论它是短期的还是长期的，跨模态整合能使我们更好地感知环境。目前尚不清楚这种整合有多少是自上而下的，尽管高层次的跨模态影响绝大多数是自上而下的，比如情感音乐能够影响面部表情的视觉感知。

最后，知觉学习对认识论的影响是正向的。不论其影响所在，知觉学习的总体效果肯定是有合理的信念的，比如我们对蛇的认识，增加了我们避免被蛇咬的可能性。然而，认知渗透性最显著影响则是权威认识的增加，专家对某一事物的认识增加了知觉的可靠性，也增加了我们识别事物的信念的可靠性。种类的知觉学习可以让专家在新手看不到的环境中发现事物，这增加了感知的权威性和准确性。

知觉的某种认知渗透是不可否认的，即使渗透被证明局限于特定的位置，也不会产生直接的认识论结果。虽然我们不能怀疑悲观主义的存在，但真正的认识论将取决于渗透模式的细节。因此，**本研究对知觉的认知渗透性定义是：知觉的认知渗透性是一个认知和知觉相互作用、相互影响、彼此依存的过程，从视觉信息输入开始，认知的影响已经通过对象特征的识别、注意力的调节、语义概念的嵌入等各个方面渗透于信息之中，并最终形成个体对对象的识别与判断。**

# 第五章 知觉内容

人们普遍认为知觉经验是意向性的一种形式，即它具有表征性的内容。许多哲学家认为这意味着，与信念一样，经验也有命题的内容，它可以是真的，也可以是假的。知觉经验具有意向性是基本达成共识的，但是否具有命题内容却成为争议的焦点，人们普遍讨论的问题是：知觉经验是否具有非概念内容及其与概念内容之间的关系。

## 第一节 知觉中非概念性内容的存在性

"知觉内容是非概念的"这一假设与早期的知觉加工具有认知不可渗透性，或信息封装性理论息息相关。如果知觉表征状态由具有认知不可渗透性的知觉加工产生，那么这些状态就是非概念状态。相反，如果知觉是认知渗透性的，那么知觉状态就会成为概念性的。伴随着知觉是否具有认知渗透性的讨论，知觉中是否存在非概念内容的争论也如影相伴。这两方面的问题都很重要，因为如果不可渗透性是知觉具有非概念内容的必要条件，且如果知觉的渗透性成立，那么知觉的内容就不会是非概念的。

## 一、知觉的认知不可渗透性

根据知觉的认知渗透性假设,信念、欲望及其他可能的认知状态会影响知觉加工,这些认知状态决定了主体的知觉内容和知觉经验。渗透性的哲学意义在于:如果认知可以渗透于知觉,那么我们的想法就会影响我们看待世界的方式。渗透性观点存在两种争论:认知渗透性和认知不可渗透性。其观点主要是在心智计算主义理论的框架中,即认知渗透状态及加工可以感应到完成思维和推理计算中的信息。认知渗透加工,要么涉及不同的、无法感应思维的计算;要么在心智的计算主义方式范围外。

知觉的认知渗透性讨论一般是从视觉的角度分析。派丽夏恩提出一个"早期视觉"概念[①],描述了视觉加工初期的过程。他认为,早期视觉系统的内容不能被大脑的高级认知系统所改变。从功能上,他将早期视觉系统定义为一个系统,该系统将来自眼睛的注意调节信号(可能还有来自其他感官模式的一些信息)输入,产生形状、大小和颜色表征,进而以视觉特性的表征输出,之后,这些表征被认知系统利用记忆、知识和判断进行分类与识别。派丽夏恩认为,早期视觉的内容在认知上是不可逾越的,也就是说,不会由于认知系统内容的改变而改变。简言之,如果一个系统在认知上是可渗透的,那么它会将有机体的目标和信念以一种与人所知的、具有某种逻辑关系、语义上连贯的方式被改变。鉴于此,派丽夏恩假设一系列早期知觉加工可以从思维中独立出来,并将其描述为垂直认知结构中的不同项目,即认为部分视觉知觉具有认知不可渗透性,他把这部分视觉称为"早期视觉"。早期视觉包括从刺激开始到以自我为中心地表征物体表面的一系列视觉加工。早期视觉加工阶段的场景被分割出一部分,称为"原始视觉物体",也就是通常所说的"原型物体"。同时,派丽夏恩提出视觉知觉渗透的系统假设:物体识别和鉴定的视觉剩余部分(后期视觉)

---

① Pylyshyn, "Is vision continuous with cognition?", Behavioral and Brain Sciences, 1999, p. 22, pp. 341 – 365.

适合长时记忆、语义信息（如种类信息的概念编码）、知觉主体的注意力和意识等。

福多用"知觉的模块性"假设解释了知觉的认知不可渗透性。福多的"模块"是大脑的信息加工机制，该机制完成的是由固定输入和环境限制的部分任务。知觉模块的作用是借助认知中心，利用直接输入和知觉加工资源以合适的形式输出。例如，福多认为存在一种视觉模块，这种模块最后阶段的视觉输入分析包括评估"形式概念"词典（这种词典实际上和具有基本类的三维示意图是成对的）。在这种模块下，三维物体的大脑表征是由不借助任何记忆或语义信息的视觉的视网膜模拟独立产生的。福多列举了许多性能以描述模块系统，不过只有具有信息封闭性的系统，才可能是具有模块性的。要封闭一个计算系统，必须要把它的信息来源限制到信息的性能数据库中，这相当于系统之间没有信息交换，当且仅当X不能在自己的系统中使用源于Y的信息时，X的信息才是封闭在Y之外的。福多认为如果一个知觉信息加工系统具有模块信息，他的信息和其他系统包括认知系统将是封闭的，因为该系统感应不到思维和推理有关的信息，所以具有认知不可渗透性。从认识论的角度，他认为观察者由于不同的想法而持有的观点并不阻碍观察者感知上的共识，所以，认知封闭性似乎是观察者们能够达成共识的必要条件。

拉米（Lamme）进一步解释了早期视觉具有认知不可渗透性的假设。他认为，记忆和概念会影响信息的识别和加工，并且视觉加工具有不可渗透性，包括以观察者为中心的目标物表征。从近期视觉神经科学及注意力的研究证据表明，视觉的认知不可渗透部分包括了以观察者为中心的目标物表征，该表征是我们已知的大脑表征状态的组成部分。视觉的不可渗透部分，是指其输出和对知觉非概念内容的描述一致的表征部分。拉米认为，非概念内容包括次个人层次的计算状态和个人层次状态，因为不可渗透性意味着概念信息无法传递到可以产生现象内容的知觉加工中，因此，它确保了知觉特定部分具有非概念特征。知觉的认知不可渗透性足以让知觉具有非概念内容：如果知觉表征状态由具有认知不可渗透性的知觉加工产生，那么这些状态就不会是概念状态。

## 知觉的认知渗透性

马尔构建了"二维草图"用于解释认知不可渗透性。他认为,不可渗透性是非概念内容的必要条件取决于两大因素:第一个因素是一些对知觉有认知影响的内容。有些知觉内容是在认知影响下产生的,但依然是非概念的,比如图形与其背景的分离。第二个因素是早期视觉的存在。视觉首先会在一个场景中提取目标物的轮廓信息,最主要是靠场景反射光的方式来提取。所提取的信息加上光的信息,再结合对实体视觉、时差、单眼深度线索的固有解释、经几何原理和拓扑原理加工后产生的几何形态表征,视觉系统就为场景中的体积和深度关系构建了一个以观察者为中心的表征,马尔把这种视觉表征称为"二维草图"。二维草图提供了关于零交叉、条、块、边界、边缘片段等信息,体积比三维草图小,该草图是基于物体表面的很多信息编码在视网膜上反射光强度的变化原理。马尔的二维草图由于受视觉点形成的三维场景的空间表征限制,所以仅限于可视表征物。早期视觉系统的任务是解码这些信息,通过定位、表征和解释强度的变化,以及强度在不同的空间场上通过更抽象的属性重新组织的方式。然而,由于世界并不是一个光纤均匀的光滑平面世界,视觉系统也必须表征和解释光线强度的逐渐变化,因而,这里涉及到了过滤信息的非注意选择机制。马尔用"早期视觉"或"纯粹视觉"这一术语来描述构建二维视觉草图的加工种类:在不借助任何对所视目标物特征、用法、功能的假设的前提下,通过纯粹的数据加工重现目标物。

根据福多的观点,具有模块性的知觉系统具有认知不可渗透性,但是知觉模块的认知不可渗透性并不能说明该系统有信息封闭性。某个知觉信息加工系统有可能不会受到认知影响但会受到其他知觉模块的影响,比如借助其他感觉形态(听觉、触觉)加工信息的知觉模块。派丽夏恩的假设"早期视觉具有认知不可渗透性"和"知觉过程中不同感觉形态之间的互动"是一致的,这比福多的模块性假设要更可信。而马尔是通过临床神经学中"只有从远方目标物自然轴的角度观看目标物(早期视觉根据轮廓建构深度的一种几何属性)时才会导致因右顶叶损伤而引发的物体识别障碍"[1]

---

[1] Marr, *Vision*, San Francisco, CA: W H Freeman, 1982, pp. 13–15.

的发现佐证了"形状的构建由视觉系统不借助有关目标物的语义输入独立完成"。派丽夏恩的"早期视觉"和马尔的观点并不类似,但是"二维视觉草图"是以视觉层次概念为基础的,这也成为"早期视觉"的实证基础。"早期视觉"不涉及以观察者为中心的表征,只有在早期视觉有固定形状后语义信息才能反馈到早期视觉加工。早期视觉的输出至少包括了物体表面形状、闭合轮廓及细节,即使在困难环境中(该环境中的人可能期望视觉使用一些语义信息来补充或分清视觉输出),视觉也可以独立地以观察者为中心来决定形状。按照派丽夏恩的观点,早期视觉在构建目标物的原始表征,并且注意力不直接参与早期的视觉加工。

福多的"信息封装性"、派丽夏恩的"早期视觉"、马尔的"二维视觉草图"都表明早期的视觉信息加工具有认知不可渗透性,这是知觉具有非概念内容的必要条件,而且早期视觉加工时不受注意力影响,注意力的影响仅限于后期视觉前知觉分配。近年来的研究越来越倾向于证实"早期视觉"的存在以及认知的不可渗透性,这是以目标为中心的物体知觉体验,是不以观察者为中心的表征。知觉的认知不可渗透性说明了非偶然性原则,即蕴含于视觉图像中的那些规律反映了客观世界的实际的规律性,且不依赖于一个给定观察点的次要特征。也就是说,视觉映像中一个二维特征可能就能说明物体的三维特征,或者说,如果早期视觉存在,那么无论观察角度或观察条件如何的不一样,被观察的对象特征是固定的、在不同的观察者之间是可以达成共识的。然而,事实上这种同一观察目标能够达成共识的情况并不常见,我们在知觉物体的时候除了受观察者本身的认知经验的影响外,光线、角度、亮度、背景信息等也会影响对物体的知觉。那么,我们的知觉体验究竟哪些部分不受认知因素的影响,哪些是受到认知渗透的呢?

## 二、高层次知觉内容和低层次知觉内容

根据早期视觉和后期视觉的划分,一些研究者在此基础上提出了与视觉体验内容相关的观点:高层次知觉内容和低层次知觉内容的存在与区

别,前者是指被知觉物体的形状、颜色、空间位置及对象特征的内容,一般发生在"早期视觉"阶段;后者是指由信念、判断、欲望、记忆等所引起的视觉体验在内容或显著特征上确实发生了变化的内容,通常被认为是发生在后期视觉处理阶段。知觉的这两种或两个阶段内容的划分用以解释认知在知觉经验中是否起作用以及如何发挥作用。

心理学家布鲁纳和博斯特曼(Bruner & Bostman)通过实验发现:所有知觉经验都是分类加工的最终产品;知觉就是分类加工中的器官根据线索推断类别;一种刺激的知觉效果,必定依赖于器官的设定或期望。当被试期待看见某一项属于特定类别(扑克)的目标物(红色方块)的瞬间,即使目标物的颜色异常(比如黑色方块),被试也会说目标物和他们期待的颜色一样或接近。布鲁纳和博斯特曼对于被试所述内容的解释是,期待影响刺激物的知觉。如果期待是由概念记忆颜色决定,那么,概念编码的信息或者信念就随意地影响了产生颜色感知的机制。汉森(Hanson)等人利用颜色感知的实验得出了低层次知觉机制上的高层次认知效应的结论。此外,在句子的听觉认知、词汇的视觉认知、大小知觉对价值的依赖等领域中也有类似的发现。上述实验结果验证了早期视觉认知渗透的一个条件:如果一个系统具有认知渗透性,那么,该系统的计算功能就可以感应到目标和信念,并通过一种方式(一种和这个人所说的东西存在逻辑关系的方式)对其进行修改。应用到知觉中的语义一致就是知觉内容和认知系统之间的一种关系:虽然视觉状态的内容可能是非概念的、认知状态的内容是概念的,但是如果视觉状态内容的正确陈述需要借助能指定知觉状态内容的概念,那么这两种内容之间的语义关系就成立。

知觉经验是否具有认知渗透性争论,其实质是关于经验的可接收内容的争论,而争论也主要集中在人类视觉体验的内容上。一种观点是,我们的视觉体验只有"低级"的内容,即低层次视觉内容,比如关于形状、颜色、空间位置及对象特征的内容。例如,假设在你面前的物体是你的哥哥,一开始你只有这个人的轮廓,有衣服的大概颜色,以及身高等等这些不可更改的表征内容,但只是一个模糊的轮廓,不涉及细节,这就是"低层次知觉内容"。但后来你意识到这是你的哥哥,形成这个判断可能是无意识的、自发的、不受控制的，发生得非常快，其原因也许是你的视觉体验在内容和显著特征上发生了变化，但这仍然是一种判断。这个物体是"一个人"且是"你的哥哥"的表征是在视觉体验的基础上与记忆和背景知识一起形成了一些认知状态的内容。这种认知状态的变化是由信念、判断或记忆所引起的，视觉体验在内容或显著特征上确实发生了变化，认知渗透于这部分内容，是自上而下发生的，被称为"高层次知觉内容"。

在视觉体验中认同高层次知觉内容存在的人一般拒绝认知不可渗透性观点。因为许多关于"高层次知觉内容"都是基于"学习可以影响一个人所拥有的视觉体验"这样一个观点，即认知上不掺杂的视觉系统只有有限的表征能力。因为只有大多数人在不同地点、不同时间能够表征同一事物的一致特征的能力，才是表征的能力。这些表征能力将扩展到形状、颜色和大小等属性。但是，根据环境的细节和对特定人类有用的技能，视觉系统可以通过反复接触它们并通过认知系统的自上而下的影响来表征新的物体及其属性。人类的视觉系统并不是已经就具有了表征某些事物特征的能力，比如"你的哥哥"，只是人们在和这些物体接触的过程中注意到了他们的某些典型特征或其区别于同类物体的独有特征，这些特征通过记忆内置到视觉系统中，于是我们形成了对这些物体的表征。当然，人的视觉系统不可能内置所有进入到视觉系统的内容，那样对于人类来讲将是巨大的负担，而且不是所有的人都会遇到相同的人或物。因而，视觉体验具有高层次知觉内容的一个非常合理的机制是视觉系统被认知系统渗透。虽然视觉系统可以在一个人的一生中被改变，但它不会被认知所改变，即使它是由某种非认知过程所改变的，也仅仅是在视觉系统中所发生的联想过程的改变。

"低层次知觉内容"的重要论据是视觉错觉的持久性。视觉错觉的持久性是指一个人的视觉体验将世界呈现为一种方式，即使你知道世界不是这样，但仍继续这样做。比如，在穆勒-莱尔错觉中（如图5.1所示），一个人的视觉体验是这样的：水平线似乎有不同的长度，即使当一个人知道线条是相同的长度时，这种体验仍然存在。也就是视觉表征的是一个东西，但是认知体验又是另一个东西，感性经验的内容与信念内容存在不一致性，即认知没有在知觉体验上渗透。有研究表明，如果一个人没有在"木匠"环境中长大（一个包含许多直角的环境），那么他一般不会受到这种错觉的影响。因为成长环境中，他了解了关于距离、长度线条、表面趋同角度之间关系，因而，包含这些事实内容的信念已经成为他们认知系统的一部分，这些事实成为其经验或信念的一部分保留在认知记忆中，所以，有时某些线条的长度即使表征出来是不适当的，但也不会发生判断的错误。

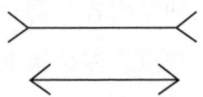

**图 5.1　穆勒–莱尔错觉图**

　　大量的神经学和神经心理学的发现也表明了"低层次知觉内容的存在"，同时也验证了马尔在对象识别的过程中"二维草图"的存在。比如视觉失认症，指人的视觉对刺激（颜色、物体形状、面孔）识别能力的丧失。许多研究者的实验表明，视觉处理过程的各个阶段具有相对的独立性：早期视觉处理功能的损失会导致高水平视觉识别能力的损害，但高水平视觉识别能力的损害却不会伤及低水平视觉能力。又比如，大脑左半球的损伤会伴随着语义记忆能力的损伤，这种损伤直接导致了人们在对象的类别、分类、属性和功能的知识被削弱或无法获得。研究发现，患者通常在观察初始是以对象为中心进行表征的，他们能够成功地匹配任务、绘制对象，从复杂的视图中识别对象——语义障碍既不影响感知，也不影响观察。这在一定程度上也表明了福多的早期视觉信息模块很可能由一组相关联的子模块组成，这些模块包括形状、颜色、运动、立体视觉和亮度，它们在功能上是独立的，而且是并行处理刺激信息的。信息的这种"水平"或"横向"流动不会影响早期视觉内容的表征，也在一定程度上符合早期视觉的认知不可渗透性观点。

　　经错觉、"二维草图"、模块化和信息封装性的讨论，不断地证明了"低层次知觉内容"的存在：视觉在处理场景中的表面阴影、纹理、颜色、双目立体视觉和运动分析的过程中,首要目的在于捕获信息,这些信息可以直接从初始光学的阵列中提取出来,而无需借助于高级知识和注意。正是在这一层次上,非概念性内容由一个人的知觉系统传递,表象的循环就被打破了,人才会接触到世界。"低层次知觉内容"本身是世界作用于我们的知觉系统和我们对数据输入的封装处理的产物。非概念内容是通过这样的非中介方式从场景中自下而上地检索出来,以认知封装的特性,通过一些由视觉系统建立的、与世界有因果联系的内容。

福多的模块性、马尔的二维草图以及派丽夏恩和拉米的早期视觉,都阐释了自下而上的非概念性内容的存在;而高层次知觉内容和低层次知觉内容的区别则进一步将非概念性感知和概念性感知、视觉感知和视觉理解区分开来。所以,我们在"知觉的认知不可渗透性"中主要强调的是"非概念性内容"的存在,它是非认知感知的,而认知感知则涉及到了概念性内容。

## 三、非概念性内容及其特征

由前述可知,知觉的认知非渗透性和"低层次知觉内容"的存在都直指"非概念内容"是存在的,其存在的理由如下:

第一,概念或符号是根植于物理世界的,而不是相反。根据描述性的参考理论,符号与构成其意义的头脑中的概念相关联。这里的概念决定了人们从周围环境中挑选与"概念"描述相符的对象,因为概念描述与该对象的某些特征相符,于是被锁定。但是有些特征并不是该对象的唯一特征,它还需要借助其他对象类似的符号来进行描述。而非概念内容是我们的感官与世界的直接接触,不需要概念作为中介来解释世界,它具有纯粹性、透明性、直接性。这种直接性不受概念的调节,是世界在我们身上的直接因果印记。

第二,表征对象的稳定性。如果对象的概念是由一组描述定义的,即使人们表征这个对象特征的信念发生改变,却仍可以继续描述这个对象,描述就是用非概念的方法来指征对象。一个人直接进入他的环境是通过他的经验，找到这样一种非概念的参考方式需要至少部分经验的内容是非概念性的。当我们把属性赋值给一个对象需要一个"指示性"指认，这种指认以某种方式挑选对象，但却不对其任何属性进行编码。此外，非概念性内容使得人们在看到一个物体的同时对它形成错误的知觉信念成为可能，就像幻觉一样，这是因为知觉是以概念为中介的，一个人所看到的将由他所相信的关于客体的情况所决定。如果一些非概念性的内容决定了一个人的知觉状态的内容，那么一个人所感知的东西就与其所形成的关于知觉对象的知觉信念是相互独立的。

第三，从经验的"现象性内容"的丰富性和精确性特征考虑。通常，人们经验中的现象性内容比试图描述它的任何尝试要丰富得多，因而，不能只依靠概念符号描述。经验的现象性内容是导致经验"现象性特征"的原因，因为这里涉及到了"体验"。现象性特征是一种经验所具有的某种表征性内容，但是，存在着非概念性的表征内容，这一内容不是现象性的，因为它是主体无法意识到的、亚个人信息处理状态的内容。

由此可知，知觉的非概念性内容是存在的，它独立于人们的认知信念，并以自下而上、非渗透性的方式表征着早期视觉信息的内容，其基本特征如下：

首先，"非概念性内容"就其本身而言，它与概念性内容都不是各种内容的属性，"概念"与"非概念"是相对于人的意义而言——你的非概念内容可能是我的概念内容。这就存在一种可能性，即存在具有概念性内容的视觉非概念性状态，也就是说，视觉输入的信息对于我来说是非概念性的，因为我还没有确切的概念来描述它们。克兰（Crane）认为，"X 处于一种非概念状态，是因为 X 不需要拥有表征内容的概念才处于这种状态"[①]。同样，泰普（Type）也认为，如果一个精神内容的主体不需要拥有任何进入该内容确切、规范的概念，那么该精神内容就是非概念性的。也就是说，如果表征的内容是"非概念性的"，那么，就表明主体不需要

---

① Crane, *The Nonconceptual Content of Experience*, Cambridge University Press, 1992, pp. 55 – 60.

## 第五章 知觉内容

拥有那些通过该方式来正式定义的对象的属性。更具体地说，对于任何具有内容的状态 S，S 具有非概念内容 P，如果 X 在 S 中的事实并不意味着 X 拥有规范描述的 P 的概念，则 X 不需要拥有在 S 的内容中输入的概念，这些概念也就充分说明了该内容。

非概念性内容是经验状态的内容，它只对与之有因果联系的世界状态敏感，且不受感知者的概念状态的影响。感知让我们与对象处于一种新的、非描述性的关系之中。当一个人形成一个信念时，这个人就处于"一个适当的非概念的、与信念所指对象的上下文关系中"①。斯托内克尔（Stalnaker）认为非概念性内容必须通过与世界的因果联系直接确定，且不依赖于人的认知状态②。马丁（Martin）也认为，事物的外观不应受到感知者所拥有的概念的限制，非概念性内容只受一个人对世界的敏感性限制③。布尔根（Burge）则强调了感知与世界之间的直接联系，这些联系使感知者获得世俗的物体及其属性，即熟悉对物体的感知意味着一个人直接（没有任何概念中介）与物体本身接触，并从物体本身而不是通过描述检索有关该物体的信息④。总之，如果信息内容是不依赖于主体意识状态而进行的规范性描述的内容，那它就是非概念性内容。

其次，非概念性内容是表象性的，它表征了世界的现状。非概念性内容表征事物结构化存在的状态：或者表征对象的存在，或者表征某种关系的存在，或者表征经验的主体，也就是同样的内容不要求拥有它的人必须具备用语言来描述它的概念，也不要求拥有这些概念的人必须运用这些概念。泰普认为视觉体验的内容基本上是非概念性的，只要内容包含事物的存在状态：属性和关系，以及经验的主体，那么，它们就是非概念的。比如：

---

① Martin, "Perception, Concepts and Memory", *Philosophical Review*, 1992, p. 101, pp. 645 – 663.
② Stalnaker, *Nonconceptual Content*, The MIT Press, 2003, pp. 202 – 226.
③ Martin, "Perception, Concepts and Memory", *Philosophical Review*, 1992, p. 101, pp. 645 – 663.
④ Burge, "Belief", *Journal of Philosophy*, 2000, p. 74, pp. 338 – 362.

假设我看到一个物体 O，其表面是红色的，我的视觉体验直观将 S 表征为具有红色的属性。在这个层次上，当且仅当 S 是红色的，我的经验是准确的。但我的经验与其他一些视觉经验也有某些重要的共同点，而不仅仅是针对 S。假设，O 被另一个物体 O'所取代，它看起来就像 O，或者我想象了一个红色的表面，它和 S 一样。在我看来，上述三种情况都表明我面前有一个红色的表面。确切地讲，从现象的角度，当且仅当有一个红色的表面在我面前，这个内容是存在的，不涉及 S，尽管它也包括经验的成分。①

泰普将内容表征为一种"红色表面"的视觉体验类型与一种"红色的表面是 S"的视觉体验标记进行了区分，从现象上，强调的是我面前是否有一个红色的表面（一种类型），而不是那个表面是否是 S（一种标记）。这两种体验的共同点是表面都是红色的，从现象上，在正确性条件相同的情况下，我看到 O 有 S 和我看到 O'没有 S（回忆 S 是 O 的表面），即（1）如果我的经验是准确的，是说如果我的面前有一个物体 O 表面是 S 这个经验是准确的。（2）内容是表征了某种经验状态，而且是一个最小的状态。从现象的角度，内容只能表征类型，而不是标记，因此，非概念现象内容是关于实体类型的，而不是关于实体标记的，它不是关于特定项目的结构化综合体，而是关于事物结构化存在状态，包括属性和关系等。所以，表征非概念内容的结构化存在状态是一种结构化的事物状态，它断言对象的存在，或者断言表面具有结构化属性和关系的存在（即使对象不是"S"的），这就是为什么这些状态不是关于对象标记的。

此外，还有一种情况是想象我的面前"有一个红色的表面"，尽管它与其他两种情况都具有相同内容，且想象的"感觉"与其他两种情况完全相同，这种情况被泰普称之为"外部主义"。外部主义认为，任何精神状态都不能独立于该状态具体的承担者及其与环境的关系。这意味着一个人的精神状态不能仅仅通过对其内容的反思来确定。因而，即使当我想象我

---

① Type, *Perceptual Experience*, Oxford University Press, 2006, p.508.

面前有一个红色表面时,我所处状态的内容在现象上与我的视觉体验的内容完全相同,当我真正看到我面前的红色表面时,这两种状态却并不相同,因为在后者中,红色表面确实存在。这两个状态可能有相同的"内部内容",但它们却有不同的"外部内容"。

从非概念内容表征世界的方式来看,非概念内容表征的是对象的类型,而不是对象的标记。也就是说,主体在没有注意的情况下形成的物体的表征,尽管伴随着现象意识,但这是对象类型的表征,而不是对象标记的表征。对象类型的表征不仅涉及视觉场景中对象的个性化和相关感知属性的激活,还涉及进一步构建有组织的表征,其中这些视觉属性被归因于它们在外部对象和事件中的来源。换句话说,在没有注意的情况下,我们只可能构建包含少量信息和缺乏关于对象具体细节的对象的不稳定表征。

最后,非概念内容表征的对象是在空间和时间上持续存在的独立的实体。尽管非概念内容是关于对象类型的事实,但并不意味着它不表征具体对象的存在。非概念内容是关于事物结构化存在的状态,在这些状态中,表征对象是具有属性的、非具体的存在。非概念内容的描述不涉及感知者的概念框架,它只涉及状态内容。如果视觉体验具有上面描述的内容,那么,它就是严格意义上的非概念性的,即这种内容的决定因素是感知者与世界的因果联系:为了让 A 把 X 理解成 F,A 必须以这样一种方式与 X 相关,即 X 是 F,如果 X 不是 F,则 A 就会有不同的非概念内容的体验。在知觉中,信息是自下而上检索的,如果环境是 XX,那么,在现实感知中,它将被认为是 XX;如果它是不同的,它所引起的感知状态也会不同。

从反事实的角度,知觉是二维的:它沿着事实维度和透视维度变化。事实维度是关于事物是怎样的;透视维度是从感知者角度看事物是怎样的。如果一个感性的经验在其内容的两个维度上都是真实的,那么,它就是真实的,也就是感知的因果解释也必须能解释感知的透视方面。非概念性内容的一个组成部分是场景,它决定了感知者与视觉场景之间的相对空间关系。同样的原因也适用于对内容的事实维度的因果反事实解释,如果感知者与视觉场景之间的相对空间关系不同,视觉场景在感知者看来就会不同。这里所解释的非概念性内容提供了一种正确的反事实的支持关系,这种关系遵循知觉内容的透视维度。

从世界的因果联系看，如果一个对象的内容与对象的承载者所相信或知道的任何事物是固定的，那么，这个对象的内容就是非概念性的①。非概念性内容是通过与世界的因果联系来确定的，它表明人的感知状态与认知状态彼此独立。如果 X 具有（或被认为具有）因果关系（或名义上）的内容以某种方式连接到实例化的 Y，则 X 处于非概念内容 Y 的表征状态。这种定义方式切断了非概念内容和概念之间的联系。

总之，概念性内容被认为是在早期视觉中形成的状态的内容。非概念内容在早期视觉或感知中产生，经过自下而上地横向和局部自上而下（自上而下的过程在早期视觉系统中受到限制，因此不会给早期视觉处理带来认知影响）地扫描后表征视觉信息。早期视觉从环境中以纯粹地自下而上的方式提取信息，从而排除了任何自上而下的认知效应。早期视觉过程在认知上是不可渗透的、在内容上是非概念的。另外，非概念性内容是预注意（注意是基于对象的注意）的，它表征对象的类型而不是对象的标记。

## 第二节 知觉内容的认识特性

关于知觉内容表征的认识特性问题大致有两种观点："知觉表征了对象的低层次属性"的观点和"知觉表征了对象的高层次属性"的观点。两种观点的核心问题是知觉表征的过程中是否具有认知渗透性：前者将早期视觉的存在作为主要论据，认为视觉加工初期的内容不能被大脑的高级认知系统所改变，这是认知非渗透性的立场；后者则以"联想失认症"患者的实例为据，认为感知与识别需要感知者有内在的能力，是认知渗透性的立场。我们从"下向因果关系"的角度阐明：知觉表征的过程是认知渗透的，知觉内容是对象高层次属性的表征。在世界和我们对世界的信念之间

---

① Burge, "Belief", *Journal of Philosophy*, 2000, p. 74, pp. 338–362.

有一个感官中介,它不是单纯地对世界的影像复制,而是世界在我们心中的表象。

根据知觉的认知渗透性假设,认知状态如信念、欲望及其他可能的认知状态会影响知觉加工,这些认知状态能够决定主体的知觉内容和知觉经验。简单讲,如果认知可以渗透知觉,我们的想法就会影响我们看待世界的方式。但是,与此相反的观点认为,观察者所持有的信念或认知经验之间的差别并不阻碍观察者在感知上达成共识——知觉经验的表征是自下而上的过程、是低级属性的表征,尤其是早期视觉表征的内容,是非概念的、准确和不容置疑以及非认知渗透的。那么,知觉表征是否具有认知渗透性?表征的知觉内容是否是准确和不容置疑的?知觉内容是否是非概念的?关于知觉表征内容的高、低属性的划分是否合理,二者是否具有彼此相互的独立性?我们将一一探讨。

## 一、知觉经验表征的特性初议

关于知觉所表征的内容是否渗透了主体的意识以及是否有认知活动的参与,大体上有两种观点:第一种是知觉体验具有认知渗透性,即知觉表征的内容带有主体的信念和经验,内容的判断是依据主体对表征对象的已有概念而非有意的认知加工。另一种观点是,知觉体验在最初的阶段是经过非有意识参与的感官无差别的、确定的知觉表征,它是感官的直接作用,没有认知渗透,也没有主体信念、是非概念的内容;后期的知觉表征则是在知觉对象与主体间融入了"表象"这个感觉中介,进而在认知加工下进行的、概念化的判断。两种观点并非完全对立,但是在认知渗透的视角下,两种观点还是进行了激烈的争论。

通常,假设知觉经验能表征物体的某些属性,这些属性包括颜色、形状、大小、在空间的位置、温度、某种气味或味道等等。这些物体可能是人造的,比如一把椅子、一台冰箱;也可能是一种自然存在的东西,如一棵树、一个小动物或者一片云……以视觉经验为例,大多数人认为视觉经验表征了物体的形状、大小、颜色和空间位置等等,这些都是与物体外观相关的属性,是低级属性。单从视觉来看,视觉是不能把物体的所有属性都表征出来的。其原因有二:第一,视觉系统不能表征其他一些属性,比如,这个物体周围的磁场,这个物体存在时间的长短及其与周围事物的关系,等等。第二,视觉经验所表征的东西和之前我们对这个东西的认识常常有区别,这就是我们通常所说的"我看到了",但严格意义上讲,"是经过反思后,我们确信自己是相信或知道了"。比如,晚上回家抬头看见自家窗户里亮着灯,我们会说"家里有人",因为我们相信晚上家里有人才会亮灯。但确切地说,家里真的有人吗?我们对晚上家里的印象是什么呢?因为我们只是看到了家里亮着灯,这种信念源于视觉表征的推断。上述情况表明,视觉表征在某种程度上的局限性——人为的、特定的、因果关系的、物体背面的性质、物体被遮挡部分的性质、方向性等是不能被表征出来的。如果我们能清晰地描绘出每个人都认为可以表征的某个物体的特征,而该物体不能为视觉所表征的特征则不能描绘,那么,达成这样的共识是最好的了。然而,事实并非如此,每个人对事物视觉表征的特征描绘包括对颜色的区分、物体的形状、物体在空间的位置及其运动等等是很难达成共识的,还由于观察个体所处的位置和角度不同,光线的明暗等造成了"横看成岭侧成峰,远近高低各不同"。

  由于个体的经验不同,人们对物体低层次属性特征的表征也不同。比如色盲,他们的视觉经验要比正常视力的人表征更少的颜色;音高完美的人可能会表征出比普通音高的人更具体的音高信息。又比如儿童和成年人,他们对形状的认知:椭圆和圆、长方形和正方形……儿童倾向于表征出概念外延更广的形状信息,成年人则会细化。因此,当人们表征对象的特征时,通常是在问正常人的经验表征的是什么,或者是说一般情况下,大多数人表征出了什么样的特征。这时,人们需要确定的、可达成共识的答案,但是,每个人实际上在做内省的工作,即所观察对象(目标物)是以什么样的方式被表征,进而报告出它们所表征的世界是什么样的。这一表征过程中主体是不自知的或非有意识的,也就是说,我们不知道自己正在做什么工作,不知道知觉和经验是如何影响我们所表征的视觉信息内容的。

# 第五章　知觉内容

通常，一个人看到一只小猫，听到一只鸽子的叫声，我们说这两种情况是这个人的视觉体验和听觉体验。对于两个人而言，如果你和我都看到了这只猫，都听到了鸽子的叫声，那么，这是两种知觉体验，无论你和我的体验是否相同。一些哲学家认为，视觉和其他种类的视觉体验是有意识的心理事件，即我们经验所表征的并不是我们通常所认为的——一些诸如颜色、大小、形状等物体的基本属性，而是表征的其经验所具有的心理属性。所以，知觉经验的特别之处在于经验内容及其意义的"发生"。换句话说，就是知觉经验的存在是内省的，内省将我们的经验表征为知觉内容的属性。内省将看到的、听到的、闻到的关于物体的属性进行了分类，我们所见、所听、所闻是识别这些属性，是这个物体的物理刺激信息与信念中的概念进行匹配和对比的结果。事实上，认知科学家已经区分了许多不同种类的注意力，但好像没有提到"我们是否注意到了我们的经历及其必要性"。也正如研究者泰（Tye）所言，"在将一个人的心向内转向关注体验时，这个人似乎最终转向了再次关注外部，关注外部的特征或属性"。我们没有注意到我们的经验是通过"看内部"——通过内省的知觉能力实现对外部世界的知觉体验的，但是怎样才能注意到呢？一般是通过外部观察来实现，即通过注意物体的表面、颜色、形状、位置等该物体明显拥有的特征，我们才意识到我们正在经历视觉体验。

与上述观点相反，有些人认为知觉经验在我们的非概念状态中产生，这些非概念状态是必要的结构，是它们将知觉内容与知觉判断建立了证据关系。传统意义上的感官特性将刺激信息分解成持续存在的固体，并以一种适合于判断和推理的形式完成了感知和判断之间的匹配问题。事物的许多属性，如颜色、运动、形状、时空属性、相对空间位置等是我们的早期视觉或前注意发现并解析的、独立的、持续的感知经验，而在此结构基础上形成的理性思考和认知判断及其概念分类则是第二个层次的知觉经验，是认知渗透性和高层次的知觉表征。感知是早期视觉的更高层次理性活动作用的前提——"要有足够的能力与他人互动作为前提，我们的知觉输出必须已经被分类概念以及识别和个性化个体的原则所理解"。

派丽夏恩将视觉信息表征的过程分为了两个阶段：早期视觉表征和后

期视觉表征，并提出了一个"早期视觉"概念，用以描述视觉加工初期的过程。他认为，早期视觉系统的内容不能被大脑的高级认知系统所改变。从功能上，他将早期视觉系统定义为一个系统，该系统将来自眼睛的注意调节信号（可能还有来自其他感官模式的一些信息）输入，产生形状、大小和颜色表征，进而以视觉特性的表征输出，之后，这些表征被认知系统利用记忆、知识和判断进行分类与识别。派丽夏恩认为，早期视觉的内容在认知上是不可逾越的，也就是说，不会由于认知系统内容的改变而改变。简言之，如果一个系统在认知上是可渗透的，那么它会将有机体的目标和信念以一种与人所知的、具有某种逻辑关系、语义上连贯的方式被改变。鉴于此，派丽夏恩假设一系列早期知觉加工可以从思维中独立出来，并将其描述为垂直认知结构中的不同项目，即认为部分视觉知觉具有认知不可渗透性，他把这部分视觉称为"早期视觉"。早期视觉包括从刺激开始到以自我为中心地表征物体表面的一系列视觉加工。早期视觉加工阶段的场景被分割出一部分，称为"原始视觉物体"，也就是通常所说的"原型物体"。同时，派丽夏恩提出视觉知觉渗透的系统假设：物体识别和鉴定的视觉剩余部分（后期视觉）适合长时记忆、语义信息（如种类信息的概念编码）、知觉主体的注意力和意识等。

  如果早期视觉是存在的，那么感知机制就是自下而上地检索表征对象的属性的，在这个意义上，知觉经验及其特性就被赋予了感知状态结构化的内容。视觉如果是准确的，它将为我们提供一个真实的、非意识参与的外部现实。因此，感知传递的是原始的数据或印象，在世界和我们的信念之间还有一个中介——感知中介，它是世界在我们心中的表象。研究者马丁（Martin）进一步解释，当一个人看到大海的时候，他感到非常的愉悦，那是因为他体验到了蓝色的、广阔的海水，他对这样一个具体的东西感到兴奋。所以，他认为我们应当区分知觉的内容和内容的意义及其指称。在他看来，通过观察海洋和它的蓝色，视觉体验使之成为相应的知觉状态的表征性内容，即表征载体或内容的形式。但是，海洋和它的蓝色作为通过观察和反映（内省）一个人的经验的知觉对象，是否可以算作具有意义的概念性内容是尚不明确的；海洋和它的蓝色是否是指向性或命题性也是值得怀疑的。换句话说,不清楚它们是感官的东西还是内容本身,蓝色的海洋本身不是让人愉悦的经验内容,愉悦是内省的、是将海洋和蓝色作为指示物——概念和属性组成的内容感到兴奋"。

在知觉经验是否具有认知渗透性的这个问题上,两种观点都没有足够的理由驳斥对方,也没有确切的证据证明知觉表征是否存在两个阶段或只是一个阶段。于是,双方都在试图寻找新的"科学证据"。

## 二、知觉体验表征了对象的低级属性

"知觉体验表征了对象的低级属性",这一观点认为,如果两种经验在它们所表征的事物上不同,则它们必然具有不同的现象性特征,即对于主体来说,"这个东西是什么样的",因此,每个人的体验是不同的。这是一个普遍的假设,两种物体只有在它们具有不同的现象性特征时,才会不同。其次,如果一个人承认表征主义,即现象性是表征性内容的后续,则两者在本质上是相同的;在知觉内容表征的认识特性上是达成共识的;至少在很多情况下,一个主体在一段特定的时间内,现象性特征的差异会伴随表征性内容的差异,反之亦然。

根据上述观点,现象性特征上的差异是否是表征性内容的差异呢?一个似乎合理的回答是:面对一棵松树,当你是个新手(没有见过松树)时,你会确信在你面前的是一棵树;而当你是个专家(见过并了解一些松树的知识)的时候,你就能给出更具体的表征:这是一棵松树。显然,这是两种不同的经验所给出的答案。也就是说,现象性特征的差异源于个体信念的不同,而视觉内容产生的差异所需经验上的差异其实并不存在。另一种回答则认为现象性特征和视觉表征内容存在差异,也就是说,作为自然种类的"松树"会在视觉表征的内容中直接表征出来,因为在专家"注意"这颗"树"的时候,某种轮廓、形状(整棵树的轮廓)、树皮上的图案或树叶和树皮的颜色对你来说就会变得突出。当然,如果你是第一次看见这棵"树",这些突出的特征也被"看到",但是,只有当你是专家时,这些特征才会被表征出来,或者说这些特征在你的经验中更详细地表征出来。专家会注意到这些特征，他的眼睛会更关注这些特征。这种回答表明，现象性特征的知觉标准是很难确定的，而如何确认一个人的知觉是现象性变化还是其他方面的变化也是非常困难的。

因此，视觉经验和种类经验只有在他们具有不同的现象性特征时，才具有不同的内容这一想法开始，低层次理论观点就用一个接一个的案例进行了论证。该理论试图论证知觉和体验（视觉内容和现象内容）尽管具有不同的表征内容，但由于具有相同的现象性特征，因而可以表征同一件事。视觉内容与现象内容所共享的部分就是低级的内容（颜色、形状、空间位置等）。比如，学者科林·麦金（Colin McGinn）认为，我们应该将视觉体验的内容限制在那些可以概括的、而非特殊命题的内容。比方说，你想像面前有一台电烤箱，但你的视觉经验并不能表征这个烤箱就在你的面前，因为你看到的是一个与烤箱外观很相似的微波炉，你产生了相同的知觉经验（方方的铁盒子，颜色为黑色，上面有很多按键和指示的字体）。科林·麦金认为不同的物体可以有相同的外观，可以在个体上产生相同的经验，所以，我们不能表征一个特定的物体在眼前，只能表征在我面前存在着一个特定种类的物体、一个映入眼帘的特定物体——你想象的内容，只是信念的内容，而不是知觉经验的内容。

贝内（Bennet）等人运用现象性对比案例的方法，想进一步说明知觉经验是分层级的：低层次的知觉经验应该是具有一致性和确定性的。他们对患有联想失认症的病人进行了分析，认为这类病人依然有感知低级属性的能力，他们丧失的是将低层次知觉内容进行进一步的认知加工，进而形成判断的能力。运用这种方法，如果知觉内容取决于认知影响，则低层次内容似乎就源于分级，而且认知之间就会存在连续性。弗雷德·德瑞特斯克（Fred Dretske）设计了一个思维实验——"高迪洛克斯测试"（Goldilocks Test）来反驳高层次知觉内容表征。在实验中，实验被试有想象力，他们能够通过绘画表达自己的知觉经验。实验的主试能知道每个被试的知觉经验，而后再将这些知觉经验进行对比，结果显示：一个人越是思考某事物，某事物就会越发膨胀、清晰。学者普莱斯（Price）表示，当我看到西红柿的时候，我有很多怀疑：怀疑我看到的是不是西红柿？怀疑那是不是一个红色塑料玩具？怀疑是不是有什么东西在那里？他认为感觉数据是不容置疑的，也就是说，人们可以怀疑他是否看到了物质的东西，但不能怀疑这个东西的颜色和形状，人们可以对这些信念的正确性提出类似的主张。事实上，低层次理论坚信我们关于感觉特性的信念，在认识论上是有特殊性的，因为他们绝对可靠、不容置疑。

## 三、知觉体验表征了对象的高级属性

一直致力于研究认知渗透性的学者西格尔提出了与低层次理论相反的观点，他认为①，一些自然属性可以作为感知内容的特征，比如对松树的认识，假如我们在识别树木方面是一个新手，当我们看到一棵松树的时候，是有一种视觉体验的：高大、直挺的树干，特殊形状的树叶，整体是三角形状的……但我们仍不能确定这是一棵松树，而对于树木识别的专家而言，他就能很快断定"这是一棵松树"，这种差异是整体现象学上的差异，是视觉经验的现象学上的差异。而且，如果两种经验在现象特征上不同，那么他们在表征内容上也不同。即使表征内容存在差异，最好的解释也不过是松树的自然属性并没有在第一次视觉体验中被表征出来。

此外，西格尔也运用案例对比的方法，试图证明"需要松树的识别概念改变了对松树的视觉经验"。他将知晓松树识别概念的主体假设为 E（专家），而不知道松树识别概念的主体假设为 N（新手）。每个主体根据他们对松树的视觉经验画松树，然后将他们的画进行对比，如果概念能够改变视觉经验，N 的画就不同于 E 的画②。发生这种情况有两方面的原因，第一，从 N 的画并不能获知松树的视觉经验，因为 N 的画包含的信息太少。如果是这样，E 就能够为 N 的画补充一些信息，但是思维实验的前提

---

① Siegel, "Cognitive Penetrability and Perceptual Justification", *Noûs*, 2012, pp. 201 – 222.

② Siegel, "The Epistemic Impact of the Etiology of Experience", *Philosophical Studies*, 2013, pp. 697 – 722.

排除了这种可能。有人可能会问,主体们是否扫视了松树?当只有其中一位主体拥有目标物识别的概念时,注意力的运作是否相同?实验的前提决定了无论主体是否有松树识别的概念,其接受的刺激都足以让他们快速扫视目标物。为否定思维实验前提,持反对观点的人不得不坚信,如果你未拥有概念,那么你就无法获知颜色形状的视觉经验。第二,从 N 的画并不能获知松树的视觉经验,即 N 的画包含的信息太多,N 的画代表的类的特征比一棵松树更具体(比如一棵白松)。但是,德瑞特斯科指出①,如果一个人要看的是种类的属性,那么,就算看见的是区别不同具体种类的、更特殊的细节特征,这个人还是能获知种类属性。这样的话就能解释为什么 N 的画包含太多信息,也导致 E 无从获取目标物的视觉经验。德瑞特斯科总结说,N 的画包含的信息不会比 E 的画更多或更少,而是两者包含的信息相同,因为,思维实验中的画是实验被试对目标物的视觉体验,所以,主体的视觉经验信息也会是一样的。该测试认为不同的是,N 不知道色形的排列是理想化的,是知觉松树属性的一种确定的形式,因此,这将我们陷入一个两难境地:要么否定种类经验,要么将种类经验限定在非视觉的认知现象中。

要深入探讨这个问题,除了设计的现象案例对比实验方法外,一些研究者还提供了心理物理学和神经科学的依据。布瑞斯克(Briscoe)认为②,视觉系统外的信息影响低级属性的视觉经验,他提出了"共时低层次信息渗透"。比如,触觉信息对表征对象视觉外观的影响、听觉引起的灯光幻觉、本体感受的大小比例等等。而且,布瑞斯克还描述了影响视觉经验的认知渗透的真实例子:威士顿(Weston)等人在 2007 年有关艾宾贝斯幻觉(Ebinus Hallucination)的发现和处理大脑背侧视觉流的直接方法中,都发现"有意的远意识"会渗透对物体大小的知觉。

--------

① Deretske, *Vision and Mind*, Cambridge, Mass.: MIT Press, 1998, pp. 111 – 117.

② Briscoe, "Forthcoming: Egocentric Spatial Representation in Action and Perception", *Philosophy and Phenomenological Research*, 2009, 79(2), pp. 423 – 460.

## 第五章 知觉内容

"知觉经验表征了高级属性"这一观点的人认为,运用对比论证可以很好地反驳知觉经验表征了低级属性的观点。之所以称之为对比论证,是因为他们涉及到两种情景的对比,这两种情景本应在现象性质上不同,可是却在低层次的知觉内容上不同。一般来说,一个人不懂法语时听到"il fait froid"这句话的感觉和学过法语后听到同样的句子,感觉是有区别的,尽管两种声音输入是相同的。因此,高级知觉表征必须进入现象性内容,因为每一个情景都包含现象性对比,而不伴有低级表征性差异。研究者针对上述讨论也对失认症患者进行了实验研究,并提出了一个失认症的新的对比论证。失认症涉及的是并非由基本感觉功能障碍引起的感知障碍,一般情况下,理论学者倾向于将失认症区分为统觉失认症和联想失认症。统觉失认症也被称为形式失认症,主要是病患无法感知空间形式,包括感知空间形态的可入性、以及患者通常不能将重叠的物体的不同部分形成单一感知、也不能准确地复制呈现在他们面前的图像。联想失认症,其形式知觉没有受损,但患者不能识别熟悉的物体,用特伯(Teuber)的话讲,联想认症是"被剥夺了意义的正常知觉者"。研究者举了一个案例[①]:

> 患者在医院的前三个星期里,不能识别肉眼可见的普通物品。他不知道放在眼前的盘子里的东西是什么,直到尝了尝,才说出了食物的名称。医生给他看听诊器时,他说听诊器是"一根末端有一个圆东西的长绳",他还问医生,这个东西是不是手表?当患者被问及打火机的名字时,他回答"不知道",同样地,他也不认识牙刷、梳子和钥匙,他无法说出这些日常用品的名字,也就永远无法描述这些东西的用途和功能。但令人惊讶的是,当他看到了线条时,他会看着把线条画得很好,但是却不能说出画的是什么;他能很容易地把自己认不

---

① Anaki D, Kaufman Y, Freedman M and Moscovitch M, "Associative (prosop) Agnosia without (apparent) Perceptual Deficits: a Case Study", *Neuropsychologia*, 2007 (45), pp. 1658–1671.

出的物体进行匹配，也能很容易辨别出复杂的非具象图案之间的细微差别；如果把一些图片放在他的面前要求他分组，他不会根据看到的图像分类，除非告诉他每个图片的主题。

联想失认症从神经心理学角度验证了知觉经验表征的高级属性，即知觉表征中有认知渗透的作用。上述失认症患者失去了类别知觉，他们的视觉体验的现象特征已经改变。而联想失认症患者没有失去低层次的知觉内容，因为那些处理低层次内容的能力仍然完好无损，病人缺失的不是形式知觉，而是类别知觉。因此，高层次知觉内容的表征：听诊器、梳子、牙刷、打火机等都是能够进入知觉现象的内容。视觉失认症可以表现为广义的物体识别障碍，也可以表现为特定类型的物体的更局限的识别障碍，比如面孔失认症或词汇失认症（alexia）。听觉失认症是一种识别声音的障碍，或者是识别非语言声音或音乐的更特殊的障碍，如果这些失认症的每一种形式都有知觉经验中高层次现象性内容的丧失，那么，知觉经验的表征就不会是低层次内容的表征。

## 四、知觉内容的现象性表征

根据前述的关于知觉内容表征的两种观点：知觉内容表征了对象的低级属性（特征）和知觉内容表征了对象的高级属性（特征），这种划分的依据是在知觉表征的过程中是否渗透了主体的认知状态（如信念、欲望、记忆、动机等），前者在表征过程中是非认知渗透的，后者则是认知渗透的的。主体的知觉内容在表征的时候，体现了主体与客体之间的一种联系，而这种联系对于主体来讲，如果是被动的，就表征了对象的低级属性（特征）；如果是主动的，就表征了对象的高级属性（特征）。这种被动或主动都体现了心灵因果效能倾向，或者说体现了下向的因果关系。

通常，自然被看作是具备一定层级结构的，这个层级结构中低层级的事物使高层级事物得以产生。低层级的事物形成高层级事物，高层级事物影响低层级事物，这样的因果关系形成了一个流动方向——下向因果关系。从神经生理学角度，物理——化学和生理学层面的控制，被突现于有意识的心理过程层面的因果控制所取代，而这一过程包含主观经验内容的新形式。这种因果的判定是从纯粹的物理学、生理学或物质决定性层面的脑洞力学转向心灵、认知、意识或主观决定性层面的脑动力学。因此，知觉内容的表征在不与自然法则冲突的情况下，主体的认知状态在大脑的自组织形成的神经网络的活动中体现了意识功能。这种意识功能作用于被表征对象的时候是无意识的。这些神经生理活动不仅仅是神经冲动的流动交换和关联，而是更高的心灵控制、卷入、包围和调动的事件，就像电视机里的电子流被不同频道节目内容调动并分别成像。即使按照派丽夏恩的观点——存在"早期视觉"，那么，这个初期的视觉表征也不过是复杂事物表征中的一个低层级结构的现象性特征，这种现象性特征在同级的知觉内容表征（颜色表征、形状表征、位置表征）中形成了关联，通过下向因果效应突现大脑功能，形成高层级的表征意象体，实现了主体对表征对象（目标物）的识别和判断。

布鲁尔（Brewer）等人否认认识论上的"感觉"（低层次知觉内容）可以作为一个独特的知觉阶段存在，认为知觉是内在的，知觉内容的表征从一开始就是认知渗透或概念性的。尽管外部世界是经验片段的原因，但是经验状态的内容在本质上是概念化的。也就是说，非概念意旨的感觉阶段（早期视觉）在认知上是无用的，因为它不能用来表明和解释基于经验的信念，信念不存在，则"给定的东西"就没有表征内容，其特性也与世界无关。

根据下向因果关系，如果知觉经验的变化不伴随着一些低层级知觉内容的现象性变化，那么，高层级的感知内容是不可能发生变化的。低层次表征内容和高层次表征内容的因果关系的产生依赖于时空关系的经验，而高层次的知觉内容表征是低层次知觉内容表征之后的。因此，任何高层次知觉内容的改变，都需要低层次内容的改变。所以，我们不应假定：凭借低级表象，高级现象内容得以固定，而这些低级表象本身必然是现象意识的。就像学者泰所言："在我们看来'没有任何东西像老虎'这个术语的现象意义上是'在我们看来，可能除了老虎以外，没有其他的生物很像老虎'。"从视觉表征的低级属性来看，目标物都有着相同的特征或属性，但是，为什么我们会把"裂缝"误认为是阴影呢？为什么会把红糖水误认为是可乐呢？电视、电影里的道具为什么看起来就像是真的一样呢？是因为对目标物的表征不仅仅是物理作用，"非物理的原因"将心灵属性成为了物质对象的属性，这一情况是符合物理因果闭合原则的。也就是说，信念、欲望、记忆等认知状态尽管不能还原为物质对象的物理属性，但是其效应或功能影响了主体对物质对象的认识和判断。

其次，在知觉表征中下向因果关系还体现了一种能量的传递。如果认知状态影响对象的知觉表征，那么，就必须有一些能量传递到所表征的物质对象（或物理世界）。这种传递能量的过程是大脑神经中枢的控制和分配。比如，联想失认证患者低层次知觉受到了一定的损害，但其表现是哪里受到损伤了呢？尽管患者不能将物体分类，但他们可以将它们与视觉上的物体进行匹配，在即时视觉回忆测试中（看到线条，可以把线条画得很好），他们表现得非常出色。还有，患者把一个物体看成听诊器和不能识别它之间的现象对比就体现了大脑对知觉表征的能量传递的重新分配——高级表征可能同时以两种方式刺激现象性内容，间接地、因果地重组低级知觉内容，使得知觉经验本身可以成为现象内容的特征。

而且，下向因果关系体现了现象表征的格式塔原则，也就是知觉表征的整体性原则。如果低层次知觉内容表征独立于高层次知觉内容表征，那么，该内容就否认了联想失认症会导致任何现象性内容的丢失，也就是说，看上去的不同并没有对知觉对象的外观造成破坏，只是改变了认知和比较的对象。毫无疑问，失认症是从概念或认知意义上改变了对对象的表征，但是他们在现象意义上的知觉方式并没有发生改变。显然，认为联想失认症不能改变事物的现象性是不合理的，因为现象性的说法涉及到"X从F到S"的形式，其中"F"表达了一种感觉属性。"X"看起来像"F到S"，抓住了现象外观的主张，即使"F"表达的只是一个属性。因而，似乎有充分的理由认为，联想性失认症和统觉性失认症一样，都是一种知觉现象的紊乱，两种情况都是部分现象性内容的缺失。正如泰所言，视觉中的对象或形状识别……就是看到这样一种对象的出现：看到某物是真实的，是在视觉经验或感觉的基础上，形成适当的信念和判断……视觉识别有两个组成部分：信念部分和外观部分。泰观点背后是一个模型的隐喻，即对象识别的信念模型，依据这种模型，物体识别严格意义上讲是非感性和整体性的。

最后，下向因果关系在知觉——认知过程中体现了一种交互作用，即在知觉表征的过程当中，大脑的进程是能够察觉到自身刺激的模式属性，同时对其做出反应。根据认知渗透性观点，任何两个物体被现象表征为具有相同的低级属性，也必须现象地表征为具有相同的高级属性，因此，知觉内容的现象性表征是不能够区分为低层次和高层次的属性表征的。因果的现象表征是在时间或对象之间的特定时空关系的现象表征之上的，即便如此，也不能由此得出因果关系没有表征出来的结论。普莱斯（Price）等人从"感觉特征的不容置疑"的角度进行了反驳：当我看到西红柿的时候，我有很多怀疑的地方……但有一点是我不能怀疑的：存在着一块红色的圆形的东西、有一定的背景颜色和视觉深度，这样一个整体的颜色是直接进入到我的意识里的……这种呈现在意识里的特殊而最终的存在方式，被其称为"给予"，而呈现在意识里的东西，则称为感觉材料。"给予"这个词的意思是表示某种事物的存在是不容置疑的（不论其存在时间的长短），因此，所有知觉理论都应该从"对象的存在"谈起，无论它们以后会有多大的分歧。

普莱斯并没有对现象意识的"低层次知觉"或"感觉"给出确定的定义，但是其主旨却给定了方向——感知到的物体被"给定"了特征"红色、圆鼓鼓、占据一定的空间，但这却没有暗示这个东西就是"西红柿"。这个观点源于"毋庸置疑"：人们可以怀疑这个东西是西红柿，但却不能怀疑存在一块红色的、圆鼓鼓的东西、它占据一定的空间、有一定的视觉深度。这种观点在语义上是可评价和可表征的，因为它是关于世界实体的、它具有表征性。此外，这个观点还原了"给予的神话"——现象的内容有结构。对这一神话的反驳是建立在"直接的知觉对象是有待解释的、无结构的原始印象"这一假设基础上的，这些印象是世界对我的感官产生的因果影响的纯粹感官结果。然而，它并不合适原始的或未经解释的，而是带有结构的。根据"低层次知觉"理论,"感觉"确实是世界对我们感官的因果影响的纯粹结果,但它并不是原始的或未经解释的,而是带有结构的。"低层次知觉内容"表征了(从感知的意义上)一个存在的物理对象作为一个在空间和时间上独立的实体,该实体具有一定的以观察者为中心的形状、大小、位置、与其他对象的空间关系、方向和运动方式,这个结构决定了感知者对它的解释,即"所给予的"不是"原始的感觉",而是"等待解释的东西","给定的是一个物理对象,或者至少是一个在空间中的物理现象"。

对于"知觉具有认知渗透性"来讲,有必要回答"毋庸置疑"究竟是关于物体是怎样的,还是关于物体是怎样出现的?"红色"和"西红柿"之间并没有不对称,一个人体验到对象是"红色"和"西红柿"是不冲突的、是确定的,高层次的知觉内容和低层次的知觉内容同样是毋庸置疑的。我们无法确定高层次知觉内容和低层次知觉内容是否存在着显著的不对称性,如果存在,那么两者之间一定会是显著差异的。

"感觉"的结构使得以"低层次知觉"为基础的感性状态与感性判断之间的证据关系成为可能。我们不会先对自己的内在感知状态做出判断,然后再用它们作为我们信念的理由。Evans 指出:虽然我们的判断是基于我们的感知信息状态,但判断本身与这些状态无关。当我们做出判断时,我们注视着这个世界,使自己处于一种感知状态或信息状态,但我们并不"注意"这个状态。我们之所以会形成信念,是因为世界在我们的信息状态中引导我们,这些信息状态有足够的结构来支持这些信念。

## 五、总结

关于知觉内容表征的认识特性问题大致有两种观点:"低层次知觉内容"的观点,即将现象内容限制在低级的特性中,感知经验的感官特质是真实的、非意识参与的直接对象的表征;"高层次知觉内容"则认为感知的表征不是纯粹的表征实体性质(原始的感知数据或印象),而是我们的认知渗透于知觉中,表征内容具有了结构,能够反映世界。前者将早期视觉的存在作为主要论据，认为视觉加工初期的内容不能被大脑的高级认知系统所改变；后者则以"联想失认症"患者的实例为据，认为感知与识别需要感知者有内在的能力：如果我们感知一个有结构或有特征的事物，那么，感知本身就是与更高层次的认知活动相互作用的前提："要有足够的能力与他人互动作为前提，我们的知觉已经被分类概念以及识别和个性化个体的原则所理解"。最后，我们通过下向的因果关系，分别从低层级内容（早期视觉表征内容）和高层级内容（认知渗透的视觉表征内容）的关系、认知影响表征对象的能量传递、知觉表征的整体性原则以及知觉——认知过程中的交互作用阐明了我们的立场，即知觉表征的过程中是认知渗透的。

如果感知机制是自下而上地检索视觉对象的一些属性，则"低层次知觉内容"就是存在的；如果感知具有认知渗透性，那么，我们对视觉对象的属性表征就具有信念特征。而假设"高、低层次知觉存在"及两者之间是否具有独立性、低层次知觉所表征的内容是否是确定和非概念化的的问题，我们可以这样合成地理解：深入了解知觉内容及其特性的原则是，在世界和我们对世界的信念之间有一个认知中介、一个感官中介，而感官中介不是单纯地对世界的影像复制，而是世界在我们心中的表象。

基于认知渗透性假设的观点，我们更倾向于：当我们感知世界时，我们与世界上的事物是存在某种联系的。虽然我们的接触肯定是由感知者的一些心理和神经状态调节的，但我们不能通过感知这些状态并检验其内容来进行感知。从这个角度讲，我们以某种方式体验世界是接受它、表征它，并成为那样。因此，我们既不知道知觉状态，也不知道感觉品质（感官表征物的属性）。随着越来越多的实验技术可以从婴儿出生的第一天起就对他们进行研究，人们可能最终会证明，将视觉信息内容分裂和强加在感知图像上的结构可能是与生俱来的。当然，高层次知觉内容如果没有被完全解释或概念化，则其在某种意义上却肯定是认知的；而且，认知的内容也是可以进入现象性内容的，这并非偶然。

## 第三节 知觉经验与非概念内容

人们普遍认为知觉经验是一种意向性的一种形式,即它具有表征性的内容。许多哲学家认为这意味着,知觉经验与信念一样也有命题的内容,它可以是真的,也可以是假的。知觉经验具有意向性但是否具有命题内容,不是基于经验是有意义的这一事实,也不是基于经验是准确或不准确的事实,那么,就需要考虑经验是否具有非概念内容的问题。

我们通常以许多不同的方式来谈论我们的感性经验,比如,我们使用带有补语的感性动词来描述我们的经验:有人说他看到公共汽车朝站台这边开过来。一般我们会使用及物性知觉动词,其直接宾语由名词短语组成,比如,我看见了公共汽车或看见公共汽车的到来,这些名词短语或名词所含事物种类多样(复杂的事件、人物、声音、气味等等)。但我们谈论经验的方式却有明显的区别,例如,有些谈论经验的方式是事实性的(看见那个……)或关系性的(看见……);有些则不是(似乎看见……),于是就产生了所谓的"有一种经验就是……"。

面对这样的多样性,我们不禁要产生疑问:这些谈话方式中是否有一种是最为基础的?有没有一种谈论知觉的方式或者说知觉经验更接近于它的形而上学或现象学?一个颇具共识的答案是:知觉经验是一种命题态度,即感知很像一种传统的命题态度,如相信或应该是……当一个人有知觉经验时,是他对某一命题有知觉关系。持有这种观点的人很自然地认为知觉归属的基本规范或基本形式应该是知觉动词具有补语的形式。由于经验是一个命题的关系,把经验归于某人的最好方法是说他们在知觉上经验到……其中省略号部分是补语或一个补充句子来表达这个命题。有些哲学家认为,如果经验的内容是命题的,则经验的内容是一种信念或一种判断,因为信念或判断也是命题的。比如,约翰·麦克道尔(John McDowell)就言:"在一个没有被误导的特殊经历中,人们所接受的是事物是

## 第五章 知觉内容

这样或那样的。事物就是这样，经验的内容也是这样，它也可以是判断的内容：如果主体决定以表面价值接受经验，它就成为判断的内容"①。麦克道尔认为只有当经验的内容是概念性的时候，经验才能有这样的结果。一些认为经验具有非概念内容的人不同意这种说法，他们认为经验具有命题性内容，而不必具有概念性内容，在这个意义上，经验是一种命题态度。

按照通常的说法，经验是必须有命题内容的，因为经验可能是准确的，也可能是不准确的，但是，准确和真实性是两码事（例如，一幅画可以是准确的，也可以是不准确的，但不能说是真的或假的）。不可否认的是，我们确实使用命题来描述、表达或以其他方式给出我们经历的一些内容，但这并不是因为我们用一个命题来给出内容，这个命题就是经验的内容，于是，就必须厘清这一问题与非概念性内容之间的辩证关系。

## 一、内容和对象

"内容""有意义内容""经验内容"是专业术语。因此，我们不应当仅仅以普通词"内容"的意义来分析它们。任何关于经验的"内容"概念的讨论都应该在内容与经验的理论假设背景下展开。"内容"的概念属于意向理论，有意义的认知状态分为不同的类型：希望、信念、恐惧、欲望等等，这些认知状态都表现出所谓的"关于"或"直接性"：它们是关于或指向事物的。简单的来讲就是，对于类 X 的每一个有意义状态，都有一些东西指向 X 正在进行的状态，指向的是状态的对象，即每个有意义状态都有一个对象。有时，我们可以说，X 的正在进行状态是过去时的，比如，在渴望中，有一些东西是渴望的，渴望的是渴望的对象；在恐惧中，有些东西是害怕的，害怕的是害怕的对象；在爱中，有些东西是被爱的，爱的是被爱的对象，等等。也就是说，过去时是正在进行的对象。

在某些情况下，这不一定是真的。比方说，在范式意向信念的情况下，所相信的是信念的命题内容。但是，我们也需要一个信念是关于什么

---

① McDowell, John, *Mind and World*, Cambridge: Harvard University Press, 1994.

的概念,所以,信念的目标就是它的目的。在有些情况下,状态的对象可能是不存在或不存在的对象,比方说,我可能希望世界永远和平、不要有战争,或者我总害怕床下有鬼魂,即使没有,也永远不会有这样的事情。但在其他情况下,有意义状态的对象确实存在,当它存在时,它是一个普通的真实事物。当我想象我的孩子在书桌旁写作业时,我想象的是我的孩子,真实存在的人,他确实在书桌旁写作业。当一个有意义状态的对象存在时,它就和一个真实存在的实体一样。我们不能通过描述每一个有意义状态的类型(恐惧、欲望、想象、相信等)和描述它的对象来描述每一个有意义状态的全部性质。因为有很多方法可以想象我的孩子在书桌旁,他可能在写作业,可能在看平板电脑,也可能在看书,等等。想象我的孩子会以一种方式表征,而不是以另一种方式呈现,这些方法不必在各方面都是确定的。但是,视觉想象的每一个片段都会排除一些呈现该片段对象的方式。

因而,我们有必要引入"内容"的概念,其原因如下:第一,一种精神状态的对象可以以多种方式呈现或表征,即使这种精神状态是相同的(欲望、恐惧等)。状态可以有相同的对象,但在表征这些对象方面有所不同,一般框架下,一个对象在一个方面下被表征的事实就是所谓的该状态的内容。第二,塞尔(Searle)在意向性中说,并非所有的意向状态都有对象,以为他把意向状态的对象看作实体。但是,有些意向状态是没有存在的或真实的对象的。而且,在每个意向状态中都有真实的东西,也就是我们说的真实内容的东西,即在每个意向状态或行为中都有一个对象的表征,无论是真实的还是不真实的。对于某些意向状态,它们的真实可以是独立于其真实目的的存在。状态包含了对其对象的一种表征,状态以表征性方面就是它的内容。第三,一些意向状态以某种方式呈现它们的对象,但它们可能不是这样的,可能不准确。比如,我想见到蜘蛛侠,但是没有这种事。就我的幻想被所表征的现实而言,它并不准确。那么,意向状态可能是准确的,也可能不是准确的。这是它们如何表征对象的问题,这也是"内容"。以上三个方面是引入具象内容的必要条件,它们并不是适用于每一个意向状态,但至少有一样会在某一意向状态中出现。我们应该如何将此应用于感性经验的概念？

感知体验可以是不同的类型——可以是视觉的、听觉的、嗅觉的，等等，它们都有对象，感性体验的对象是所见所闻。既然同一类的不同经验在它们表征其对象方面上可能不同，它们可以表征不存在的东西，它们可以是准确的或不准确的，这就是为什么说经验有内容是合理的原因。这样一来，经验内容的概念就是世界在经验中的表征方式的概念。

## 二、准确性和真理

认为知觉是一种命题态度的人通常赞成上述提到的事实，即经验有准确或正确的条件。如果一个经验以某种方式表征它的对象，那么，只有当它有一个实际的对象，经验才是准确的。经验的内容就是一个命题，它给出了一个或多个经验对象是如何被表征的。例如，我在垫子上看到了小狗，垫子和狗在我的经验中以一种特殊的方式表征出来，如果这是垫子和狗的实际情况，那么这种经验就是准确的（正确的）。而这个例子的经验内容就是小狗在垫子上的命题。

有些学者反对将经验和信念联系起来，他们认为经验是事件而不是状态。比如，系统的幻觉表明，经验可以以我们所知道的不可能的方式呈现世界，但这并不能被合理地表示为一个互相矛盾的信念的情况，但是命题态度理论并没有说知觉就是信念，该理论只是认为知觉和信念有着相同的内容。这种说法并不是根据经验是准确或不准确的这一事实。例如，一张图片可以或多或少的准确，但图片不能是真或是假。从经验可以是准确和不准确，到经验可以是真或假，再到经验具有命题内容的结论，并没有直接的演绎推理。

一次经历、一张照片或多或少是准确的。一个命题，至少在标准理解上，不可能或多或少是真的。命题的真与假是命题逻辑的核心概念，因为真与假是命题逻辑的重要语义概念。命题逻辑揭示了复杂命题的真伪如何依赖于他人的真伪。真理函数对命题起作用：命题可以是否定的、分离的、连接的；命题也可以是相互暗示的或等价的。存在于这些逻辑关系中的事物,是讨论命题的原因之一。照片都不是真的,正如图画不是真或假的一样,它们也不站在逻辑关系的立场上。复杂的图画不站在图画的立场上,就像复杂的命题站在组成命题的立场上一样。图片并不互相暗示,它们不能被否定或分离。

有人认为虽然图片和经验不存在逻辑关系,但它们的内容可能存在。就像我们应该区分句子和内容一样,我们也应该区分图片和内容。句子是一种可以用非语义来描述的东西,当一个句子在语义上被解释时,我们说它表达了一个命题。逻辑关系是命题,而不是句子,因为逻辑关系中的事物必须是真理价值的承载者。类似的,我们还可以区分图片和内容。图片本身可以非语义化,当用"语义"来描述时,我们可以说一幅画表征了某种东西。它所表征的是图片的内容,尽管图片本身并不表征逻辑关系,但它们的内容表征了逻辑关系,所以,它们的内容成为了命题。当然,图片和其内容是有区别的,图片本身不断言任何东西,同样,句子本身也不断言任何东西。断言是言语行为,说话人用句子断言事物,他们断言的是某个句子所表达的命题。图片也可以断言它表征了什么,比如,"蒙娜丽莎的微笑"这幅画,我们断言蒙娜丽莎是在"微笑",我们不能用简单的画作本身来证明这一点。同样,我们也只能用一些词来否定画作所表达的东西。我们可以指着这幅画说,"蒙娜丽莎不是在微笑",但我们也不能用画作本身进行类似的反驳。这种情况同样适用于否定和析取的逻辑运算——只能用一些非图形符号来否定后分离图片内容。不能简单地将另一个画作附加到当下这个画作上以显示它们之间的逻辑关系。结果是,尽管我们必须区分画作和它的内容,以及句子和它的内容,但这并不代表画作和句子都有命题内容。因为为了获得断言后可以应用逻辑运算的东西,你需要使用非图形符号,如果没有这些画作符号,则可以说图片的内容是可以断言、否定或分离的东西就毫无意义。

命题态度理论虽然承认仅仅使用图片不能断言图片的内容,但是有没有一个句子的内容与图片的内容是相同的呢?也就是说,对于任何图片P,都有一个句子给出P的内容,是真的吗?图片的内容,即图片的对象是如何表征的呢?总有一句话可以描述图片所表征的内容以及它是如何表征

## 第五章　知觉内容

的。可能会有些图片太过复杂，无法用语言描述，但这也不能说用于表征的句子必须简短或必须使用一种语言，或者说我们不能用自然语言来弥补内容的某些方面。事实上，很容易就可以证明 P 是真的，如果我们允许含有指示词的句子能够描述图片，帮助表达图片的内容。"蒙娜丽莎微笑的原因可能是……"，这样的句子可以表征画作的内容。毫无疑问，如果说有人看不到这幅画，那么他（她）就不会懂这句话的意思。含有指示词的句子显然可以表达命题，而理解这样一个句子的话语需要什么则是另一问题。

上述原则 P 认为总有一个句子可以给出图片的内容，这里的"给出"指的是描述，但描述内容和成为内容不是一回事。表征的内容是如何表征它的对象，从这个意义上讲，内容可以用多种方式来描述，并且对这个内容的描述与内容本身不一样。比如，可以通过断言"这是图片的内容"或"这是该画作所表征的内容"来给出图片的内容。

左兰·萨博（Zoran Saab）最近提出，存在着一种独特的相信事物的精神状态，根据这种精神状态，本体论提出的概念是可以被解释的，而且，他否认一些哲学家所认为的——所有的有意状态都是命题态度："相信"总是可以被给予某种命题分析，但是这种却无法解释一些完全可以理解的现象。例如，有人说有些东西的存在是他们不相信的——天地万物比我们哲学中梦寐以求的还要多——这只不过是在表达某种认识上的谦虚。萨博的观点是"相信"是一个内涵及物动词，它可以接受单一或复杂的宾语。信念与信念会有许多共同点，特别是，这些信念旨在表征世界。于是，萨博用 [Fs] 表示复数对象 Fs 的术语，并给出了正确表述的条件：[Fs] 是表征正确的，当 Fs 存在时，Fs 的概念是真的。即你对 Fs 的信念仅仅存在是不够的，你必须有一个 Fs 的概念，这个概念必须是真实的。

综合上述两种观点，认为图片具有命题内容的命题与命题态度所表达的命题是不相同的，就是说，每幅图片都有一个句子表达一个命题，但这个句子给出图片的内容和说图片有命题内容是不一样的。

### 三、经验的内容

如果将图片的想法运用到体验的内容当中,就是一个表征或表征具有准确条件这一事实本身并不意味着它具有命题内容,因为命题是真是假与准确和真实并不等同。图片可以是准确的,也可以是不准确的,但不能用是真是假判断。在这个观点上,感性经验内容更像是一幅图画的内容,它比命题理论更能说明经验是准确或不准确的。图片和经验的比较是比较贴切的,因为一个画家在画一幅(真实的)画作时所做的一件事就是描绘事物的外观。因此,重点不是视觉感知本质上是图像的,而是图像本身是视觉的。

按照之前所述,图片(画作)没有命题内容,因为命题可以被断言或否定,它们可以置于逻辑关系中。图片在逻辑关系中所处的唯一意义是当某人使用图片和一些非图片的表征来提出某些要求时,同样地,如果一个命题是一个感性经验的内容,那么它应该能够被否定、分离、连续等,但似乎一个人不能对图片的内容做这些事情,他也不能对经验的内容做这些事情。唯一可以否定、分离和断言图片内容的字面意义是在图片描述的上下文中,之后,我们需要区分图片内容和内容的描述(或给出内容的描述)。这种区别可以适用于有意状态,该状态有一个原则,它与图片的原则相似:对于任何有意状态 I,都有一个句子给出 I 的内容。正如命题态度原则并不意味着图片具有命题内容一样,原则(I)也不意味着有意状态具有命题内容。比如,"一个男孩子对那个女孩子深深的爱",这里男孩子对女孩子的爱不是一种命题态度,但这句话描述了男孩的爱的内容,也就是说,描述了他所爱的东西和他表征爱女孩的方式——作为那个女孩,那句话是"有人和那个女孩子是一样的"。当然,这是男孩子所爱的人的描述,它给予或描述了他的爱的内容,而不是男孩子爱的内容。

对于知觉经验,相关经验(E):

E:对于任何知觉经验 E,都有一个句子给出了 E 的内容。

原则(E)和原则(P)一样,是一个无可争辩的原则。当然,在某些情况下，用非指示性的方式描述体验的内容可能很困难，但我们总是可以用一个包含指示性的句子来描述体验的内容——"事情是这样的"，或"事情看起来像这样的"，或类似的东西。同样，我们也不必担心，除非有人能看到说话的人在看什么，否则他们就不知道在说什么；原则（E）和原则（P）一样，对理解给予经验内容的句子没有任何要求。同样显而易见的是，(E) 不可能是所有的，它是由上下文所指的，即知觉经验是一种命题态度。对命题及其关系持怀疑态度的人可以认同原则（E），但却不一定认同"感性经验是基于命题的'感性关系'上的问题"。尽管如此，(E) 所说的是，任何经验的内容都可以用一句话来给出或描述，但这并不意味着内容是命题的。

原则（E）不是指我们在经验中"接受"的东西是我们可以进行判断的，除非所有的"接受"手段都是一个人可以断言一句话来描述自己的经验。因为当我们做出判断并用语言表达时，我们都在表达某种具有句子形式的东西。这就是为什么当我们对事物的外观做出判断或者在经验丰富的环境中，我们判断的是一个命题：我们判断为真实的事物或者是事实。这是做出判断的结果，而非经历的结果，或者至少是原则（E）所暗示的东西。

正如麦克道尔对感知本质的描述：我所接受的是事实，事物实际上是这样或那样的。这是麦克道尔最初提出关于表象的析取理论的方式：一个 X 的表象要么仅仅是表象，要么就是在你使它显现之前存在一个 X 这个事实。这一观点排斥这样的说法——我们所接受的经验是我们可以判断的事实。因为我们不判断事实，我们可以不去评判我们在经验中"接受"了什么，也就是说，我们可以判断这不是事实。我们感知事实的想法很可能是对真实感知的正确描述，但它与我们感知的是我们可以判断的想法不太吻合。

因此，命题态度理论是一种关于经验结构及其内容结构的主张，即经验如何表征世界，而不是如何描述这些表征。命题态度理论中，经验有一个关系结构，就像信念一样，它是一个命题的关系，经验的内容——它的对象和它们出现的方面，总是某物是某物，某物是某物……内容是真的。

与图片进行比较的体会是,仅仅因为事物是以某种方式表征的,并不意味着表征是真或是假;而且,尽管表征的东西可以用句子来描述,但这并不是描述所表征东西的唯一方法。"蒙娜丽莎的微笑"这幅画表征了什么?"蒙娜丽莎的微笑"指的是一个事件,而不是一个事实。所以,一幅画、一张图片、一张照片表征的是一个事件(当然,如果真的有这样的事件,也存在这样的事件),如果摒弃命题理论的束缚,可以说一个事件以某种方式呈现,是一个感性经验的内容。

当我们从视觉转移到其他感官时,这种方法同样具有吸引力。我们可以说,嗅觉的物体是气味,表征为气味,气味的对象就是你闻到的东西。你闻到了醋的味道、听到了汽车马达的声音、感觉到狗尾草在挠你的腿等等,这是你闻到的、听到的、接触到的。一旦我们远离命题理论的束缚,我们就可以从表面上接受这些自然习语,认为它们提供了感性经验的显著的现象学内容。经验所表征的是对象、属性和事件,在某种程度上可以称为"流形",但它没有可判断内容的结构。我们面对的是所有复杂的感知的"给予",并在此基础上判断事物是怎样的或事物是什么。在关注经验中的某些元素时,我们判断事物的外观或是某种方式。知觉判断通常是选择性的,是注意力的结果。

## 四、非概念性内容

知觉经验的内容与信念和判断的内容是不同的,这种观点是关于非概念内容辩论的焦点。有人认为这是由于命题态度理论与经验具有概念内容的理论之间的争论焦点,但事实上,在正确理解概念内容和非概念内容辩论的基础上,经验内容是否具有命题性的问题与经验是否具有概念性的问题是不同的,尽管我们很容易将这两个问题联系起来。

有两种方法可以理解经验具有非概念性内容的论点。第一,关于内容本身的结构或构成的观点。在这个观点中,概念内容是由概念组成的内容,其中概念是在意义层面上的个体化实体,而不是参照物。因此,非概念性内容是指不是由概念构成的内容，可以暂且称之为"内容视图"。从另一个角度看，非概念内容的论题基本上是一个关于心理状态类型的讨论，该观点认为，概念状态是一种需要拥有某些概念的状态，即规范地描述状态内容的概念。一种精神状态的典型表征是一种能够捕捉到处于这种状态的人的观点的表征。所以，一个状态是概念性的，是说当主体必须拥有从自己的角度来描述它所需要的概念时。因此，非概念性表征是不需要拥有这种概念的表征，这种非概念性表征的视图被称为"状态视图"。

之所以称之为"非概念性的状态视图"，而非内容视图，原因如下。首先，如果内容观是理解"非概念"的正确方式，那么，关于信念内容的概念（个体对世界的看法和经验）将是非概念内容的概念，因为世界和个人都不是概念。但是，如果一个理论将信念视为具有非概念内容，那么，它就失去了最初引入非概念内容的意义，即在某种程度上确定一种更原始的心理表征形式。如果引入非概念内容的目的是为了确定这种表现形式，那么，我们应当拒绝内容观，接受表征观。但是，表征观与经验是命题态度的观点之间的关系又是什么呢？

从某种程度上说，表征观与经验是命题态度的观点是相互独立的。假设你相信感知有一个命题内容，那么，你是否必须拥有这些概念，这些概念对于所讨论的内容来说是规范的，才能处于那种状态，也就是说，状态是否是一个概念状态，没有任何结果。另一方面，假设你认为知觉没有命题内容，则没有任何东西可以说明，为了达到这种状态，你是否必须拥有规范地描述内容的概念，即对于这个状态是否是一个概念状态，没有任何结果。从另一个角度来讲，假设你有理由相信知觉状态是非概念的。关于所讨论的内容是命题性的还是非命题性的，是没有任何结果的。同理，如果你认为知觉状态是概念性的。

而且，表征观与经验是命题态度的观点，严格来讲，两者不是同一个问题。因为知觉状态既不是概念性的，也不是命题性的。比如，为了让 S 的感知状态表征 X，S 不必拥有规范地描述 X 的概念。虽然这是一个非概念内容的"状态视图"概念，但它确实会影响到应该使用哪种抽象对象来更好地建模，尤其是"规范的描述"要求确实限制了感知状态必须具备的内容规范类型：内容必须在形式上个性化。

纯粹的"罗素"内容是不行的，这是因为经验的规范化描述是根据它对主体经验对象的表征方式来描述的。对经验内容的描述，它表明了经验的内容是如何非命题的，非概念性的可能看起来与"场景内容"的概念非常相似，"场景内容"是把感知体验的内容看做是由一组填充感知者周围空间的方法所提出的，这样的情况才称之为"场景"。当感知者周围的实际空间在这个集合中时，经验是正确的。表面上看，"场景"理论似乎是内容观的一个版本，但正确的理解应当将其看做是表征观的版本。具有场景内容的状态之所以是非概念性的，是因为不要求 S 拥有规范化描述场景的任何概念，以便 S 的状态能够准确描述。在这里，对一个表征的内容和对该内容的描述所做的区分可能是有用的：将经验与一种情景联系起来时对国家内容进行描述的一种方式。正是因为这个抽象的对象可以用来描述经验，所以经验可以说有个对象作为它的内容。但它是非概念性的，因为这种归属要求它的主体，而不是因为它与客体本身的结构有关。因此，将感知经验的内容看做是将感知者周围空间填充的"场景"观是合理的。

我们不必纠结于是将感知视为命题的理论，还是将感知视为关系的理论，因为经验可能是具象的，而不是命题的态度。

## 第四节 特殊的内容

知觉状态由于具有某种表征性内容而具有现象性，因此，现象性内容是一种使事物以某种方式呈现的表征性内容。感性经验的内容包括对事物、事件或地方的属性的表征，这些事物、事件或地方以某种方式呈现给我们，或倾向于以某种方式呈现给我们。在描述经验的内容时，性质或关系被赋予的方式与经验所表征的事物具有的性质或关系同样重要。事物、事件或地点在我们看来是经验的现象性质，即感知内容的定性特征或感知者体验内容的方式。

视觉场景的概念性内容（如表征了一只老虎）与同一场景的现象性内容（包括颜色、形状和空间关系）中的"场景"具有概念意旨，部分原因在于其现象意旨。经验的现象性内容是导致经验的"现象性特征"的原因，通俗讲就是"拥有经验是什么样子的"。由此可见，视觉体验是一种特定道德具有表征性的内容，概念意旨是以现象性意旨为基础的。学者休梅克（Shoemaker）定义了事物在知觉中表现出来的客观属性，即主体在感知中所感知到的属性，即当感知者从表面价值来看待事物时，他所判断的那些属性。这些客观属性是建立在事物的现象性上的——它们在"现象性"的感知中看起来的样子。

现象内容在解决个体与世界的关系时是起着决定性作用的。其原因在于，解决这一问题的方法要求对具有现象性内容的表征状态不能是描述性的，而是因果性的。如果现象性的内容应该通过与世界的因果关系来确定，那么这个内容应该通过我们的视觉系统自下而上地从视觉场景中检索出来，而不需要感知者的任何概念上的参与，它应该是非概念性的。这是"现象性"和"非概念性"内容之间的自然联系，因为后者描述了前者的一个特征。Smith（史密斯）认为，只有使我们意识到物体的知觉经验才能享受不同的视角，使事物在我们看来是不同的样子，而感觉不允许不同的视角。这是因为知觉经验将物体呈现在我们身体的外部让我们有能力从不同的角度感知这些物体的不同方面。一个人不能对属性或品质有看法，属性不能以某种方式被赋予。比方说，我看的桌子从这个角度看是圆的，但从那个角度看是椭圆的，只有我经历感知对象的变化，人们不能在"回合"中做同样的事情。如果一个人从现象意义上感知"圆"，然后过一段时间从另一个角度感知"椭圆"，这不是从另一个角度看"圆"的属性，它是一种新的性质。因为在这种情况下，我们的经验发生了变化，这表明了一种新的性质的存在，而不是感知对象发生变化的经验。

## 一、"现象性意识"和"报告意识"

对象 X 在经验的现象性内容中所表征出来的方式，就是在经验中所表征出来的方式。由于属性不能以某种范式被赋予，我们对相关品质的认识是直接的，它不涉及演示模式。因此，认为"经验的现象性内容以某种范式表征事物、事件、地点和时间，具有某种性质或处于某种关系，也以某种方式给予"，即经验以某种方式表征给定的属性是没有意义的。一般从哲学的角度，现象性内容是可以被内省地，也就是说，现象性内容对意识来说是可以理解的。这里就涉及到了两种意识——现象意识和报告意识，是根据支持它们的过程来定义的：在第一种情况下，局部重复处理排除了大脑的记忆和其他认知区域；在第二种情况下，涉及记忆大脑区域的整体重复处理。可以被带入意识的非概念性内容部分，即现象性内容，伴随着"现象性意识"，这与"报告意识"是不同的。两者之间的区别主要不在于是否可以进行有意识的内省，而且，"报告性"在两种情况下都存在，它们的主要区别是注意力的作用。现象感知不需要以对象为中心的注意力，而"报告"感知需要。"报告"感知属于概念领域，而现象意识不属于概念范畴。人们所意识到的内容是自下而上检索的、是非概念的。因此，意识在现象性非概念意旨和概念意旨之间区别中没有什么作用，一个人可以意识到概念和现象的内容。然而，这两种内容所受的意识是不同的，它们具有现象学上的差异。我们现象性地意识到的事物是不可靠的存在（从某种意义上说，事物具有优先的空间和时间一致性），与我们可以报告意识的稳定感知不同，我们对我们现象性意识到的事物有一种短暂的"体验"，因为非概念意旨是关于类型而不是表征的，缺乏概念性意旨的连贯性和专一性。

现象意识和"报告"意识的区别还体现在："报告"意识是根据它们的过程的种类来定义的，局部递归处理不包括大脑的认知区域；而现象意识是全局递归处理，分别涉及到记忆和认知大脑区域。现象意识和"报告"意识都可以被意识感知到，二者的区别不是意识的可及性，是注意力的作用，前者不需要注意，后者必须依靠注意。

当将概念框架应用于视觉处理时，知觉的非概念内容并不是简单地概念化。由于注意力和自上而下流动的认知信息的作用，非概念意旨在时空上获得了以往所缺乏的连贯性。它的各个部分以各种方式结合在一起，产生了对我们日常经验的丰富感知。我们在世界上看到的对象，其细节包括语义信息，与知觉的非概念内容信息的缺乏形成对比（这种缺乏仅限于从视觉场景中直接获取的信息）。这些对象通常是识别和确认，我们的经验与先前的这些类似的对象的实例来判定其属性，可以直接从检索超越一个场景——加入一个类别、功能等。所有这些构成了"看"这个词的操作性定义。因此，知觉的非概念内容的概念化以及随之而来的与视觉事件相对应的多感官视觉。

然而，与非概念内容相比，概念性内容也是贫乏的，非概念内容进入全局工作空间和内存导致了概念性内容。当非概念内容进入工作空间并存储在工作内存中时，它将经历转换。当知觉信息进入大脑的记忆回路，感觉和知觉信息提取由注意从现场抽象化的更高级别的可视化表征，由抽象的视觉类别中形成在大脑内侧和下颞叶皮层，存储在短时视觉记忆中。虽然高层次的表征包含了关于场景视觉形式的信息，并保留了大量的视觉信息，但由于没有感官表征的标志性形式，它们比感官表征更为抽象，例如，它们不像图像感知表征那样保留场景的度量，它们也不会对感知内容的所有细节进行编码（它们不编码颜色的确切阴影，但只编码颜色的类别及其亮度或对象的纹理的粗略描述）。

概括现象性意旨与概念性意旨受不同意识类型的支配，它们有不同的体验。一个人所意识到的事物关于空间和时间的一致性是有限的，这与一个人所拥有的稳定的感知能力和报告意识是不同的。

## 二、各特殊内容和意识之间的相互关系

### （一）现象性的视觉和"幻觉性"的视觉

早期视觉和后期视觉的主要区别在于看见某物和看到某物的区别。感知对应于看见，观察对应于看到，也就是说，识别或识别看到的视觉模式之间的区别。德瑞特斯科（Dretesco）的解释是，这是现象意义的观看和幻觉意义的观看之间的区别。幻觉意义的观看涉及概念，现象意义则不

然。因此，看与感知相一致，看与观察相一致。现象意义的视觉是潜意识，以现象意识为特征；现象性观看是注意力的，以报告意识或访问意义为特征。人的现象性知觉状态的内容是有组织的。在感知中，在一个场景中对物体进行分割，自下而上提取物体的许多物理属性，并用感知状态来表示。因此，物体以某种方式被感知，尽管这并不涉及概念。感性的状态表征一般的事物状态，而这些状态的内容非概念性地表征了一般的事物状态被感知的方式。换句话说，知觉状态的内容就是它如何表征事物的一般状态——它如何表征世界的存在。因此，感知某物是某物，不应该和某物与表征物体被识别后的"某物是某物"相混淆。为了避免将知觉状态作为表征的载体和它们的内容之间的混淆，可以说，知觉状态作为载体表征世界是这样或那样的，而那些状态的内容表征世界是这样或那样的。

上述是处于关于现象性内容的知觉过程的考虑，而不是关于一个人反省的结果与现象的内容之间的比较。即使某个人可以分离出这两种"看"，但是，一个人的经验的某种定性特征与"短暂的"经验还是有区别的，"短暂的"经验缺乏普通经验的清晰度，因为作为原始的对象的现象内容，缺乏空间和时间的一致性。自下而上从场景中获取的信心在刺激开始后的120ms内被处理，并在视觉场景中产生原型对象的表征。尽管原始对象可以有复杂的结构，它们是连贯的只在一个小的区域内、在限定的时间内，有限的空间和时间的相互干扰性也使得原型对象非常不稳定，因为它们要么被随后的刺激覆盖，要么在几百毫秒内消失。每当眼睛移动，新的光线进入眼睛，旧的物体就会消失，新的物体就会产生。另一方面，由于注意力的作用，我们的经验对象是稳定的结构。这就是为什么很难保持一个特定的颜色，一样的特殊的经验内容，而不是一个概念。在长时记忆里，一个人却能在一生中保持某个物体的三维形状。

因此，所有试图通过普通概念的经验，来确定现象学经历的特殊内容和体验世界之间的差异，其实阻碍了这样一个事实，即由于挥发性和短暂的现象的本质内容而导致我们无法直接访问我们所观察到的东西究竟是什么。我们不能直接报告纯粹的现象性内容，而只能报告我们普通的经验概念内容。如果我们不运用观察的概念，我们就无法知道我们将如何体验这个世界，或者更确切地说，我们将如何感知这个世界。

当我们看到一个三维形状时，我们会有意识地想到这是一个特定的形状，并将它储存在记忆里，我们要讨论这个东西：这个物体某个部分或边缘，或是以观众为中心的二维形状，或者这个物体在空间中的方向、颜色、特定的阴影等等，又或者反省一下"感觉"对象的启示是什么。当我们在体验物体时，从物体中抽象出来并反思物体的边缘或细节或二维形状，是需要认知努力的（耗费脑细胞的）。所谓的"抽象"是要捕获一些定性的（非概念现象方面的）经验，而不是形成一个定性的、特别经验的概念。通过抽象概念，人们可以获得经验的特殊的、定性的概念。比如，从品尝体验中抽象出所有与"酸"有关的不同之处，除了它们都有共同的特征，我们可以形成一个所有品尝体验都有的共同概念"酸"。

然而，如果一个人要从经验中发掘其现象性的内容，那就需要抽象的过程，但这一过程不应该导致产生一个经验的定性特征的概念；相反，它应该在视觉记忆中重视这一特征。这不是在一个抽象的经历之后发生的，因为精神行为需要注意力的集中和工作记忆，因此需要概念。它应该是一种"在线抽象"，即从其他定性特征中分离出图像的定性特征的过程。

通常，我们的感知对象是我们概念经验的对象，而不是感知的现象性内容，尽管我们是通过现象性意识到它的。比如，我们意识到的是一只特定的老虎，而不是一种形状和一种颜色的类型，尽管老虎有特定的形状和颜色。此外，感知的现象性内容无法报告感知或访问感知。比如，一种颜色的特定色度不能进入报告意识，因为就其定性特征而言，它不能被概念化，尽管人们可以通过说出"那个色度"来概念化特定经验事件。它不能被概念化的原因不是缺少一个概念术语来描述特定的颜色，而是它不能被储存在记忆中。这一事实意味着，一个人不能形成一种符号去替代其他出现的相同色度的符号，也就是，一个人不能为特定的阴影形成一个特殊的概念。当一个人试图以认知的方式获取现象性的内容时，这些内容必然会嵌入到他的概念框架中，不再是非概念的，因此也不再是现象性的。换句话说，作为非感知的现象性内容，不能被内省地访问，因为如果它被内省了，它就被概念化了——内省必然涉及到概念。因此，特殊的内容指的是认知者非有意识参与的感觉,这个感觉意识到一个特定的、简单的事实。如果这个事实被反省的意识到一个特殊的品质特征,那么这就涉及到了概念。内省意识不同于现象意识。

综上,现象性视觉和幻觉性视觉的混淆,实质是将现象性内容和概念性内容归为一类,前者被概念化了。非概念性的"现象性视觉"和概念性的"幻觉性视觉"都在意识的范畴之内。在很多文献中,现象的内容被视为非概念性的子集,由于现象性意识和可及性意识之间缺乏明显的区别,人们认为现象性(非概念性)内容和概念内容都伴随着同一种意识。因此,这些视觉的意义似乎基本上是同一种内容,它们唯一的区别在于前者是非概念化的,后者是概念化的。人们无法在现象性上做出细微的区分,即对物体的阴影或二维表面的感知与对物体的三维形状的感知是不同的,概念性和非概念性的区别是视觉内容在性质上的不同。

"感觉""知觉""观察"之间的区别也揭示了另一个问题,即经验的内容,确定对象是这样的或那样的,并将其归为一种类成员是有一个强大的概念成分的,在这个意义上,对象的识别是基于对特定对象的、储存在记忆里的知识。经验内容已经是对远端对象输入的一种解释,一种基于一个人的概念系统的解释,将一个被感知的对象确定为某物,是一个人拥有相关概念的前提。识别一个对象并将其视为一个类别的语义行为属于上述定义的观察。显然,观察的感知行为似乎等同于"感知"其信念的意义。观看场景的被试对其观察或后期视觉状态的内容是报告感知。因而,经验的现象性内容不同于我们经验状态的概念性内容。通过我们的知觉过程传递给我们的世界——现象世界——与我们通过有意识地获取我们的经验的内容而体验到的世界不同。这就是说,知觉的现象性内容不同于有意识地接触到的相同经验的内容。

派丽夏恩认为,与知觉经验相比,视觉系统提供的类,近似地可以认为是以观察者为中心的形状类,可以用几何学的词汇表达,因此我们分割世界的对象的类是不同的。而且,感知的产物是二维图像,它传递的不是挺长的经验对象,而是形状的表征和它们的一些可转换特性,这些特性允许我们对原型对象进行索引和跟踪。在早期视觉和视觉输出的部分我们曾经讨论过，输出包含在可视场景中解析的原型对象中，这些对象的表征为类型，而不是标记。所以，视觉处理器的输出并不包含在对象的经验中，而是包含在这些对象的更抽象的类别形式中，根据它们的一般形状进行分类。因此，应该区分现象和经验内容，这一区分表明，一种内容是以自下而上的方式从场景中检索出来，另一种内容则是通过自上而下和自下而上的过程中形成的，因而具有很强的概念性。

### （二）经验意旨和感性意旨

我们经验的概念性意旨和随后产生的知觉信念，它们反映但不记录我们知觉状态的非概念性意旨。此外，知觉信念的内容使知觉状态的非概念性内容概念化。非概念性意旨的基础功能就在于此：经验意旨（感性信念的意旨）与感性状态的意旨有系统的联系和依赖。

我们对世界的认知使我们感知到的，是基于我们的感官体验的内容，也就是心理知觉状态的表征性内容。知觉通过这些信念所提供的描述与它们所要描述的非概念性内容之间的匹配来证明这些信念是正确的。知觉信念的概念性意旨反映了我们知觉状态的非概念性意旨，它们也阐明了感性信念的内容和非概念性感性状态的内容之间的系统关系，而非概念性状态的内容必须存在，以便后者为前者奠定基础。

现象的内容包含在我们知觉状态的定性方面。从这个意义上说，它与我们体验的感觉或特质相一致，并伴随着觉知在文学中，"感觉""现象的内容"和"意识"相互交织，当术语"非概念性内容"被引入时，它被用来捕获现象性内容的一个方面。现象性的内容既不需要拥有概念，也不需要运用概念，因此，它与意识有着密不可分的联系。贝穆德兹（Berudez）发现视觉研究揭示了一整类过程，这些过程无法被意识到，但却具有表征性的内容（与世界的表征方式有关的内容）。此外，这些过程的某些内容在语言上没有自然的类似物——是非概念性的。贝穆德兹处理这些次个人状态的非概念性特征的方式开辟了一条途径，即在现象性内容和非概念性内容之间建立了严格的联系。因此，应当独立于意识来定义非概念意旨。感知可以在感知者没有意识的情况下发生，非概念性内容检索自下而上的视觉场景，是经验的内容，因为它是在某个阶段的内容处理状态可用意识的一种形式，即特殊的意识。非概念意旨是独立于意识而定义的，这一命题很自然地从知觉是独立于意识而定义的这一事实出发。

　　知觉和意识是不同的现象，以为知觉指的是从刺激中提取信息，而不假定这些信息时有意识地体验到的。在这个框架中，"感觉"是用来表示定性方面经验的意识（感受性），它是一组具有特定特征的神经视觉过程，并处理某种信息冲击我们的视觉传感器。

# 第六章 物体识别

物体识别看起来是非常简单的，我们很难相信其加工过程实际上是相当复杂的。其复杂性可以从分析其涉及的加工过程看出来。

首先，视觉环境集中了众多的相互重叠的物体，而主体必须在某种程度上确定一个物体在哪里结束，另一个物体又在哪里开始。这是相当困难的，这就好比我们在书桌上学习，在书房和书房外有至少超过100个物体，而这些物体90%以上是重叠的或被其他物体所覆盖。

其次，在各种观察距离和方位，物体均可被准确地识别出来。例如，我们在学习的时候，前方摆放着一盏台灯，尽管台灯在视网膜上呈现的是一个圆形底座加一个竖条再在上面覆盖一个椭圆形，但我们仍然很自信地说，这个台灯上部是圆形的。"恒常性"这一术语是指尽管关于物体大小和形状的视网膜像变化很大，但我们并不觉得物体的大小和形状有什么变化。

第三，我们可以很轻易地把一个物体鉴别为一把椅子。各种椅子的视觉特征（如颜色、大小和形状）是变化无常的。同时，我们怎样把这么广泛的刺激归纳到同一类别这样的问题还是相当困难的。尽管物体识别是个复杂的过程，但我们还是能轻而易举地对视觉环境中的众多物体进行识别。例如，即使我们从不同的角度观看一个物体，我们还是能对该物体的外形做一个一般性的描述。同时，我们还知道其用途与功能。总之，物体识别比一般认为的要复杂得多，因而，有必要揭开物体识别的神秘面纱。

知觉的认知渗透性

# 第一节　视觉模式识别

知觉的认知渗透性主要探讨如何将视觉世界组织成客体，以达到我们可以识别这个物体的过程。识别这些物体是什么的任务就是模式识别。关于这个问题的研究，主要集中在我们是如何识别字母的。例如，我们如何识别出字母 A 的表征是模式 A 的一个实例。因此，我们从字母识别和数字符号开始讨论模式识别，然后再转向更为一般性的物体识别。这里的关键问题是人类知觉系统的高度灵活性。不论方位、字体、大小、书写方式如何变化，我们都能迅速、准确地识别字母"A"，如此成功的原因，可以通过模板理论和特征理论给出不同的答案。

## 一、模板匹配模型

模式识别最显而易见的方法是"模板匹配"（template matching）。知觉的模板匹配理论认为，物体在视网膜上的影像如实地传递到大脑，大脑则将这个图像直接与存储的各种模式进行比较。这些存储的模式被称为模板。其基本思想是，知觉系统将一个字母的图像与大脑所存储的每个字母的模板进行比较，然后报告最佳匹配模板。图 6.1 给出了各种成功和不成功的模板匹配的例子。在每种情况下都试图使受到字母刺激的视网膜细胞与某种特定模板模式的视网膜细胞之间实现对应。像直接与存储的各种模式进行比较。这些存储的模式被称为模板。其基本思想是，知觉系统将一个字母的头像与大脑所储存的每个字母的模板进行比较，然后报告最佳匹配模板。

图 6.1 给出了各种成功和不成功的模板匹配的例子。在各种情况下都试图使受到字母刺激的视网膜细胞与某种特定模板模式的视网膜细胞之间实现对应。

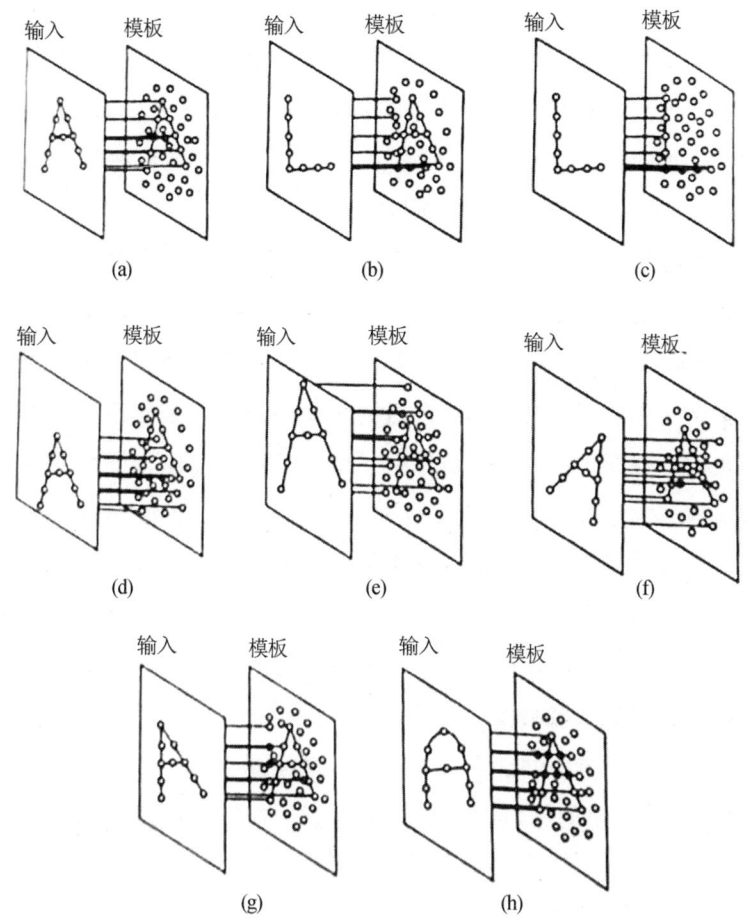

**图 6.1 试图使模板字母 A 和 L 匹配的各种例子**
(a) 和 (c) 为模板匹配成功的例子，(b)、(d) 和 (h) 为模板匹配不成功的例子[①]

图 6.1a 是实现了对应，字母 A 被识别的情况。图 6.1b 输入的 L 与 A 模板之间不存在对应，而在图 6.1c 中 L 与模板 L 实现了匹配。但是使用模板非常容易出错。图 6.1d 表示当图像投射到视网膜的错误部位时匹配失败，而图 6.1e 表示图像大小出错时所出现的问题。图 6.1f 表示图像方向出错时所发生的情况，而图 6.1g 和图 6.1h 表示图像为非标准 A 时所出现

---

① 图片来源：Neisser, 1967. Adapted by permission of the publisher. © 1967 by Appleton.

的困难。

尽管采用模板匹配存在许多问题，但是它仍然是机器视觉中所采用的方法之一。人们已经开发出了用于匹配旋转、拉伸以及扭曲图像的程序。模板匹配也被应用于 fMRI 脑成像技术。每个人的大脑在解剖结构上都是不同的，就好像每个人的身体都不同一样。

模板匹配理论的基本观点就是在长时记忆中存在一个与我们知觉的视觉模式相对应的所谓复本或模板。模式识别成功的条件就是某一模板与输入刺激进行最为接近的匹配。但众多刺激与同一模板匹配这样的现象似乎不怎么符合实际情况。对该理论进行的一个微小修正是假设在搜索可匹配的模板之前，视觉系统对输入刺激有一个标准化的过程（即产生关于刺激的标准位置、大小等内部表征）。标准化有利于对字母和数字的模式识别，但被连续地对模板进行恰当的匹配却是不大可能的。

对模板理论的另一个改进是假定每一个字母和数字存在不止一个对应的模板。这将允许在更大范围内刺激与模板之间进行更加准确的匹配，但这是以理论变得更加庞杂为代价的。模板理论在解释人类识别字母和数字时所表现的适应性方面面临一些困难。当刺激属于定义不良好的某一类别（即不存在一个简单的可以匹配的模板）时，模板理论的局限性表现得尤为明显。

## 二、特征理论

鉴于模板匹配遇到的困难，心理学家提出，模式识别是通过特征分析（feature analysis）实现的。在这个模型中，刺激被认为是基本特征的组合。吉布森（Gibson）提出了用于对字母表中的字母进行表征的特征。例如，大写字母 A 可以看作由如下特征组成的一条水平线，两条反方向的斜线，一个交叉、对称，还有一个被称为垂直中断的特征。吉布森认为，像直线这样的一些特征是视觉皮层的边缘和值调觉察输出的。

特征分析模型比模板模型优点要多一些。首先，由于特征较为简单，因此，更容易理解系统是如何克服模板匹配模型，在识别完整模式时所面临的各种困难。事实上，特征在一定程度上只是一些线条笔画，直条觉察器和边缘觉察器就能够提取这些特征。特征分析的第二个优点是，有可能指出一个模式中最为重要的特征之间的关系。因此，对字母 A 来说，关键的是三条线段（两条斜线倾斜方向不同）和一条水平线，并且他们之间有交叉，而许多其他的细节则不重要。所以，下面所有的模式都是 A：A。最后，使用特征而不是较大的模式，减少了所需要的模板数量。在特征分析模型中，我们需要的不是每个可能模式的模板，而只是每个特征的模板。由于相同的特征往往出现在许多模式中，因此，需要表征的不同实体的数量会急剧下降。

大量行为证据表明，特征是模式识别的组成部分。例如，有证据表明，如果一些字母有许多共同的特征，例如 C 和 G，那么人们很容易将他们混淆。当这些字母呈现时间非常短时，人们通常会将一个刺激误判为另一个刺激。例如，金尼（Kinney）等人的实验中，当向被试呈现字母 G 时，他们出现了 29 个错误，在这些错误中，有 21 个是将 G 误判成 C，6 个是将其误判成 O，一个是误判成 B，一个是误判成 9。此外，没有其他错误出现。很显然，被试选择具有相似的特征组合的项目作为他们的答案。如果采用了特征分析模型，那么，这种反应模式正是我们所期望的。如果被试在短暂呈现的刺激中只能抽取出一部分特征，他们将无法再在这些特征的刺激之间做出判断。

另一类为特征分析模型提供证据的实验是静止图像实验。眼球会有非常轻微的震颤，被称为心理性眼球震颤。它以每秒 30—70 次的频率出现。另外，眼睛凝视的方向会缓慢地在物体上漂移。因此，人所注视物体的视网膜图像并不十分稳定，它们的位置会随着时间的推移而略有改变。有证据表明，视网膜的这一运动对知觉极为重要，当使用技术手段使得视网膜图像在有眼动的情况下仍保持在视网膜上完全相同的位置时，该物体的一些组成部分就开始消失。这似乎是因为如果一直使用完全相同的视网膜和神经通路，他们便会疲劳并停止反应。

这一现象，最有趣的地方是静止物体消失的方式。它并非简单的逐渐消失或突然完全消失，而是随着时间的推移，其不同部分逐渐脱落。普里查德（Pritchard）在一次实验中采用的一个刺激的图像（如图6.2）。最左边的所呈现的图像，其他四个为被试报告的不同的图像。有两点很重要，首先，丢失的似乎是整体特征，例如一条垂直线。这一发现表明特征是知觉的重要单元。第二，剩余的刺激通常为完整的字母或数字图形。这一结果表明，这些特征联合在一起以确定所识别的图形。因此，尽管我们的知觉系统可以提取特征，但是，我们所知觉的事物是由这些特征组成的模式。隐含在模式识别中的特征提取和特征组合过程是不能被意识到的，我们所意识到的是模式。

**图6.2　静止在眼中的额图像的解体**[①]
最左边的是原始图像。靠右的其他部分是静止
图像开始消失时被试报告的各种图形。

根据特征理论，一个模式由一组特征（feature）或属性（attribute）组成。比如，一个面孔有诸多特征：一个鼻子、一双眼睛、一张嘴、一个下巴等等。模式识别从输入视觉刺激中提取特征开始。之后，这组提取出来的特征被整合起来并与记忆中的相关信息进行比较。特征理论基于的假设是：视觉加工时一个从模式或物体的局部分析到整体或普遍性分析的过程。然而，有证据表明整体加工常常早于对特定信息的加工。

奈温（Navon）在一个研究中，向被试呈现如图6.3所示的刺激。被试尽可能迅速地判断所呈现的较大字母是"H"还是"S"。在另外一些序列中，他们必须判断所呈现的较小字母是"H"还是"S"。当较大字母与较小字母不一致时，对较小字母的判断速度明显降低。相反，对较大字母

---

① Pritchard, 1961. Reprinted by permission of the publisher. © 1961 by Scientific American.

的判断并不受较小字母特征的影响。根据奈温的观点，这些发现表明"知觉过程具有时间性，即从总体的结构性加工逐步转向更加精细的局部分析过程。也就是说，一个画面是被分解而不是被构建"。

```
      S                S
      S                S
      S                S
      S                S
      S                S
      SSSSSSSSSSSSS
      S                S
      S                S
      S                S
      S                S
      S                S
```

**图 6.3　奈温用来证明总体特征对知觉具有重要性的刺激材料**①

一些证据并不支持奈温的结论。有些研究者采用了与奈温所选刺激具有类似特征的实验材料，只是增加刺激大小这一变量。当较大字母非常大时，对较小字母的加工将先于对较大字母的加工。他们认为整体加工早于局部加工的理论假设只有在一个模式的整体结构是在单眼注视范围内才会有效。而奈温研究的主要问题是，他没有能够清晰地证明在视觉加工系统的哪一部分，整体加工会展现出优势。也就是说，似乎有证据表明（尽管还不是很确定），整体加工优势效应发生在知觉加工的早期。某些发现显示引起这一效应的内在机制可能与感觉有关，但其他一些证据也表明与注意有关。

---

① 转引自 M. W. 艾森克：《认知心理学》，高定国、肖晓云译，上海：华东师范大学出版社 2000 年版，第 124 页。

### 三、认知神经科学的证据

认知神经科学家已经获得支持特征理论的相关证据。如果物体识别是从某一视觉刺激的基本特征开始的,那么,我们应该能够在大脑皮质中鉴定出这些参与加工的细胞来。然而,即使我们找到与这些局部特征加工有关的特异性细胞,也不能证明这一理论是正确的。

威赛尔(Wiesel)等人运用单细胞记录技术研究了单个神经元。他们发现许多细胞对光点会根据作用于细胞的不同部位而以两种不同的方式作出反应。

1. 一个 on 反应,即光线作用时引起细胞放电频率增加。
2. 一个 off 反应,即光线作用时引起细胞放电频率下降。

许多视网膜神经节细胞、外侧膝状体细胞和初级视觉皮质第 4 层细胞可被分成 on 中心细胞和 off 中心细胞两类。对于 on 中心细胞,光亮刺激作用于感受野中心会做出一个 on 反应,而作用于感受野周边时会给出一个 off 反应。对 off 中心细胞来说,情况正好与此相反。

威赛尔等人发现初级视觉皮质的感受野存在两种不同的神经元:即简单细胞(simple cell)和复杂细胞(complex cell)。简单细胞具有 on 和 off 区域,而且每一区域都呈长方形状,简单细胞在检测中起到重要作用。它们对明感受野中暗棒做出最大反应,而对暗感受野中明棒或者明暗区域中间的直边做出最大反应,任意简单细胞只对某一特定朝向的刺激作出强烈反应。因而,这些细胞的反应可能与特征检测有关。

复杂细胞要比简单细胞多出许多。与简单细胞类似,它们也对某一朝向的线条刺激做出最大反应。然而,二者之间存在显著差别:1. 复杂细胞的感受野更大一些。2. 复杂细胞对于给定刺激的放电频率很少受到感受野中刺激位置的影响;相反,简单细胞则有 on 和 off 的区域之分。3. 大多数复杂细胞对于动的轮廓反应良好,而简单细胞只对静止或运动缓慢的轮廓反应。

研究者还发现了超复杂细胞(hypercomplex cell)存在的证据。这些细胞针对比简单细胞和复杂细胞所适用的更为复杂的模式作出最大反应。例如，一些细胞对拐角（corner）做出最大反应，而另外的细胞则对其他特定的角度反应。

特别需要指出的是，皮质细胞通常只提供非常模糊的信息，这是因为这些细胞对不同刺激作出相同反应的缘故。例如，一个对缓慢运动的水平线条作出最大反应的细胞，也会对迅速运动的水平线条和缓慢运动的接近水平的线条作出中等程度的反映。从而，正如某些研究者所指出的那样，视觉皮质中的神经元实际上不能被称为特征监测器……因为单细胞并不能对某一特定视觉刺激的出现做出肯定的反应。

威塞尔认为，视觉皮质中的加工是基于直线边缘的。一个替代性的观点是加工是基于光栅（grating）的，而光栅则由明暗交替变化的光条构成。在这里，正弦光栅（sinusoidal grating）显得尤为重要。在正弦光栅格，相邻光栅之间亮度朝某一趋势逐渐变化。根据布莱克（Blake）等人的研究，光栅具有如下四个特征：第一，空间频率（spatial frequency）：光条的间隔在视网膜上成像。第二，对比（contrast）：明条和暗条之间的亮度差。第三，朝向（orientation）：光栅光条的呈现角度。第四，空间相位（spatial phase）：光栅相对于某一参照点（如一个画面的边缘）的位置。操作光栅的上述四个特征中一个就可构建任一需要的视觉模式。

坎贝尔（Campbell）和罗伯森（Robson）假定视觉系统中包含多个神经元集，而这些神经元集对光栅的不同空间频率做出反应。这一假设就形成了多通道理论模型的基础，他们通过向被试呈现复合光栅而获得了支持这一模型的证据。这些复合光栅是由多个单一正弦光栅形成的。视觉系统对这些栅格的每一个成分都会有不同反应，这可能是因为适合于每一成分的那些通道被激活了。后续研究表明，初级视觉皮质中，绝大多数细胞是对正弦光栅而不是线条和边缘做出更强烈的反应。

由于人们对空间频率的重视而发展出对比感受性函数（contrast sensitivity function）。对比感受性函数代表个体检测不同空间频率物体的能力。许多研究者发现，对比感受性函数是一个很有价值的测量指标。例如，飞机驾驶员可以在可视度降低的情况下在模拟器上飞行。有时因跑道拥挤，飞行员需要放弃某次降落。金仕堡（Ginsburg）等人评估了飞行员的视敏度。所谓视敏度，是指个体能够检测到最小细节的能力。飞行员的飞行成绩与其视敏度无关。然而，那些具有最高对比感受性的飞行员比那些最低对比感受性的飞行员，能在更远的距离就注意到跑道被阻塞了。

哈维（Harvey）等人向被试快速呈现字母并要求他们对字母命名。一般来说，一些具有多个特征的字母（如 K 和 N）不容易混淆。这一点与特征理论所预测的不一致。相反，即使不具备多少共同特征，具有相似间隔频率的字母还是更容易混淆。这些发现建议在视觉系统内，空间频率比与字母表征相关的特征更重要一些。

刺激特征在模式识别中起到一定的作用，然而，特征理论对许多重要的问题都不能给予解释。第一，他们不强调情境效应（context effect）和期望效应（expectation effect）在模式识别中的影响。威斯汀（Weisstein）等把一条线段蕴含于一个快速呈现的三维图像中，或者一个很不协调的图形中，并要求被试检测该线段。根据特征理论者的观点，目标线段应该总是激活相同的特征检测器细胞，而且图形的协调与否不影响检测成绩。事实是当线条蕴含于三维图形中时物体检测效果最好。这种情况被研究者称为客体优势效应（object superiority effect）。显然，这一效应与许多特征理论都不一致。第二，模式识别并不只依赖于特征检测。例如，字母 A 由两条上斜线和一个短横线组成，但这三个特征可以如下方式呈现且不会被知觉为 A：／ \ —。为了理解模式识别，我们除了关注特征本身外，还要考虑特征之间的各种关系。第三，特征理论的局限性对三维物体比二维物体更明显一些。观察者甚至在某些特征被隐藏的条件下仍然能够识别三维物体的事实很难用强调特征检测的理论来解释。第四，整体加工常常先于特征加工。其他支持这一观点的证据是来自对面孔识别的研究。

## 四、面孔识别

面孔识别是我们所知的鉴别人的最常用的方法，因此，面孔识别能力在我们的日常生活中有着至关重要的作用。而且，面孔识别在很多方面都与其他形式的识别有差别。我们已经对面孔识别所涉及的加工过程有了相当多的了解，并且在此基础上还发现了一种非常具有理论价值的知觉障碍，即面孔失认症（prosopagnosia）。面孔失认症患者不能识别熟悉的面孔，甚至连患者自己的镜像也不能识别。面孔失认症患者在识别其他目标时一般没有什么问题，但是，即使在该类型患者通过声音和名字识别熟人时，面孔识别障碍照样发生。

脸是视觉刺激中最重要的类别之一。有理论认为我们有专门识别脸的机制。在猴子的颞叶中找到了对其他猴子的脸优先反应的特定细胞。如果人的颞叶受到损伤，可能会造成被称为人脸失认症的缺陷，他们对脸的识别存在选择性困难。采用 fMRI 技术的脑成像研究发现，当脸出现在视野中时，颞叶的一个叫做梭状回的特定区域会做出反应。

脸加工专门化的证据之一出自对倒置的脸部识别的研究。在一项原创性的研究中，殷（Yin）发现，人们对垂直方向呈现的脸的识别要比对以同样方向呈现的其他类别物体的识别要好得多。然而，当脸倒置呈现时，对其识别能力急剧下降，但对其他物体的识别则不会出现这种情况。因此，这似乎表明我们有特殊的识别脸的能力。研究还发现，当脸倒置呈现时，梭状回的 fMRI 的反应减弱。另外，当脸的某个部分出现在脸上时，识别起来会更容易；但是，在识别一幢房屋的组成部分时则没有同样的情境依赖。所有的这些证据导致一些研究者认为我们特别善于识别整体的脸，有时候这一特殊的能力被论证是通过进化获得的。

另外的研究则不支持脸部识别特异化的结论，而是提供了梭状回专门作出精细辨别的证据。我们对脸极为熟悉，因此，在对脸进行识别的过程中我们善于做出这种细致的判断。但是，对于那些我们已经非常了解的其他刺激，也可以看到类似的效应。例如，鸟类专家或汽车专家对鸟类或汽车进行判断时，他们的梭状回也会表现出高度激活。在另一项研究中，经过大量的联系之后，人们识别一组名为 greeble 的不熟悉物体时（如图 6.4），梭状回也会表现出激活。

**图 6.4 "Greeble 专家"在识别这些物体时会使用脸识别区**①

布鲁斯和杨（Bruce & Yang）提出了几个相当有影响的面孔识别模型。该模型包含了 8 个成分：（1）结构性编码（structural encoding）：这可以产生关于面孔的各种表征或描述。（2）表情分析（expression analysis）：可从面孔特征推测人的情绪状态。（3）面部语言分析（facial speech analysis）：对说话者嘴唇运动的观察可帮助语言知觉。（4）指引性视觉加工（directed visual processing）：特定面孔信息可被选择性地加工。（5）面孔识别单元（face recognition units）：这些单元包含已知面孔的结构性信息。（6）个人身份结点（person identity nodes）：这些结点可提供关于个体的信息（如职业和兴趣等）。（7）名字产生（name generation）：一个人的名字是被单独贮存的。（8）认知系统（cognitive system）：这一系统包含附加信息（如男女演员倾向于有更吸引人的长相）；这一系统也影响其他成分受到注意的情况。

对熟悉面孔的识别主要依赖于结构性编码、面孔识别单元、个人身份结点和名字产生等 4 个成分。相反，对不熟悉面孔的加工主要涉及结构性编码、表情分析、面部语言分析和指引性视觉加工等过程。

布鲁斯和杨假定熟悉和不熟悉面孔是以不同的方式被加工的。如果我们能够找到一些患者，其熟悉面孔识别能力完整，但不熟悉面孔识别能力严重损害，并且找到表现出正好相反的模式的另一些患者，那么，从这一双重分离现象可推断熟悉和不熟悉面孔识别所涉及的过程是不同的。

麦乐（Malone）等人测试了一个患者，其识别著名政治人物照片的能力保持相对完整（17 幅中有 14 幅判断正确），但几乎不能匹配不熟悉面孔。对于第二个患者来说情况则正好相反。该患者匹配不熟悉面孔的能力

---

① 图片来源：Gauthier, Tarr, Anderson, Skudiarski & Gore, 1999. Reprinted by permission of the publisher. © 1999 by *Nature neuroscience*.

正常，但识别著名政治人物的能力受到严重损害（22幅中有5幅判断正确）。根据这一模型，名字产生成分只有通过适当的个人身份结点才能被加工。这样，如果不在同时获得一个人的其他信息，我们就不能把一个名字与一副面孔匹配起来。杨（Yang）等人要求被试保存一些在面孔识别中所遇到的特定问题的日记记录，研究者总共设计了1008个事件，但当对要识别的那个人一无所知时，被试就不能把名字和面孔匹配起来。相反，研究者发现共有190个场合，被试能够记忆起那个人相当多的信息，但不包括其名字。

　　研究者也获得了相应的认知神经心理学证据。比较典型的是，如果不知道目标人物的其他信息，脑损伤患者就不能把一个人的名字和面孔联系起来。例如，福路德和爱丽丝（Fulude & Ellis）研究了患者EST。当呈现熟悉面孔时，EST能正确提取85%熟悉面孔人群的职业，但只能回忆15%的名字。根据这一模型，另一类问题应该很常见。如果某一适当的面孔识别单元被激活而其个人身份节点则没有，那么，被试应该有一种熟悉的感觉，而又不能想起与那个人的任何相关信息。杨等人的研究中，总共有233例这样的事件。当我们注视一幅熟悉面孔时，从面孔识别单元获得的熟悉性信息、从个人身份结点获得的个人信息（如职业）和从名字产生成分获得的个人名字信息按先后依次得到加工。从而，关于面孔熟悉性的判断应该比那些基于个人身份结点的判断更快一些。正如所预测的一样，杨等人发现，判断一副面孔是否熟悉，要快于判断一副面孔是否属于一位政治家。从模型还可以看出，基于个人身份结点的判断，应该快于那些基于名字产生成分的判断。被试一般判断一副面孔是否属于一位政治家，要明显快于给出一个人的名字。

　　布鲁斯和杨的模型对关于面孔的各种信息以及信息的关联方式给出了统一的解释。模型的另一优点是熟悉和不熟悉面孔加工进行了明确区分。但模型也存在一定的局限性。首先，对不熟悉面孔加工的解释与熟悉面孔加工相比，显得很不细致。其次，对认知系统的定义很模糊。第三，一些证据并不支持"名字只有通过贮存于个人身份结点中的相关自传信息才能被加工"这一观点。遗忘症患者ME能够对88%的著名面孔和名字进行匹配，但却不能回忆起任何自传性信息。第四，一些患者识别熟悉面孔要好于不熟悉面孔，而另一些患者则正好表现出相反的结果，这一事实对该理论很重要。一些研究者发现了这一双重分离现象，但结果很难重复。比如，杨等人研究了34位大脑损伤的男性，并评估了熟悉面孔鉴别、不熟悉面孔匹配和表情分析等三方面的内容，其中，5位患者在表情分析方面存在选择性损伤，但熟悉和不熟悉面孔识别能力也存在选择性损伤的证据则不太充分。因此，这些研究方法的局限性可能导致错误的结论。

## 第二节 视觉识别障碍的神经心理学证据

脑损伤患者一般都患有范围相当广泛的知觉障碍。我们这里主要讲述的是视觉性失认（visual agnosia）、视觉性失语（optic aphasia）和特异性类别命名障碍（category-specific anomia）。

视觉性失认这一术语用来描述那些尽管视觉信息已经抵达大脑皮质但仍然具有严重物体识别障碍的患者。此外，视觉性失认患者仍可通过其他感觉通道（如触觉和听觉等）识别目标。研究人员已经区分了两种视觉性失认：

知觉性失认（apperceptive agnosia）：在这种障碍中，物体识别困难是因严重的知觉加工缺陷所引起的。

联络性失认（associative agnosia）：在这种障碍中，知觉加工是完整的，物体识别困难是因对目标的视觉性记忆损害或不能搜索到与目标相关的语义记忆信息所造成的。

视觉性失语是指命名视觉目标时存在困难而通过触觉等却能正确命名目标的一类障碍。视觉性失语与视觉性失认是有区别的，因为视觉性失语者仍然具有对那些不能命名的视觉目标进行正确使用的能力。这一现象有时可用视觉性失语并不损害对视觉目标的语义记忆信息来解释。然而，研究表明这些患者在处理关于目标的语义信息时也存在困难。一些研究者认为视觉性失语和视觉性失认之间只存在细微差别,主要表现在胼胝体切断的程度不同而已。更为具体来说,视觉性失语患者比视觉失认患者有更严重的胼胝体损伤。

特异性类别命名障碍是指对某些特定类别的目标存在命名障碍,特异性类别命名障碍的典型例子是对生物的命名严重损伤而对非生物的命名要好一些。

表 6.1 三类知觉障碍

| 视觉性失认 | 视觉性失语 | 特异性类别命名障碍 |
| --- | --- | --- |
| 物体识别受到损害(尽管视觉信息可以抵达大脑皮质)亚型:<br>1. 知觉性失认:因知觉加工障碍引起<br>2. 联络性失认:因视觉记忆或语义知识提取障碍 | 不能命名视觉目标,但可以使用目标 | 选择性地损害对特定类别目标的命名能力 |

## 一、视觉性失认

有关知觉障碍的研究主要集中在视觉性失认这一方面,因而我们这里所介绍的实验证据也主要是与此障碍有关的。连接注意模型最近提出了对一些主要知觉障碍的理论性解释。

研究者用来评估知觉性失认的两个常用测验是 Gollin 图形测验和不完全字母测验。在 Gollin 图形测验中,向被试呈现一系列逐渐变得完整的目标素描图,知觉性失认患者较正常人需要更完整的素描图才能识别目标。不完全字母测验是向被试呈现一些残缺不全的字母,并要求被试进行识别。知觉失认患者较正常人在该项任务中表现更差一些。知觉性失认患者在对其不能命名的目标进行匹配和复制时,成绩要比联络性失认患者差。

沃灵顿和泰勒认为知觉性失认的关键问题是患者存在目标恒常性方面的缺陷。所谓目标恒常性是指被试不管观察条件如何,都能识别目标的能力。他们采用"照片对"检验了这一理论,其中一张照片是从一个典型和常见的角度拍摄的，而另一张则是从一个很不常见的角度拍摄的。例如，一个电熨斗的常见视角是从上方拍摄，而不常见视角是只能看到底部和部分手柄。当每次呈现一张照片时，患者对从常见视角拍摄的照片识别较好，而对从不常见视角拍摄的同一物体识别较差。当一次呈现一对照片，并要求这些知觉障碍患者报告照片是否描述的为同一目标时，沃灵顿和泰勒获得了更为有趣的证据。患者在这项任务中的成绩很差，表明患者即使在常见视角这一识别条件同时出现，并知道目标可能是什么的条件下，也很难从一个不常见视角来识别目标。

沃灵顿和泰勒的发现可用马尔的理论（二维草图理论）来解释：患者很难把在不常见观察下所获得的信息转换成三维模型表征。然而，对一个目标的不常见观察至少有两种情况：一种情况是，目标是按透视法缩短的（foreshortened），从而使得很难确定目标的延长主轴；另一种情况是，目标的区分性特征不在视野里。

汉弗莱斯和里多克（Humphreys & Riddoch）比较了上述两种可能性。他们使用了一些照片，其中部分不常见观察是因阻止了某一显著特征所引起的，另一部分是因透视缩短引起的。实验者要求被试对照片中的目标命名或者判断三张照片中的哪两张包含同一目标。研究者研究了四位右侧大脑后部损伤的患者，并发现患者几乎不能处理透视缩短的照片，但对缺乏显著特征的照片则没什么问题。马尔等人认为，透视缩短使得患者很难获取关于目标的三维模型表征，因此，这些发现与其理论立场是基本一致的。

联络性失认患者在命名目标时具有困难。因而，他们对不能命名的目标却能复制和匹配。例如，他们就能够从不常见角度对目标的照片进行匹配。某些联络性失认患者对在知觉特征上相似的目标进行区分，如对实际目标的照片和通过转换实际目标各组成部分而成的人工目标的照片进行区分等。

某些联络性失认患者会表现出一种类别特异性现象，即患者对于某些特定目标类别的识别会出现困难。例如，沃灵顿等人研究了严重联络性失认患者JBR，患者在鉴别生命体时存在明显困难，而对非生命体则基本正常，其鉴别正确率分别为大约6%和90%。从其他研究的发现表明，在患者JBR身上所显示出的障碍模式要比其相反模式（即非生命体识别出现障碍而生命体识别相对正常）普遍得多。然而，沃灵顿也确实报告了对物体简图识别要比对动物简图识别更差一些的个案。任务是要求被试评定所呈现的5幅简图中，哪幅与目标图最接近。

我们怎样解释这些发现呢？识别生命体与非生命体更难一些的原因可用下述假设来解释：生命体图片在外形上较非生命体图片来说更接近一些，因而也就更难识别一些。伽凡和海伍德（Gaffan & Heywood）报告了支持这一假设的证据。他们要求正常被试命名呈现时间只有20毫秒的生命体和非生命体图片。这一研究的关键发现是，被试命名生命体的成绩要比非生命体的差很多，表明生命体更难识别一些。伽凡和海伍德的发现并不能解释为什么一些联络性失认患者识别非生命体要比生命体更困难这一现象。一种可能性是，不同的大脑区域储存了一些参与生命体和非生命体识别的语义知识。

汉弗莱斯和里多克报告了一例非常有趣的失认症个案。患者HJR在一次中风后不能识别绝大多数目标，然而，他可凭实物或记忆较为准确地描绘那些不能识别的目标。他的知觉障碍主要表现为很难把关于目标各个部分的信息整合起来以便识别这些目标。用HJR自己的话来说，"如果单独呈现的话，我能够识别众多常见物体……当物体放置在一起时，我就面临更多困难。单独识别一片香肠，要比从一盘色拉中挑选出同样的东西容易得多"。

汉弗莱斯的研究发现，患者HJA在整合或组织视觉信息方面存在严重问题。对多数人来说，从由干扰T组成的字母表中搜索一个倒写的T应该是一件很容易的事情。然而，HJA的搜索成绩不仅很慢，而且错误也多。这一现象很可能是因患者很难对干扰字母进行整合造成的。

HJA并不是迄今发现的唯一一位具有视觉整合障碍的失认患者。有一位因车祸导致头部损伤的患者CK，该患者在复制一个由三个彼此相连的几何图形（两个菱形和一个圆）组成的图形时基本没有什么问题。几乎所有正常被试都是一个接一个地复制那些几何图形直到完成任务。CK的做法是，他先把整个图形的外形复制一遍，然后再补上缺失的部分。也就是说，在完成一个几何图形的复制前，他常常会跳到下一个图形去。他缺乏把各种特征整合为一个连贯整体的能力可能是许多失认患者的显著特征。

总得来说，汉弗莱斯认为知觉性失认和联络性失认这一区分可能过于简单化了。根据他们的观点，视觉性物体识别设计一个序列加工过程：特征编码（feature coding）、特征整合（feature integration）、提取存储的目标结构性特征知识（accessing stored structured object descriptions）和提取目标的语义知识（accessing semantic knowledge about objects）。上述任何一个过程出现问题都将引起视觉性物体识别障碍。相对于知觉性失认和联络性失认这样一个简单分类，上述区分更为复杂但又符合实际一些。

## 二、认知科学证据

一些研究者提出了描述物体识别以及其他更高级知觉加工的计算机模型。他们不仅提出了相关的计算机模型，而且还评估了"损毁"效应或研究了模型损毁对视觉加工的影响。目的是通过计算机来模拟大脑损伤对知觉加工的影响。我们这里将讨论两个这样的模型，第一个计算机模型旨在揭示物体识别的某些内在过程，而且研究者通过破坏该模型来模拟视觉性失认现象。第二个计算机模型集中讨论更高级的知觉过程，而且损伤该模型可模拟人类的各种知觉障碍。

### （一）法拉和麦克莱兰（Farah & McClelland）的模型

法拉和麦克莱兰提出了一个基于联结主义网络的计算机模型。该模型有两个外围输入系统（分别为视觉和言语系统）和一个语义系统组成。当呈现一个视觉目标时，在视觉系统内将会产生一个独特的兴奋模式。当呈现一个目标的名字时，在言语系统内也将会产生一个独特的兴奋模式，两个系统之间并无任何直接连结。那么，该模型是怎样对一个目标命名的？根据法拉和麦克莱兰的观点，视觉和言语两个系统通过一个语义系统发生联系，而且目标命名涉及对从视觉系统进入语义系统，以及再到言语系统信息加工过程。

该计算机模型的关键特征之一是语义系统就被分解为视觉单元和功能，或语义单元。视觉单元的数量是功能单元的3倍，而且所有语义系统内的单元都是彼此联结的。视觉单元蕴含目标的视觉特征信息（如所有香蕉都是黄色的和人有两条腿等），相反，功能单元蕴含目标的用途以及目标间相互影响方式的语义信息（如食物是用来吃的以及椅子是用来坐的等）。为什么语义系统内视觉单元会是功能单元的3倍呢？研究者给出生命体和非生命体的定义，被试判断描述符（descriptor）是视觉性的还是功能性的。结果表明，3倍以上的描述符被认为是视觉性的，特别重要的是，对生命体来说，视觉性描述符之间的比率是7.7∶1，但对非生命体来说，这个比率只有一点，1.4∶1。生命体和非生命体之间的这一差别被固化进模型的语义系统中。

我们可以通过训练这个模型识别10个生命体和10个非生命体来对其进行测试。在40次训练后，模型的成绩就非常好了。接着，法拉和麦克莱兰通过损伤语义系统的方法模拟出了视觉联络性失认障碍。这一损伤是通过使某些语义单元失活而实现的。损毁语义系统中的视觉单元会对生命体的识别产生更为严重的影响，而对功能单元的损害则对识别影响不大。对功能单元的损害使得物体识别能力轻微下降，但也只局限于非生命体。

法拉和麦克莱兰的计算机模型拥有一些优势。第一，它对物体识别所牵涉的关键过程给出了一个简明解释。第二，模型对已发现的双重分离现象进行了解释，这里的双重分离，是指一些患者对生命体的识别要明显好于非生命体，而另一些患者则情况正好相反，对非生命体的识别要好于生命体。第三，该模型也有助于解释为什么生命体识别障碍患者要多于非生命体识别障碍患者。

就其缺陷来说，物体识别所涉及的过程要比该模型所建议的复杂得多。此外，模型对于系统是怎样被巧妙地组合到视觉和功能子系统中并没有清楚的论述。一种可能情况是，这种组合是部分基于类别特性的，即不同类别物体分别贮存于大脑的不同区域。达马西奥（Damasio）等对这种情况进行了研究。他们要求大脑损伤患者对一些注明面孔、动物和工具进行命名。结果发现大脑左半球的不同区域分别与上述三种类别目标的识别有关。正如达马西奥等所总结的那样：与人类有关的词汇的提取异常同左侧颞极有关；与动物有关的词汇的提取异常域同左侧颞下区有关；与工具有关的词汇的提取异常域同后外侧颞下区有关。

之后，达马西奥等把同样目标命名任务分配给正常被试。PET 数据显示大脑左半球不同区域的激活分别与命名著名面孔、动物和工具相对应。更令人兴奋的是，这些区域与从脑损伤患者大脑中发现的区域是完全一致的。然而，有一点可以肯定的是大脑中还有其他一些区域也参与物体识别。

法拉和麦克莱兰的模型还存在另外一个问题。根据该模型，语义系统中视觉和知觉单元应该是彼此连结的。这样一来，对于严重视觉记忆障碍患者，当只提供目标的名字时，其关于功能信息的记忆应该也很差。事实上，一些患者表现出完整的功能记忆，而同时又出现严重的视觉记忆障碍现象。

**（二）汉弗莱斯（Humphreys）模型**

汉弗莱斯等提出了关于物体识别命名和视觉性失认的交互激活和竞争模型（the interactive and competition model）。该模型包含4种单元组，分别是：（1）目标存储的结构性描述（stored structural description of objects）；（2）语义表征（semantic representations）；（3）名字表征（name representations）；（4）上位单元或类别标志（superordinate units or category labels）。来自结构单元的兴奋先经过语义单元，然后才抵达名词表征。在相邻水平上，相关单元的连结是双向的。此外，每一水平内部，各单元之间还存在双向抑制连结。根据这一模型，与呈现目标在视觉上相似的结构性描述也会产生某种程度的兴奋。特别重要的是，研究者假定，相对于非生命体来说，生命体更容易与同类成员在视觉上出现相似的情况。

根据这一模型，对于生命体的命名应该比非生命体的要慢一些，但归类又要更快一些。这是为什么呢？生命体相比非生命体更容易出现彼此相似的情况。这就引起更多不相关结构性表征和名字表征的兴奋，而这些兴奋又会抑制对生命体的命名以及降低操作速度。相反，这些来自同一类别的无关表征的兴奋又会增加恰当类别标志的兴奋，因而依旧促进对目标的归类。利用模型进行的模拟研究证实了这两个预测，而且也与针对人类的研究发现相一致。

汉弗莱斯等发现对具有常见名字目标的命名要快于对具有不常见名字目标的命名，而且这一频率效应对非生命体的效果要比生命体更好一些。汉弗莱斯等发现，从他们的模型也可获得同样的结果。根据这一模型，从语义表征到名字表征的兴奋对具有常见名字的目标来说更大一些，这也就导致了整体效率效应。当呈现生命体目标时，针对无关结构和名字表征得更强烈兴奋会降低这种优势。

联络性失认患者特别表现出对生命体的更为严重的识别障碍，但对归类任务完成得还不错。当损毁模型的一些部位时，对目标的命名，特别是对生命体命名的能力会下降。这种针对生命体的显著效应是因生命体倾向于激活各种相似目标的结构性表征而引起的，当然也就增加了命名的难度。

类别特异性命名障碍患者对某类目标（特别针对生命体来说）的命名会表现出选择性损伤现象，而对目标语义信息的加工则相对完好。汉弗莱斯等曾试图通过损毁模型中语义和名字表征间的连结来模拟类别特异性命名障碍。他们发现，模型在对生命体的命名上要差于对非生命体的命名，这与从患者身上获得的证据是一致的。该模型是一个交互作用模型，所产生的后果是，当呈现生命体时，针对无关结构表征得更强烈激活妨碍命名的效果。

汉弗莱斯等所提出的交互激活与竞争模型对正常人和各种视觉障碍患者的物体识别给予的解释。该模型是对法拉和麦克莱兰的计算机模型的改进。后者主要用来模拟视觉障碍患者的物体识别过程。汉弗莱斯等的模型也是对其更早模型的进一步发展，它对物体识别、目标命名和目标归类所涉及的过程进行了详细描述。而且，该模型还具有另外一个重要优势，即该模型能很好地解释如下现象：当呈现目标名字时，患者功能或语音信息保持完好，但关于目标的视觉信息却损害严重。在汉弗莱斯的模型中，视觉或结构性信息是与功能或语义信息独立贮存的，而且功能或语义信息对命名这样的任务要比结构性信息更有帮助一些。从而，目标命名完全有可能只激活功能信息而不激活视觉信息。

汉弗莱斯还发现损伤模型中结构性描述与语义表征之间的联结将引起一种特定的损害模式，即对视觉信息的加工相对完好，而对语义信息的处理受到损害。这与在视觉性失语患者身上获得的障碍模式一致。例如，即使只是部分加工相关语义信息，这些患者还能够对实际目标的图片和由许多实际目标的各个部分拼合而成的人工图片进行区分。正如爱丽丝（Ellis）和汉弗莱斯所指出的那样，"像法拉和麦克莱兰的计算机模型所提出的那一类模型并没有对贮存知识进行区分，因而，很难解释其中一种能力保持完整这样的分离现象"。该模型并不能很好地解释某些失认患者对非生命体的命名和语义信息加工比生命体更差这一现象。然而，爱丽丝和汉弗莱斯认为，如果损伤不是弥散性的而是选择性的，那么，就会更影响非生命体的贮存单元和表征之间的连结，因而，这些效应还是能够被模型解释的。

## 三、高水平视觉的一般理论

科斯林（Kosslyn）等提出了一个适用范围更广泛的高水平视觉加工理论。高水平视觉是指涉及利用已贮存信息进行视觉信息处理的过程。有关大脑功能的证据被用来构建这一理论，并且一个计算机模拟模型也被用于考查哪些成分是高水平视觉加工所必需的。这一计算机模拟模型也被用来研究不同视觉系统损伤所产生的后果。

在整个视知觉系统内存在各种子系统，而且每一个系统都由一个平行分布网络构成。根据信息的流向，起始点类似于 Marr 理论中二维草图所表征的信息（也就是边缘、深度和方向信息）。这些信息随后被传送到视觉缓冲器。视觉缓冲器中所贮存的信息能传送到某个阶段进行进一步加工的信息要多。这样一来，研究者设计了一个注意视窗（attention window）来解决这一问题。

该理论的中心假设之一是目标（即关于"是什么"的信息）和空间（即关于"在哪里"的信息）信息的编码分别在彼此独立的子系统中进行处理。研究者已经发现了针对这一假设的相当多的支持证据。该理论假定被传送到空间特征子系统（spatial properties sub-system）的来自视觉缓冲器的空间信息与其在视网膜上的位置有关。这一子系统的主要功能之一是传输这种视网膜位置表征（retinotopic representation）。视网膜位置表征与目标的空间位置信息直接相关。目标特征子系统根据边缘、纹理、颜色和强度信息对信息输入的非意外特征进行鉴别。这与比德尔曼（Biederman）的理论所描述的有点类似。科斯林等对子系统是否产生观察点中心表征或目标表层并没有给出定论。

联想记忆子系统负责整合由空间特征子系统和目标特征子系统提供的空间和目标信息。这些信息与贮存的适当信息匹配以便进行物体识别。这是一个连续加工过程：当空间和目标信息积累于联想记忆中时，同时也会产生一个关于目标身份的假设。最终，通过自上而下的搜索检验这一假设。它可被用来在联想记忆中寻找所假设目标应该具有的那些特征，或者如果这是物体识别所必需的，它能引起注意转移。

## 四、计算机模拟

柯斯林等人利用计算机模拟评估了损伤部分视觉加工系统对视觉的影响作用。一些既可表示一张面孔又可表示一只狐狸的二维刺激组合，被放置于视觉缓冲器中。同时，大约只有原二维刺激组合1/9的刺激信息通过注意视窗被传送到其他子系统。然后，计算机模拟程序被安排了四种不同的任务：第一，这是什么？第二，这是谁？第三，他们相同吗？第四，这里是什么？计算机模拟研究最惊人的发现是许多知觉障碍都可由几种损毁或损伤引起。一个例子就是视觉性失认（一种命名和注意能力完整但不能识别视觉目标的视觉障碍）。在这个研究中，视觉性失认被操作定义为第一个任务成绩很差，而第二个任务成绩正常。研究者总共设计了34种不同类型的损伤来产生上述失认障碍。在另一项相似的情况中，研究者还发现了面孔失认（prosopagnosia）现象。面孔失认也就是患者识别面孔时存在困难。在该研究中，面孔失认被操作定义为系统虽可把一张面孔鉴别为面孔（第一个任务），但不知道它是谁的面孔（第二个任务）。这一表现模式可由16种不同类型的损伤引起。

为什么某些视知觉障碍可由多种方式引起呢？主要原因是因为视觉加工系统的相互连结特征，例如，目标特征子系统内部的损伤，意味着从该系统向联想记忆系统的输出不正常，这样的后果是，即使联想记忆系统完好无损，它本身还是存在功能障碍。

柯斯林等人还讨论了一种称之为同时性失认（simultanagnosia）的视觉障碍。在这种障碍中，系统在一个时间点上只能知觉到一个目标。计算机模拟显示这种障碍只有通过部分损伤负责产生空间位置表征的空间特征子系统的某些部分时，才会引起上述障碍。这样就比较容易预测同时性失认应该比其他类型的视觉障碍更常见一些，事实也与此相符。

柯斯林等所提出的理论具有三个优势。第一，这是在高水平视觉加工方面提出的第一个计算加工子系统的理论，而且结合了大脑系统的有关知识。第二，该理论认为，认知神经心理学家提供了一个有效的理论框架，使其可从理论层面上理解，从脑损伤患者中获得的相关证据。第三，这是为数不多的考虑到注意和知觉之间可进行整合的理论之一。

但是这一理论太一般化了，这样一来，理论很少涉及对每一子系统内部各种具体加工过程的详细描述。当涉及联想记忆和自上而下加工时，理论缺乏特异性就可能变得更加引人注意。对上述两种情况来说，了解一个特定的子系统完成了什么，要比了解它是怎样完成的清楚得多。

## 第三节 类别言语识别

言语知觉比我们想象的要复杂得多，部分原因是口语速率最高达每秒12音素（基本口语单位）。令人惊讶的是，我们能理解口语速度最多不能超过每分钟 50—60 个语音。在正常口语中，音素会出现重叠现象，同时存在一种协同发音现象，即一个语音片段的产生会影响到后一个片段的产生；而线性问题（linearity problem）是指协同发音引起言语知觉困难的现象。

另一个与线性问题相关的是非恒定性问题（non-invariance problem）。这一问题是因任何给定的语音成分（如音素）的声音模式并不是恒定不变的而引起的，而是它受到前后一个或多个声音的影响。这对辅音来说更是如此，因为它们的声音模式常常依赖于紧随其后的元音而定。

口语一般由连续变化的声音模式以及少数停顿所组成。这与有独立声音构成的言语知觉形成鲜明对比。言语信号的连续性特征会产生分割问题（segmentation problem），即决定一个连续的声音流怎样被分割成词汇。

关于视觉模式识别的普遍性检验是，它们是否推广至言语识别。言语识别的一个主要问题是对识别对象的分割。言语不能像打印的文本那样被分离成离散的单元。尽管在言语中词与词之间似乎存在界限分明的停顿，但是这些停顿往往是一种错觉。如果我们分析言语的真实物理信号，常常会发现在词的边界处声能并未衰减。事实上，出现在单词内的声能间隔与出现在单词间的非常相似。在听别人说一种我们不熟悉的外语时，言语的这种特性会特别明显。言语似乎是连续的声音流，中间没有明显的单词界限。正是由于我们对自己母语的熟悉，才导致言语中有词间隔存在的错觉。

## 一、声谱图

许多关于言语信号的有价值的信息均来自对声谱图的分析，在声谱仪的帮助下，声音通过一个麦克风输入，然后被转化成电信号。这个信号被送到一个滤波器组，筛选出那些窄频波段。最后，声谱仪产生一个随时间变化的针对声音成分频率的可视记录，这就是声谱图。声谱图可提供关于共振峰的信息，所谓共振峰是指，当说出一个音素时被发音装置所关注的频段。元音具有三个共振峰，分别标以第一、第二和第三共振峰，并且从最低频的共振峰开始。然而，元音常常通过开始的两个共振峰来实现。绝大多数元音都低于 1200 赫兹，相反，许多辅音都高于 2400 赫兹。

声谱图似乎可以提供关于对人类听觉系统产生最大影响的声波的各种特征的准确信息。然而，这并不是必然情况。例如，共振峰在声谱图中看起来很重要，但这并不足以证明它们在人类言语知觉中的价值，声谱图具有重要价值的证据已经通过使用模式回放或者声音合成机而得到。模式回放允许声谱仪回放信息，从而，在声谱图中的频率模式是由言语所产生的，而且回放模式允许声谱图重新转换成语音信号。

苏斯曼（Sussman）等研究者要求各类说话者去说一些以辅音开头的相同的短词。他们在声谱图上发现了被试之间清晰可辨的差异。那么，听者怎样处理这些差异呢？研究者特别关注声谱图上有关信息的两方面特征：第一，在转折点上（即第二个共振峰开始之处）的声音频率。第二，第二个共振峰的稳定频率。在二者之间存在某种相关稳定性：那些对第一个测量具有高频特性的说话者对第二个也具有高频特征，而其他说话者对两个测量均具有低频特性。听者可能使用关于这种相关稳定性的信息去识别所说词汇。

另外，一个把语音转变成视觉形式的替代性方法是连续声谱展示（running spectral display）。这些展示提供了在连续变化的短暂时段内音频变化的信息。连续声谱展示相对于声谱图的优点是，前者更为准确地展现了能量是怎样在每一频段呈现的。

## 二、类别言语知觉

言语知觉不同于其他听觉，例如，研究者发现存在确切的关于言语知觉的左半球优势（left-hemisphere advantage），但对其他听觉信息而言，情况就不是这样。言语知觉展示的是类别言语知觉（categorical speech perception）：处于两个因素之间的言语刺激可以典型地归类为一个因素或另一个因素，从而产生一个区分边界。例如，日语并不区分发音 [1] 和 [r]，对于日本被试来说，由于这些发音都是属于同一个类别，所以，听者很难区分它们。这一点与非言语声音的情况很不同。在非言语声音中,对两个声音之间的分辨能力要优于把它们区分为不同类别的能力。

从我们关于言语知觉的意识性经验中,研究者发现了明确的证据支持类别言语知觉。然而,这不一定意味着言语加工的更早期的阶段也进行类别加工。事实上,已经有证据表明情况不是这样的。

言语知觉和听觉之间的一般性区别促使一些研究者提出言语知觉涉及一个特异性模块或者认知处理器,其功能独立于其他模块。研究者提出,言语知觉的模块(如果存在的话)的使用不应该受到一些相对独立音素的影响(如听者关于信号信息的信念)。他们向两组被试播放一系列语音。一组被试被告知他们将听到一些合成或人工语音,而他们的任务是写下播放出来的内容。这些被试在完成这个任务时没有什么困难。对另一组被试,实验者只是简单告知被试把所听到的描述出来。被试报告听到了电子合成的声音、磁带录音机出现问题的声音、无线电干扰声等,但他们并没有知觉到任何言语。言语加工依赖于听者的期望意向这一事实,提示给我们,言语知觉并不涉及一个特别的模块。

关于类别性知觉究竟意味着什么,至少存在着两种观点,它们的区别在于对知觉本质的强调不同。较弱的观点认为,我们体验的是来自不同类别的刺激。看起来,对于音素知觉是这种意义下的类别性知觉似乎争论不大。较强的观点认为,我们无法辨别类别内的刺激。马萨罗(Massaro)针对这一观点提出了异议,他认为存在着些许类别内的分辨能力。他进一步指出,类别内辨别能力低下可能反映了被试的一种偏好:即使存在着可以辨别的差异,他们仍倾向于说类别内的刺激是相同的。

为言语识别中使用浊音音质特征提供了支持证据的另一条研究路线是自适应范式。埃马斯和科比特(Eimas & Crotbit)让被试听重复呈现的声音 da,这个声音包含一个浊辅音/d/。研究者推断,浊辅音的持续重复可能会造成检测浊音音质特征的觉察器的疲劳或适应。然后,他们向被试呈现一系列人工声音,这些声音处于某个声音的连续体内,例如 ba 与 pa 之间的范围。他们要求被试指出,这些人工刺激听起来更像 ba 还是更像 pa。注意,在 ba 与 pa 之间唯一的差别在于浊音音质。埃马斯和科比特发现,在通常情况下被报告成浊音 ba 的一些刺激,现在被报告成清音 pa。因此,重复呈现声音 da 造成了浊音音质特征觉察器的疲劳,提高了觉察 ba 中浊音音质的阈值,从而使先前的许多 ba 刺激听起来像 pa。

虽然言语知觉在某种意义上是类别性的已经是一种共识,但是关于这种现象背后的机制仍存在很大争论。一些研究者认为这反映了能够使人感知到声音是如何产生的特殊的言语知觉机制。例如,清辅音和浊辅音产生时的类别性区别——发音时声带是否振动。该事实被用来说明我们是通过感知辅音如何产生来感知浊音音质的。但是,有证据表明类别知觉并不专属于人类的语言加工,而是反映了某些声音如何被感知的一般特性。例如,皮索尼(Pisoni)制造出了一些非语言纯音,它们具有与声带振动相似的声学特征:一个低频音与一个高频音同时产生,或者期间有 60ms 的时间延迟。被试显示了言语信号边界相同的边界。在另一项研究中,库尔(Kuhl)训练南美栗鼠区分浊辅音"da"和清辅音"a"。即便这些小动物没有人的声道,它们仍然像人一样在这两种刺激间产生了清晰的边界。因此,类别性知觉似乎既不依赖于语音信号也不依赖于知觉者是否具有人类发声系统。迪尔(Diehl)等人认为我们所使用的音素是经过选择的,所以它们在言语听觉知觉中存在着类别边界。因此,更有可能的是,知觉系统决定了我们的言语行为,而不是言语行为决定了我们的知觉。

## 三、单词识别

研究言语知觉的一个关键问题是需要确定口头单词识别中所涉及的加工过程,针对这一论题,研究者已开展了大量的工作。

在一个单词内甚至存在着更大的分割问题。这些单词内的问题涉及到对音素(phonemes)的识别。音素是语音的基本单元,我们借助音素来识别单词。音素被定义为导致口语信息差别的言语的最小单元。比如,bat(蝙蝠)这个单词,该单词由三个音素组成:/b/, /a/, /t/。如果音素/p/取代音素/b/,我们就得到 pat(轻拍);如果音素/i/取代音素/a/,我们就得到 bit(少量的);如果用音素/n/取代音素/t/,我们就得到 ban(禁止)。很显然,在字母与音素之间并非总存在着一一对应的关系。例如,单词 one 有音素/w/,/e/和/n/构成;单词 school 由音素/s/,/k/,/u/,/l/构成;单词 knight 由音素/n/,/i/和/t/构成。正是字母与读音之间缺乏严格的对应关系才使得英语拼写如此困难。

当需要识别构成所说单词的音素时,分割问题便出现了。困难在于言语是连续的,音素无法像印刷在纸张上的字母那样分开。在这个层面上的分割就像识别手写文字那样,一个字母连上另一个字母。另外,就像手写体的字迹不同那样,不同的说话者对同一音素发音也各不相同。例如,当一个人试图听懂一位带有浓重口音的人所说的不熟悉的方言时,会发现说话人之间的差异极为明显。然而,对言语信号的分析发现,即使操着相同口音的说话者,也存在着相当大的差异。例如,妇女和儿童的声音通常要比男士的音调高很多。

言语感知中更进一步的困难在于一种被称为连音的现象。当声道发出一个音时,例如,发 bag 中的/b/音,它要向发/a/音所需的口型移动。发/a/音时,它要向发音/g/音的口形移动。实际上,各个音素是重叠的。这就为音素分割增添了困难,而且还意味着一个音素的实际发音由其前后的其他音素决定。

言语知觉所提出的信息加工要求在很多方面都高于听知觉。研究者们报告了许多由于左颞叶损伤而丧失了听语言能力的患者。他们察觉和识别其他声音的能力以及说话的能力依然完好。因此,他们损伤的只是言语知觉。如果所听的言语说得非常慢,患者偶尔也会听懂,这表明其中某些问题可能出在对言语流的分割上。

### (一) 自下而上加工与自上而下加工

口头单词识别通常是自下而上加工或数据驱动加工(由听觉信号所启动)与自上而下加工或概念驱动加工(产生于语言情境之中)共同作用的结果。然而,正如我们即将看到的,关于信息是如何从自下而上与自上而下加工整合起来完成单词识别的还存在分歧。

口语由一系列声音或者音素构成,而这些音素又整合成各种特征。针对音素，这些特征如下：(1) 产生形式（口头、鼻音、摩擦音）；(2) 发音位置（place of articulation）；(3) 发出浊音（voicing）：喉部振动以便发出一个浊音（voiced phoneme）而不是清音（voiceless phoneme）。在单词识别中自下而上加工会利用特征信息的观点得到了米勒和奈斯里（Miller & Nicely）的一个非常经典的研究的支持。他们要求被试在一个噪音背景上对所给辅音进行识别。最容易混淆的那些辅音是那些只有一个特征不同的辅音。

基于情境的自上而下加工参与言语知觉的观点得到了实验的支持。研究者研究了所谓的因素恢复效应（phonemic restoration effect）。被试听到一个句子，其中一小部分被删除了并被一个无意义的声音所替代。实验中所使用的句子如下所示（*表示句子中被删除的部分）：

(1) It was found that *eel was on the axle.
(2) It was found that *eel was on the shoe.
(3) It was found that *eel was on the table.
(4) It was found that *eel was on the orange.

被试对句子中的关键部分（即*eel）的知觉受到句子情境的影响。对于第一个句子被试听到了wheel（车轮）；对于第二个句子被试听到了heel（鞋跟）；对于第三个句子被试听到了meal（一顿饭）；对于第四个句子被试听到了peel（剥落）。在这一过程中，听觉刺激始终是一样的，变化的只有情境信息。

塞姆勒（Samuel）为这种音素恢复效应给出了两种理论解释。第一，情境可以与自下而上加工直接交互作用，这将出现一个感受效应（sensitivity effect）。第二，情境可以提供另外的信息，这将导致一个反应偏向效应（response bias effect）。被试所聆听这些句子中无意义的噪音只是短暂呈现一下。在一些序列中，这个噪音被某一单词的其中一个音素所叠加；而在另外一些序列中，这个音素被删除了。被试的任务是判断是否这个关键音素出现过。最好的是，根据句子情境，包含这一音素的单词就变得可以预测或者不可预测。

在塞姆勒的研究中，当该单词可以预测时，被试的成绩会更好一些，这说明了情境的重要性。如果情境改善感受性,那么,区分音素加噪声和单独噪声的能力也应该被可预测的情境所改善。如果情境影响反应偏向,那么,当该单词被呈现于一个可预测的情境之中时,被试应该能够更倾向于判断哪个音素被呈现了。情境影响反应偏向而不是感受性,表明情境信息对自下而上加工并没有直接影响。

后来,塞姆勒进一步研究了音素恢复效应。这种效应更可能出现于长词之中(与短词相比)。这可能是因为长词提供了附加的情境信息。当被掩蔽的音素与掩蔽噪声发音相似时,音素恢复效应会更为明显一些。塞姆勒得出结论,在自上而下加工中,情境信息会影响听者的期望,但这些期望需要根据随后实际呈现的声音来确认。

### (二) 韵律模式

口头言语以重音、音调等形式提供韵律线索。听者能够利用这些信息得出句子的句法(syntactic)或语法(grammatical)结构。例如,在歧义句"The old men and women sat on the bench"(这些老年男子与妇女坐在长椅子上)中,妇女可能是也可能并不是年老的。如果妇女不是年老的,那么单词"men"(这些男子)的发音时间就会相对拖长一些,而且,在"women"中的重读音节在音高上就会遽然升高。如果那些妇女是年老的话,这些韵律特征就均不会出现。

绝大多数关于听者运用韵律去解释歧义句的能力的研究都是在一个完整的句子呈现之后来评估的。这些研究已经表明韵律模式一般来说得到了正确的解释,但并没有说明什么时候这些韵律信息被利用了。毕迟(Beach)向被试呈现一个句子片断,而被试必须判断它是从两个句子中的哪一个里抽取出来的。例如,句子片断"Sherlock Holmes didn't suspect"(福尔摩斯没有怀疑)可能摘自句子"Sherlock Holmes didn't suspect the beautiful young countess from Hungary"(福尔摩斯没有怀疑那位漂亮、年轻的匈牙利伯爵夫人)或"Sherlock Holmes didn't suspect the beautiful young countess could be a fraud"(福尔摩斯不怀疑那位漂亮、年轻的伯爵夫人是假的)。被试可以根据一个短小的句子片断相当准确地预测整个句子的结构,这表明韵律可迅速被听者利用起来。

奥尔布林顿(Allbritton)等人对韵律线索的作用提出了质疑。在一个消除歧义的情境下,实验者向训练有素和未经训练的说话者呈现一些模糊句,并且要求他们大声读出这些句子。即使对于训练有素的说话者,他们也只稍微利用了韵律线索来澄清这些歧义句的真实意义。

### (三)唇读

许多人(特别是那些听觉困难者)很清楚他们需要利用唇读(lipreading)来理解言语。然而,这对正常人来说似乎可能比较难以令人相信。麦高克(McGurk)等人证明了唇读是很重要的。他们播放让一个人反复说出"吧"(ba)的声音的录像带。然后在说出"吧"的嘴唇动作的同时,却改变声道反复发出声音"嘎"(ga),被试报告他们听到声音"哒"(da)。这反映了视觉和听觉信息的混合作用。

这个所谓的麦高克效应是非常强烈的。例如,格林(Green)等人发现即使呈现一张女性面孔配一个男性声音时仍然出现了这一效应。他们认为关于音高的信息在言语加工的早期就变得不相干了,这也就是为什么麦高克效应在视觉和听觉性别丧失匹配的情况下也会出现的原因。

嘴唇运动中获得的视觉信息被用来理解口语声音,因为口语声音所携带的信息常常是不充足的。研究者现在已经相当清楚说话者所提供的视觉信息是如何运用于言语知觉的。当然,也存在一些没有相关视觉信息可利用的情况(如听收音机)。我们通常能够跟随收音机所播放的内容,因为播音员能清晰地说出其内容。

### 四、单词识别理论

研究者提出了众多口语单词识别理论。我们这里只讨论其中的三个,即言语知觉的动作理论、群组理论和 TRACE 模型。

## （一）动作理论

口语单词识别中的一个关键论题是去解释听者怎样能够即使在言语信号提供了变化信息的情况下还能准确地知觉词汇这一情况。利伯曼（Liberman）等人在他们的关于言语知觉的动作理论（motor theory）中提出，听者模仿说话者的发音动作，但这种模仿不需要涉及可测量的发声反应。相对于言语信号本身而言；随之产生的动作信号被认为提供了相当缺乏变化和更少不一致的关于说话者所讲述内容的信息。我们对动作信号的依赖使得口语单词识别更为准确一些。

多尔曼、拉斐尔和利伯曼（Dorman、Raphael and Liberman）报告了支持动作理论的实验证据。他们制作了一个由句子"Please say shop"（请说商店）组成的录音，并且"say"和"shop"之间有一个50毫秒的停顿。结果是，句子被误解为"Please say chop"（请说砍）。我们的肌肉组织迫使我们在"say"和"chop"之间停顿，但不是在"say"和"shop"之间。因此，来自内部言语的证据说明了对句子最后一个词出现误解的原因。

动作信号提供了关于口语片段的不稳定信息这一假说是不正确的。例如，对于一个给定辅音来说，动作变化与听觉信息的变化都是很多的。这些发现在相当大的程度上削弱了动作理论的重要性。根据动作理论，在言语发声方面缺乏专业技巧的婴幼儿应该在言语知觉方面也很差。事实上，婴幼儿在许多言语知觉测验上都完成得很好。从而，产生和利用动作信号的能力也并不是高水平言语知觉所必需的。同声传译者能在同一时间内聆听一种语言，而同时又能流利地产生另外一种语言。这一点很难从动作理论里看出个中原因。

尽管没有得到多少实验支持，但是动作理论影响了当代思维模式。例如，动作理论吸引人的地方之一就是，它对言语加工和其他听觉刺激加工进行了明确区分。当代一些理论家已经提出，大脑中存在一个关于言语知觉的独立模块。

## （二）群组理论

泰勒等人提出的理论是关于口语单词识别最有影响的理论之一。最初的组群理论（cohort theory）包含下面一些假设：(1) 在一个单词以听觉方式呈现的早期阶段，那些听者知道的且与已经听过的词发声顺序一致的词变得活跃起来。这种针对所呈现词的候选者的集合就是单词初始式组群（word-initial cohort）。(2) 属于这一组群的单词随后就被消除了，因为它们停止从所呈现单词中匹配进一步的信息，或者因为它们并不与语义及其他情境保持一致。(3) 对所呈现单词的加工将继续进行，直到情境信息和来自所呈现单词本身的信息能足够消除掉单词初始式组群中除一个之外的所有单词，这也就被称之为一个单词的识别点（recognition point）。

根据组群理论，各种知识（如词汇的、句法的、语义的）通过各种复杂方式彼此整合和交互作用以对口语进行一个有效分析。这种方法能与以下观点进行对比：加工是以系列方式进行的，口语分析在各加工阶段均有一个相对固定和稳定的加工序列。

泰勒他们通过一个词汇监控任务测试了一些其他的理论观点。在这个任务中，被试必须在口头呈现的句子里识别事先标记过的目标词。这些句子包括正常句、句法句（语法正确但句子没有意义）和随机句（由无关词组成），而目标词是给定类别成员、一个与给定词押韵的词或者与给定词相同的词。我们所感兴趣的测量点是目标词能被检测到的速度。

通过组群理论可以预测来自于目标词的感觉信息和来自句子余下部分的情境信息可以在同一时间得到利用。相反，通过系列理论可以预测，对感觉信息的提取要发生于情境信息被利用之前。实验结果与组群理论的预测更为一致。当存在足够情境信息时（参见图6.5）对更长一些的词的完全感觉分析是不必要的。当句子包含没有用的语法或语义信息（即随机条件）时，被试就有必要听整个单词。

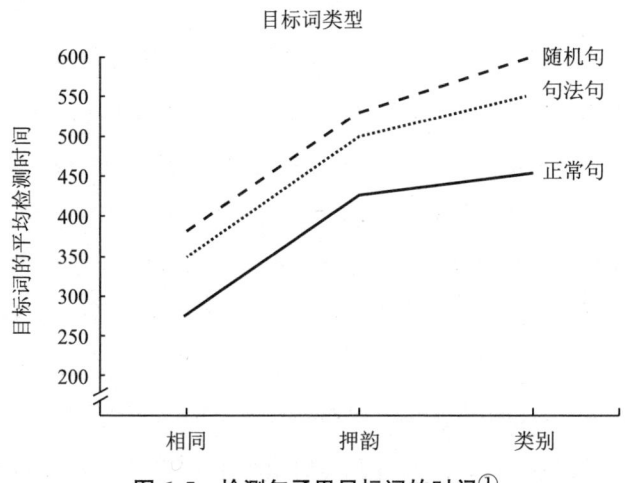

图 6.5 检测句子里目标词的时间①

在最初的组群理论中,单词的起始部分被赋予过多的重要意义。根据这一理论,如果一个单词的起始音素不清楚或模棱两可的话,那么一般来说这个口语单词就不能被识别。有证据表明,不与所呈现口语输入共享起始音素的单词的意义不会被立即激活。然而,康宁(Connine)等人引用了一个研究,其中一个以"ent"结尾的口语单词具有一个间于"d"和"t"之间的模糊的初始音素。有证据表明,当目标词呈现时,单词"dent"和"tent"在一个短暂延时后均可被激活起来。

马斯伦·威尔逊(Marslen-Wilson)对组群理论进行了修正。在最初的版本里,词汇可在词汇组群之内或之外。在修正版里,候选词根据其激活水平而改变,因此是否属于组群成员是一个程度问题。马斯伦·威尔逊假定,词汇初始式组群可以包含具有相似初始音素的单词,而不是局限于只具有被呈现词的初始音素的那些单词。这些以及其他一些对组群理论的修正使得其能够解释包括康宁等人的研究在内的众多实验结果。

最初和修正后的组群理论之间存在第二个主要差别。在最初的版本里,情境在加工的很早期就会影响单词识别。相反,情境对于单词识别的

---

① Marslen-Wilson and Tyler, "The Temporal Structure of Spoken Language Comprehension", *Cognition*, 1980, p.6.

效应在修正版本里受到了更多的限制，这种影响只在加工的相当晚期才会出现。关于跨感觉道启动研究的结果支持这一理论的修正版。实验任务是，被试聆听口语并且完成一个词汇决定任务（判断视觉字母串是否来自于这些词汇）。关键假设是，只有被言语输入所激活的词才会显示出在词汇决定任务上反应变快的启动效应。有些研究者考虑了跨感觉道启动的情境效应。情境并不影响词汇的初始激活状态（情境恰当或不恰当单词均能被激活），但是在一个说出的词能够被单独地确认之后，它确实是起作用的。

组群理论已被证明是针对口语单词识别的颇有影响的研究范式之一。该理论的修正版在以下两点上优于其初始版本。其一，词汇组群的成员是灵活可变的这一观点与实验证据更为一致。其二，关于口头单词识别的情境效应很典型地出现于加工后期而不是早期，这正如其修正版所预测的一样。

组群理论修正版的主要缺陷是，对最初版本的修正使得这个理论更加缺乏准确性。正如马萨罗（Massaro）所指出的那样，"为使模型与实验结果一致，这些修正是必要的。但这些修正……使得这一理论与其他模型进行比较检验变得更为困难"①。

## 五、TRACE 模型

麦克莱兰（McClelland）根据连结主义原则提出了一个关于言语知觉的网络模型。言语知觉的 TRACE 模型与组群理论的最初版本很相似。例如，在组群理论和 TRACE 模型中，研究者认为是几种信息相互整合起来完成单词识别任务的。TRACE 模型也与麦克莱兰提出的视觉单词识别交互激活模型（interactive activation model）相类似。

---

① Massaro, D. W., "Psychological Aspects of Speech Perception: Lmplications for Research and Theory", In M. A. Gernsbacher, *Handbook of Psycholinguistics*, San Diego, CA: Academic Press, 1994, p. 244.

TRACE 模型包含以下理论假设：(1) 在三个不同加工水平均存在独立的加工单元或结点。这三个水平分别是：特征（如浊音、产生方式）、音素和词汇。(2) 特征结点与音素结点相连，而音素结点又与词汇结点相连。(3) 各水平之间的连结是双向的，而且只起促进作用。(4) 同一水平上各单元或结点之间也存在连结；这些连结是抑制性的。(5) 结点根据其兴奋性水平和它们彼此连结的强度会相互影响。(6) 由于兴奋和抑制均沿着结点来传播，一种兴奋或痕迹模式就发展出来了。(7) 被识别的单词由潜在候选词的兴奋性水平来决定。

TRACE 模型假定在言语知觉中自下而上加工与自上而下加工会有交互作用。自下而上加工从特征水平至音素水平再至词汇水平以从下向上的方向执行，而自上而下加工则是以相反的方向从词汇水平至音素水平再至特征水平进行加工。本章已经讨论了自上而下加工参与口头单词识别的实验证据。

麦克莱兰等研究者把 TRACE 模型应用于解释类别化言语知觉现象（categorical speech perception）。根据这一模型，音素之间的区分边界变得更为明显，因为在音素水平各音素结点之间会出现相互抑制现象。这种抑制过程会导致一种"赢家获得一切"效应，即其中一个音素被不断激活，与此同时其他音素是抑制性的。麦克莱兰根据这个模型完成了一个计算机模拟，成功地产生了类别化言语知觉。

卡特勒（Cutler）等人研究了另外一种现象，并且用 TRACE 模型进行了解释。他们采用了一种音素监控任务。在这种任务中，被试必须立即对一个目标音素的出现作出反应。他们观察到了一个词优效应，即当其音素置身于词汇之中时，对其进行检测的速度要比对那些置身于非词汇之中的更快一些。根据 TRACE 模型，这种现象是由从词汇水平至音素水平的自上而下加工所引起的。

马斯伦·威尔逊（Marslen-Wilson）等向被试呈现象 p/blank 这样的"词"。在 p/blank 这个词中，初始音素是间于/p/和/b/之间的。他们想知道这个单词是否会促进对那些与 plank（木板；如木头）或 blank（空格；如页码）相关的单词的词汇判定。TRACE 模型预期，因为兴奋传递的缘故，实验中将会出现一个显著的促进效应或启动效应。相反，最初的组群理论假定，只有与所呈现词的最初音素匹配的那些词汇被激活起来。因而，马斯伦·威尔逊等预测应该是不会出现启动效应。实验结果支持组群理论，与TRACE模型的预测不一致。

TRACE模型对诸如类别化言语知觉和音素监控时的词优效应给出了颇为合理的解释。TRACE模型的一个显著优势就是其理论假设，即自下而上和自上而下加工均参与了口头单词识别，以及其关于所涉及认知过程的清楚假设。然而，这个理论预测言语知觉依赖于自下而上和自上而下加工的交互作用，但这一点并没有得到采用一个音素判别任务所完成的实验的支持。由刺激可分辨性引起的自下而上效应和由语音情境引起的自上而下效应均会影响成绩，但它们以一种独立而不是交互作用的方式来工作。

TRACE模型还面临其他问题。第一，该模型假定，即使单词之间的初始音素是不匹配的，与所呈现词语音素相似的那些单词还是将立即被激活。事实上，这并不是典型情况。第二，该理论夸大了自上而下加工的重要性。例如，有些研究要求被试检测一个给定的音素。其关键实验控制是，一个很接近真词的非词（如以"vocabutaire"替代"vocabulaire"）被呈现给被试。根据这个模型，从与"vocabulaire"相对应的单词结点而来的自上而下效应本来应该抑制在"vocabutaire"中识别"t"这样的任务，但事实是没有。第三，自上而下效应的存在比模型所预测的更依赖于刺激退化（stimulus degradation）。例如，麦昆（McQueen）在一些刺激之后向被试呈现一些模棱两可的音素，并要求被试对这些音素归类。每一模糊音素均可被知觉为能填充完一个真词或非词。根据这一模型，来自词汇水平的自上而下效应本应产生一个更能知觉到填充真词这样的偏好。这一预测只有在刺激退化的条件下才能得到确认。第四，该模型在处理对口语声音的定时和从一个说话者转到另一个说话者时言语速率的变化这两个问题时遇到了一些问题。TRACE模型假定存在一些时间位置，其特征、音素和词汇单元或表征在时间位置内被予以复制以便它们能够被识别出来。然而，正如爱丽丝和汉弗莱斯（Ellis & Humphreys）所指出的，"与这有关的问题当然是它要求大量的加工单元以及大量与这些单元之间的连结……

TRACE 具有在一个给定时间单位里的局部单元。言语信号与模型中设定的时间单位匹配的问题并没有得到保证。结果是，模型可能不能对不同言语速率进行单词识别"①。这样的后果就是 TRACE 不能识别言语。第五，对模型的检验主要依赖于涉及小量的单音节单词的计算机模拟。结果是，我们不太清楚把模型运用到大量被大多数人所使用的那些词汇时是否仍然令人满意。第六，在发展过程中，我们学会了言语知觉的许多特征。相反，TRACE"并没有学习任何东西。这都是预先安排好要取得这些令人惊讶的成绩，因而有效地对知识进行编码和设计时的灵感还是一个问题"。

这些口语单词识别（spoken word perception）理论变得越来越彼此相似了。大多数理论家均同意几个候选词的激活均发生在单词识别加工的早期。研究者通常还假定单词识别是平行处理或同时进行的，而不是以系列方式进行的。研究者基本已经达成一个共识，候选词的激活水平是逐步变化的而不是很高或很低的。最后，几乎所有理论家均同意是自下而上和自上而下加工以某种方式整合起来而导致对单词的识别，但是他们对加工机制还是没有形成统一的意见。组群理论的修正版和 TRACE 模型均包含了这些假设。

有两个议题值得进一步研究。第一，研究者至今对于口语单词识别中基本知觉单元的大小和数目并没有形成一致意见。不同理论家分别强调特征、音素、音节等的重要性。第二，自上而下信息中的情境信息以及其他形式究竟是怎样被准确地运用到口语单词识别中的。也就是说，我们很难对情境在口语单词识别的作用做任何明确的结论。我们需要知道单词识别中不同阶段的关于时程的更多具体情况目前还很难确定：在选择一个唯一的候选词以前（而不是只反映一种后期加工效应），这些关于情境的实验所牵涉的加工过程。

---

① Ellis, R., Humphreys, G., *Connectionist Psychology: A Text with Readings*, Hove, UK: Psychology Press, 1999, p. 349.

知觉的认知渗透性

## 第四节 听觉识别障碍的认知神经心理学证据

在听到一个单词后立即口头重复它是一个很简单的任务。然而，许多脑损伤患者即使听力测试表明他们不聋，在完成这类问题时也还是会面临困难。对这些患者的仔细分析表明，口语重复一个听到的单词牵涉到很多加工过程。

爱丽丝和杨（Ellis & Young）利用从这些患者中获得的信息提出了一个口语单词加工的模型（参见图6.6）。这个模型包括下面5个成分：

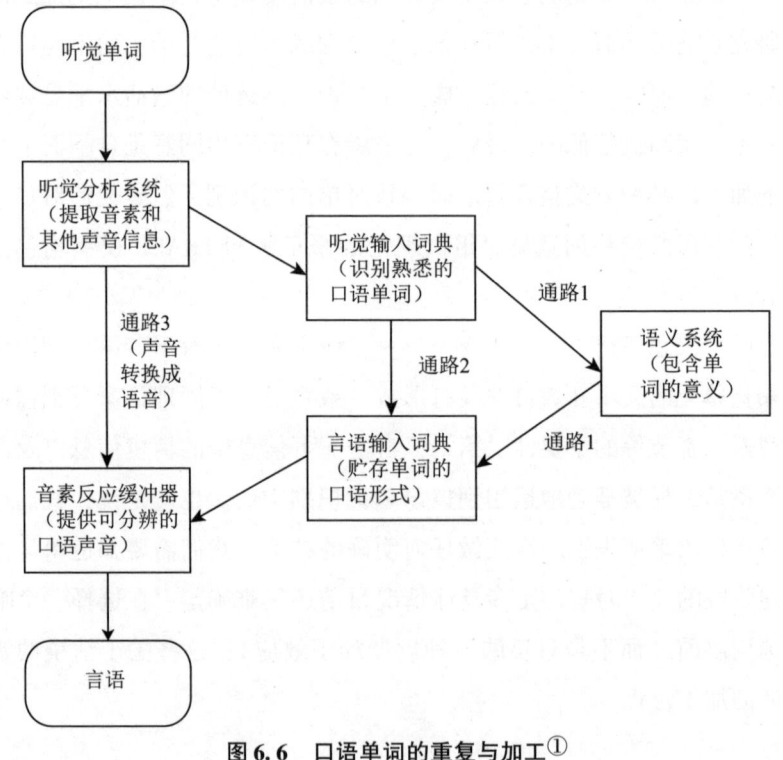

图6.6 口语单词的重复与加工①

---

① 转引自 M. W. 艾森克：《认知心理学》，高定国、肖晓云译，上海：华东师范大学出版社2004年版，第474页。

第一，听觉分析系统（auditory analysis system）：用于从声波中提取音素和其他声音信息。第二，听觉输入词典（auditory input lexicon）：包含听者知道的关于口语单词的信息，但不包含语义信息。这个词典的目的就是通过恰当地激活词汇单元来识别熟悉单词。第三，词义被贮存于语义系统（semantic system）之中（参见第 7 章讨论过的语义记忆部分）。第四，言语输出词典（speech output lexicon）：用于提供单词的口语形式。第五，音素反应缓冲器（phoneme response buffer）：负责提供可分辨的口语声音。这些成分可以以各种方式组合起来，因此在听到一个单词到说出这个单词之间存在三条不同的通路。

这个模型的最显著特征就是说一个口语单词可通过三条通路来实现。我们将重点讨论模型的这一特征。然而，在讨论之前，我们将先考虑一下听觉分析系统在言语知觉中的作用。

## 一、听觉分析系统

假设一个患者只损伤了听觉分析系统，那么结果将只是出现音素加工障碍。这样一位患者将出现对词汇和非词汇的言语知觉障碍。这对于那些包含难以区分的音素的单词尤为如此。然而，这样一位患者一般拥有完整的言语产生、阅读和书写能力，而且还具有对非言语环境声音（如咳嗽、口哨）进行正常知觉的能力。当然，患者的听力也不会出现什么问题。术语"纯粹词聋"（pure word deafness）也正是用来描述这一障碍的。

如果纯粹词聋患者存在严重的音素加工障碍，那么，在他们能够处理其他种类的信息时，其言语知觉应该得到改善。实际情况确实如此。研究者曾经研究了一位能够利用情境信息的纯粹词聋患者，发现当所有问题均指向同一个议题（与不同议题相比）时，患者更容易理解这些口头问题。在另一个研究中，奥尔巴赫（Auerbach）等发现纯粹词聋患者在有可能唇读的情况下会有更好的言语知觉。

纯粹词聋的一个关键特征是听觉障碍是高度选择性的，而且不适用于非言语声音，藤井（Fujii）等报告了不同系统处理言语和非言语声符的证据（患者使用不同的通路以便自己能够识别）。他们研究了一个大脑右半球损伤患者，该患者很难命名熟悉的环境声音，但其语言能力只有轻微的损伤。

通路1代表了无脑损伤人群正常识别和理解熟悉单词的认知通路。这条通路利用听觉输入词典、语义系统和言语输出词典。如果一个脑损伤患者只能利用这条通路的话，那么，他将能够正确地说出熟悉单词。然而，在说出不熟悉单词或非词时将出现严重的困难，因为这类材料没有存贮于听觉输入词典之中。在这种情况下，患者需要使用通路3。

麦卡锡和沃林顿（McCarthy & Warrington）报告了一例患者ORF（似乎比较符合上述情况）。ORF在重复单词时要比重复非词时更为准确一些（分别为85%和39%），这表明通路3受到了严重损伤。然而，他在重复词汇时较高的错误率也表明认知系统的其他部分也有损伤。

如果患者能够使用通路2，但通路1和3受到严重损伤，那么，他们应该能够重复熟悉单词，但不能理解这些单词的意义。此外，患者也应该存在对非词的认知障碍，因为通路2不能处理非词信息。最后，由于这些患者将使用输入词典，所以他们应该能够区分词与非词。义聋（word meaningdeafness）患者正好符合上述描述。不幸的是，很少有关于义聋患者的研究，因此，"义聋现象是否存在还有很多争论"。富兰克林（Franklin）等研究了最为清楚的义聋患者之一的X博士。X博士在书面单词理解方面没有表现出任何障碍，但听觉理解受到损害，特别是对抽象或低想像度单词的理解尤为如此。他重复单词的能力要比重复非词的能力好出许多，分别为80%和7%。最后，X博士区分单词和非词的成绩也是特别好：他在听觉词汇任务中的正确率为94%。

X博士似乎能够获得输入词典的信息，因为他重复单词比重复非词好许多的能力以及他几乎完美的区分词与非词的能力正好说明了这一点。他确实表现出一些与语义系统有关的障碍。然而，语义系统本身似乎并没有受到损害，这可从另外的证据得到证明（他理解书面单词的能力完好）。这些发现促使富兰克林等作出如下结论："X博士在口语单词的词汇表征与其意义表征的匹配上存在问题。"从而，通路1出现了损伤。后来的研究人员认为 X 博士可能在认知加工早期出现了困难。他们报告了一些证据，即他可能在从口语中提取音素特征时存在困难。例如，当被要求尽可能迅速地重复口语单词时，他产生了高达 25% 的错误率。

霍尔和里多克（Hall & Riddoch）报告了患者 KW 的情况。KW 是一位曾经中风并患有义聋障碍的男性患者。即使他理解书面单词的能力相对完整，但仍然表现出了对单词的听觉理解障碍。有充分证据表明 KW 使用了输入词典：(1) 他正确拼读出了 60% 的听觉呈现单词，而对非词则只有 30% 的正确率；(2) 他在区分听觉呈现单词与非词时的正确率为 89%。霍尔和里多克据此得出如下结论："我们非常清楚地演示了非语义拼读词汇通路的工作情况。"①

如果一个患者只损伤通路 3，那么，他或她将表现出在知觉和理解口语熟悉单词方面的完好的能力，但在知觉和重复不熟悉单词和非词时会出现障碍。这种情况临床上称之为听觉性语音失认（auditory phonological agnosia）。比沃伊斯、德鲁埃斯内（Beavois and Derouesne）研究了这样一例患者 JL。JL 的口头重复和听写熟悉的口语词的能力几乎完美无缺，但重复和听写非词时成绩很差，可是，他阅读非词时的能力完好。JL 在区分词与非词上所表现出的完好能力表明他提取输入词典信息的能力完整。

## 二、深层失语症

一些脑损伤患者在育语知觉方面存在广泛的问题，这说明其言语知觉系统的多个部分受到了损害。例如，深层失语症（deep dysphasia）。患者在重复口头词汇（即他们说出与被说出单词语义相关的单词）时会产生语义错误。此外，患者还发现他们重复形容词比具体词更困难一些，而且他们重复非词的能力也很差。根据图 6.6 所示的模型，人们可以认为，在听到词与产生口语之间的三条通路，没有一条是完整的。语义错误的出现可

---

① Hall, D. A., Riddoch, M. J., "Word Meaning Deafness: Spelling Words that are not Understood", *Cognitive Neuropsychology*, 1997, 14, pp. 1131 – 1164.

以通过假设语义系统或者靠近该系统的部分受到了某些损害来解释。

瓦尔多伊斯（Valdois）等研究了72岁的男性中风患者EA的情况。EA表现出了深层失语症的全部症状，包括当试图重复具有同义词的那些口语单词时所出现的大量语义错误。此外，EA对听觉和视觉词汇材料的短时记忆非常差。之后一些发现促使瓦尔多伊斯等作出如下理论解释：EA的语言和短时记忆障碍的根源在于认知系统不能在反应缓冲器中维持一个充分兴奋的语音表征。他们发展了一个连结主义模型来解释深层失语症的各种症状。例如，语义错误可能是语义信息常常比语音信息兴奋时间更长所引起的。

上述两种范式均适用于某些（但不是全部）深层失语症。瓦尔多伊斯等回顾了有关文献，并且讨论了6个深层失语症患者的情况。这些患者均有非常严重的短时记忆障碍（记忆广度只有1—2个项目）。患者的表现符合瓦尔多伊斯的理论预期，即反应缓冲器受到了损害。然而，研究者还讨论了3个其他的患者，其短时记忆只有轻微损害。正如瓦尔多伊斯所总结的，"这些数据强烈暗示，关于深层失语症的重复障碍亚类型确实存在，而且这种亚类型可能反映了不同的内在缺陷"。

对于脑损伤患者听觉单词识别和理解的研究相对少一些。然而，在重复和理解口语单词方面，确实存在不同的损害模式。这就鼓励了一种信念，即上述任务牵涉不同加工的参与，而且，从听到一个词到再说出它之间应该不止一条通路。图6.6列出了一个内在成分及其交互作用的可能组合，但其效度只有在进一步的大量研究后才能得到确认。

# 第七章 错 觉

　　哲学家们的视觉可以获得什么样的信息？有些人认为人们看不到深度，有些人认为人们看不到必要的联系。那么，视觉经验表征了什么样的性质呢？从简单的视图来看，视觉体验表征了一个稀疏的属性范围，例如，颜色、形状、位置和大小等；而对于内容丰富的视图，视觉体验表征了一个丰富的属性范围，例如，展览馆和悲伤等。西格尔和塞尔使用了"方面切换"的概念支持了视觉体验表征丰富属性范围的视图。他们认为，一个人的视觉经验表征了比简单的颜色和形状属性更丰富的物体的属性集。

　　视觉错觉是根据现象性特征的差异而个性化的。马克菲森认为现象性特征是由经验的非概念性内容来解释的。表征主义致力于模糊形象的不同体验观点，通过格式塔转换，形成对形象的不同解释。然而，对于正方形或规则的菱形以及其他一些模棱两可的图形，表征主义并没有给出统一的解释来说明表征性内容是如何使它们模棱两可的。

　　模棱两可图形通常被认为是视觉错觉引起的，而视觉错觉的解释是有争议的。关于模棱两可图形的起因以及它们的解释在多大程度上依赖于自上而下的信息流（人们的认知影响），是存在歧义的。整个问题取决于自上而下的过程愿景到底有多大，以及自上而下影响的本质。

知觉的认知渗透性

# 第一节 马尔的视觉理论

马尔在1982年提出了关于物体识别的计算理论。他假设了一系列表征能够提供关于视觉环境的更加详细的信息。马尔首先定义了三种主要表征（如图7.1）：第一种，初级简图。这一表征对视觉输入的主要光强变化进行了二维描述，包括边缘、轮廓和阴影的信息。第二种，$2\frac{1}{2}$D简图。

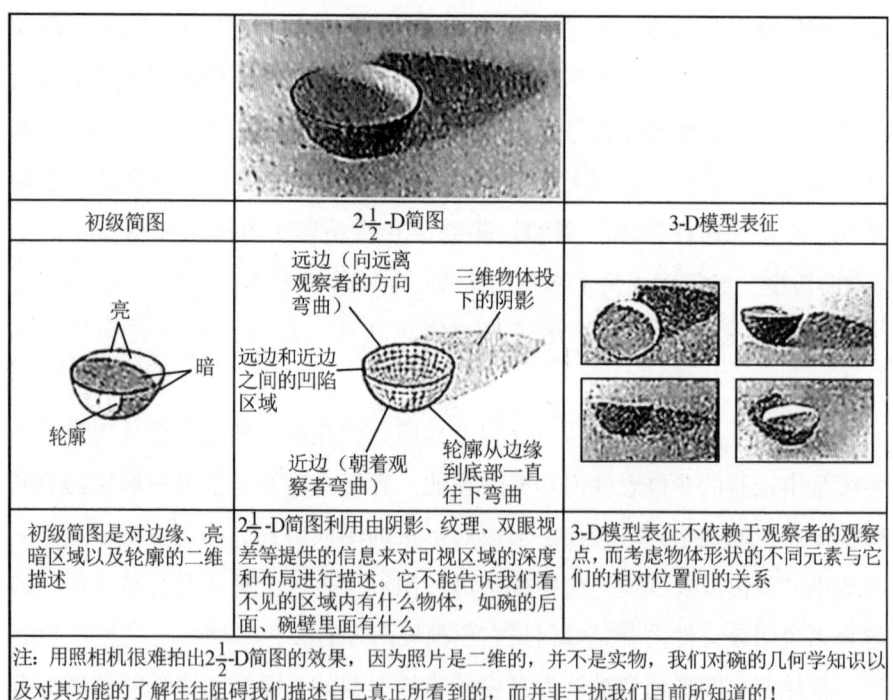

图7.1 Marr的3种视觉环境表征[①]

---

① 转引自M. W. 艾森克：《认知心理学》，高定国、肖晓云译，上海：华东师范大学出版社2004年版，第129页。

这一表征通过利用由阴影（shading）、纹理（texture）、运动（motion）、双眼视差（binocular dis-parity）等提供的信息，对可视表面深度和方位进行描述。像初级简图一样，$2\frac{1}{2}$D 简图也是以观察者为中心的（observer-centered），或者依赖于观察者的观察点（viewpoint-dependent）。第三种，3-D 模型表征（3-D model representation）：这一表征描述物体形状的三维特征，以及它们的相对位置，而不依赖于观察点（观察点不变性，viewpoint invariant）。

## 一、初级简图

根据马尔的观点，我们可以定义两种类型的初级简图：即原始初级简图（raw primal sketch）和完全初级简图（full primal sketch）。两种简图都是具有符号特性的。这就意味着它们以一组符号来表征图像，原始初级简图包含关于视觉画面光强变化的信息，而完全初级简图利用这些信息来鉴别物体的数目和基本形状。为什么要区分这两类初级简图呢？部分原因是因为光强的变化是由多种因素引起的。从一个表面反射的光强度受到光线入射角的影响，同时也受阴影的影响（即降低光强度），此外，由于纹理的不同，从表面反射的光强度也可能有很大差别。从而，整合到原始初级简图的光强度变化可能对物体的边缘和形状做出错误引导。

原始初级简图是在视网膜图像的灰色水平表征（grey-level representation）的基础上形成的。这种灰色水平表征是以视网膜图像上每一个被称为像素集（pixels）的细小区域的光线强度为基础而形成的。从像素集反射的光强度总是连续波动的，因而就会出现灰色水平表征被这些瞬间波动扭曲的可能性。一个改进的办法就是对邻近像素集的光强度进行平均。这一平衡过程虽可消除无关因素，但也产生模糊效应（blurring effect），即出现丢失有价值信息的现象。

针对这一问题的常用方法是假定一个图像的多个表征是在不同程度的模糊条件下形成的。来自这些图像表征的信息之后就被整合成原始初级简图。根据马尔的观点，原始初级简图由 4 种不同的记号（token）组成：边缘片断（edge segments）、条形（bars）、终点（terminations）和团块（blobs）。每一记号都是基于模糊表征中一种不同的光强变化模式。马尔范式的局限之一是它没有充分利用包含于灰色水平表征中的光强变化信息。

原始初级简图需要运用各种加工来鉴别其内在的结构或组织。这一机制是必要的，因为原始初级简图中所包含的信息是模棱两可的，而且与其他几个内在结构也是兼容的。马尔发现，当研究者设计某一程序去参与知觉组织时，充分利用以下两条基本原则是很有价值的。即外显命名原则（principle of explicit naming）和最少承诺原则（principle of least commitment）。根据第一个原则，给一组元素取一个名字或代号是很有效的。原因是名字或代号可以一遍又一遍地用来描述其他元素组，然后再形成一个更大的组。根据最少承诺原则，不确定性问题只在有可靠证据能够表明存在一个恰当的解决办法时才会得到解决。这一原则是有一定效果的，因为加工早期所出现的错误可能导致其他一些错误。

根据外显命名原则，马尔的程序把位置记号（place tokens）分配到原始初级简图的细小区域中，如一个墨块或边缘的位置，或一个更长的墨块或边缘的终点。在原始初级简图中，各种边缘端点运用一些类格式塔原则（如接近性、图形连续性和闭合性）而得以组合成一个独立的位置记号。位置记号之后以各种方式（部分基于格式塔学者所提倡的组织原则）组合在一起。组合位置记号的实例包括聚类（clustering）：邻近的位置记号被组合形成一些更高级别的位置记号。曲线累加（curvilinear aggregation）：以相同方向排列的位置记号组合而成一个轮廓。马尔对视知觉所涉及的初始加工过程作了详细解释，并且这一解释也引起了广泛的注意。马尔的完全初级简图的视觉加工程序组合原则，其工作的原因是它们反映了客观世界的实际情况。比方说，在空间上接近的视觉元素被认为可能属于同一物体，而对形状相似元素的情况也是如此。尽管该程序进行知觉组合加工时并不特别依赖于知识或期望，但它还是运行良好。然而，当程序只有在获得补充信息时才能规范轮廓或知觉组织时，视知觉可能会出现不确定现象。

马尔假定组合（grouping）是基于二维表征的。然而，组合也可基于三维表征。恩纳（Enna）等发现被试可在一组图形中立刻知觉出哪个是不同于其他的。被试即使在图形只是在三维朝向上有些不同也能立即做到这一点。这一研究建议三维或深度信息可用来组合信息。

## 二、$2\frac{1}{2}$D 简图和比德尔曼（Biederman）成分识别理论

根据马尔的观点，把初始简图转换成 $2\frac{1}{2}$D 简图涉及数个阶段。第一个阶段需要建构一个区域地图（range map）。区域地图是关于物体表面的局部点连点深度信息。接着，来自区域地图相关部分的复合信息导致对两个或更多个表面凹凸相间特性的高水平描述。研究者对构建区域地图所涉及的加工过程的了解，要比对从区域地图到 $2\frac{1}{2}$D 简图本身所涉及的加工要全面。

把初级简图转换成 $2\frac{1}{2}$D 简图需要哪些信息呢？这些信息实际上包括阴影（shading）、运动（motion）、纹理（texture）、形状（shape）和双眼视差（binocular disparity）。马尔认为，$2\frac{1}{2}$D 简图是自下而上、数据驱动的早期视觉的最终产物。$2\frac{1}{2}$D 简图的目的是恢复和描述一个场景中出现的表面。处理表面阴影、纹理、颜色、双目立体视觉和运动分析的视觉过程称为低级视觉。低级视觉的各个阶段旨在捕获信息，这些信息可以直接从视觉光学阵列中提取出来，而无需借助高级知识。

比德尔曼在马尔理论的基础上提出了成分识别理论（recognition-by-components theory）。这一理论的中心假设是，物体是由一些基本形状或成分，也就是几何子（geon；geometricion——几何离子）组成的。几何子包括方块、圆柱、球面、圆弧和楔子。比德尔曼认为，几何子大约有 36 种，这一数目看起来可能不足以让我们识别所有物体。然而，我们在只有大约

44个音素的情况下却仍然可识别数量巨大的英文单词。其原因是这些音素具有几乎无限的组合形式。事实上，几何子情况也是如此类似的。几何子能够对物体进行充分描述，部分原因是几何子间的各种空间关系可形成很多种组合。例如，一个杯子可被描述为一段圆弧紧连一个圆柱的侧面，而一个桶可用上述相同的两个几何子来描述，只是圆弧与圆柱顶部相连而已。

根据上述讨论，我们可以了解一个加工阶段中是怎样确定成分或几何子，以及怎样确定它们之间的关系。当这一信息可以利用时，它就与贮存的物体表征或结构模型匹配。这些表征包含相关几何子特征、朝向、大小等方面的信息。用一般术语来说，对给定物体的识别是由贮存表征能否与源自物体的成分或几何子信息进行最佳匹配决定的。

成分识别理论物体识别过程的第一步是边缘抽取（edge extraction）。比德尔曼认为，"识别过程包括一个早期的边缘抽取阶段，即对亮度（luminance）、纹理和颜色这些表面特征的差异作出反应，并对物体作线条描述（line drawing description）"①。

第二步是确定一个视觉物体怎样被分解成一些片段，去建立它所构成的成分或几何子的。比德尔曼赞同马尔的观点——物体轮廓的凹面部分对把表象分解成一些片段很有价值。

另外一个关键过程是确定那些来自物体的边缘、拥有独立于观察角度的关键特征的信息。比德尔曼认为，共有5种这样的关于边缘的不变性特征（invariant properties）：1. 曲率（curvature）：一条曲线上的点集。2. 平行（parallel）：互为平行的点集。3. 共端性（cotermination）：边缘终止于同一点。4. 共线性（co-linearity）：一条直线上的点集。根据这一理论，可视物体的成分或几何子是基于以上不变性特征而构建起来的。举个例子来说，一个圆柱具有曲边集并且两个平行边连接这些曲边，而一个方块具有三个平行边但无曲边。比德尔曼对上述5个不变性特征进行了如下论述：

---

① Biederman, "Recognition-by-Components: a Theory of Human Image Understanding", *Psychol Rev*, 1987, 94, pp. 115 – 147.

它们具有不随朝向变化而变化的理性特征，而且每一条边的少数几个点就能确定这些特征。这样一来，它们允许在对视点、阻碍和噪声的变化具有高宽容度的条件下，提取一个原始成分或几何子。

在比德尔曼的理论中，与不变性特征相关的重要部分是他所提出的非偶然原则（non-accidental principle）。根据这一原则，蕴含于视觉图像中的那些规律反映了客观世界实际的（或非偶然的）规律性，而不是依赖于一个给定观察点的次要特征。例如，依据这一理论可假定，视觉映像中一个二维的对称特征能够说明一个三维物体的对称性。非偶然原则有助于物体识别，但偶尔也会导致错误。例如，视觉映像中的一条直线常常反映了客观世界中的一条直边，但有时它也可能不是这样（如从一端看一辆自行车）。

比德尔曼的理论对正常观察条件下的物体识别进行了完整的论述。然而，我们通常也能在不太理想的条件下（如一个插入的物体部分地遮挡了目标物体）进行物体识别。根据他的观点，我们能在这种不理想条件下进行物体识别是有多种原因的：其一，不变性特征（如曲率和平行线），即使在只有一部分边缘能被观察到的情况下，还是能被检测到。其二，如果一个轮廓的所有凹曲线（concavies）是可视的话，那么视觉系统就会有某一机制负责恢复该轮廓的缺失部分。一般来说，环境可提供相当多的冗余信息（redundant information）以识别复杂的物体，因此，即使一些几何子或成分缺失，物体还是能被识别出来。

## 三、3-D模型表征

希尔德雷斯（Hildreth）认为存在一个中间层次的视觉。在这个层次上发生的过程（如形状和空间关系的提取）不能完全是自下而上的，但不需要来自更高认知状态的信息。这些任务不需要识别对象，但需要对形状和对象之间的空间关系进行空间分析。这种分析是任务相关的，因为所涉及的过程可能会随着所完成的任务而变化，即使在查看相同的可视数组时也是如此。场景中物体的恢复不可能是低水平和中等水平视觉的结果。这种恢复不可能完全是数据驱动的，因为被视为对象的东西取决于随后对信息的使用，因此是任务依赖和认知可渗透的。此外，大多数视觉计算理论认为物体识别是基于部分分解的，部分分解是形成物体结构描述的第一个阶段。然而，令人怀疑的是，这种分解能否仅由反映世界结构的一般原则来决定，因为这一过程似乎取决于对具体物体的认识。物体识别是一个自上而下的过程，需要对特定物体的知识通过后期视觉来完成。对象识别需要将存储在内存中的对象的内部表征与从图像生成的对象进行匹配，在马尔的目标识别模型中，三维模型提供了从图像中提取的表征，并将其存储的目标结构描述进行匹配。

$2\frac{1}{2}$D简图所提供的信息对鉴别一个物体还相当困难，因为它是以观察点为中心的。这就意味着一个物体的表征将随观察角度的变化而出现相当明显的变化，而这种变化也将在很大程度上使物体识别复杂化。如此，包含观察点不变性信息的三维模型表征就应运而生了。这一表征不随观察角度的变化而变化。马尔定义了三维模型表征的标准：1. 易加工性（accessibility）：表征构建过程比较容易。2. 兼容性（scope）和独特性（uniqueness）：兼容性是指在给定类别里，表征适合于所有其他形状的程度，而独特性是指对物体从所有不同角度的观察都会产生同一个标准表征。3. 稳定性（stability）和灵敏性（sensitivity）：稳定性表明一个表征可整合各物体间的相似性，而灵敏性是指它整合物体间的明显不同之处。

马尔和西原（Marr & Nishihara）提出，用来描述物体的原始单元应该是一些具有一根主轴的圆柱体，这些原始单元分层组织，其中高水平单元提供关于物体形状的信息，而低水平单元则提供更具体的信息。他们为什么要采用这种以轴为基础的方法呢？他们认为不管观察位置如何，一个物体的主轴通常都比较容易确认，但其他特征（如准确的形状等）就不是这样。

我们可通过考察人体体形的层次组织来演示马尔和西原的理论范式（见图7.2）。人体体形可在不同的概括性水平上被分解为一系列圆柱体。该理论假定这一整体的三维描述被贮存在记忆里，而且不论观察角度怎样,都使得我们能够组合恰当的刺激成为一个人。

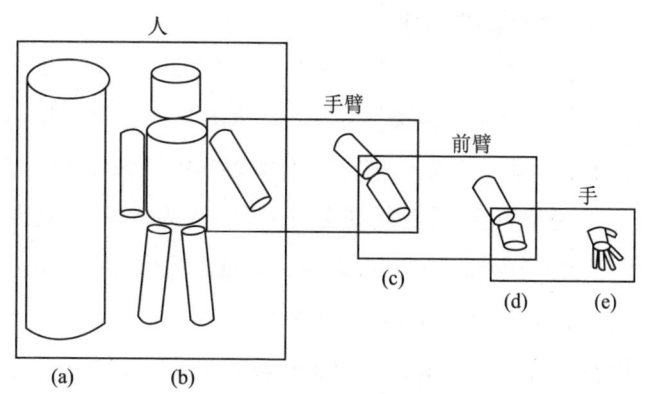

图 7.2 人体层次组织图

引自马尔和西原不同层次水平的组织:(a)整个躯体的轴线;
(b)手臂、腿和头的轴线;(c)手臂被分为上臂和下臂;
(d)连着手臂的下臂;(e)一只手的手掌与手指①

根据马尔和西原的理论,物体识别涉及把从某一视觉信息构建出来的三维模型表征与贮存于记忆中的某类三维模型表征进行比较的过程。为了实现这一点,有必要对视觉刺激的主轴进行辨认。他们提出凹陷区(指轮廓陷入物体的那些区域)被首先鉴定出来。例如,对人体来说,在每一腋窝处,都有一个凹陷区域。这些凹陷区被用来把视觉图像分成一些片段(例如,手臂、腿、躯干和头部)。最后,每一片断的主轴被发现。

强调凹陷区和基于轴心的表征具有一定的意义。凹陷区的辨认在物体识别中扮演了重要角色。比如,以霍夫曼和理查兹(Hoffman & Richards)曾经研究过的人脸、高脚杯两可图为例说明。当看到其中一张脸时,凹陷区帮助鉴别前额、鼻子、嘴唇和下颚等。相反,当看到一个高脚杯时,凹陷区的功能是帮助勾画出基础、主干和圆弧形状。第二,不论观察角度如何,绝大多数可视物体轴心的组织和长度是能够计算的。第三,关于轴心的信心有助于进行物体识别。

--------------------------------

① 转引自 M. W. 艾森克:《认知心理学》,高定国、肖晓云译,上海:华东师范大学出版社 2004 年版,第 133 页。

## 四、对马尔模型的评价

与马尔的对象识别模型相反,劳森、汉弗莱斯和沃森(Lawson、Humphreys & Watson)认为,对象识别可能更多地基于图像而不是基于以对象为中心的表征,这意味着后者可能没有马尔认为的那么重要。佩雷特(Perrett)等人的神经生理学研究也表明,以对象为中心的表征和以观察者为中心的表征在对象识别中都扮演着重要的角色。

其他的批评针对的是马尔关于功能模块的论文,即他的思想是一个大的计算被分割并实现为一个几乎彼此独立的部分集合。早期视觉模块很可能由一组相互关联的过程(子模块)组成,这些过程包括形状、颜色、运动、立体视觉和亮度。它们在功能上是独立的,并且并行地处理刺激。因此,早期的图像由多个并行的、特定于任务的模块组成。然而,这种(从内部到早期视觉的)"水平"或"横向"的信息流动并不会威胁早期视觉的认知不可渗透性,因为它没有为来自更高的外渗认知中心的知识渗透留下空间。神经生理学证据也表明,信息从较高的位置沿着早期视觉向早期视觉的早期阶段以自上而下的方式流动。但是,由于处于早期视觉模块中,这种自上而下的信息流是可以做到不支持外显信息对早期视觉的认知渗透性。

因此,尽管对马尔的程序提出了批评,但他对早期表征(很可能是自下而上的)和高级表征(由特定知识提供信息)之间的区别仍然有效。他的功能模块化的概念也成立,前提是人们认为马尔的模块是由一组具有横向和自上而下的沟通渠道的子模块组成,这些沟通渠道并行处理从视网膜图像中提取的不同信息。

大量神经学和神经心理学的发现支持上述结论。比如视觉失认症的案例。视觉失认症可发生于不同种类的刺激(颜色、物体、面孔),并可能影响复制或识别物体的能力。纽科姆和拉特克利夫(Newcomb & Ratcliffe)的研究表明,视觉处理过程的组成部分具有相对的自主性。早期视觉程序的损伤会导致高水平视力的损害,但高水平视力的损伤通常会使低水平视力完好无损。

　　语义记忆的缺失使原始的以观察者为中心的表征形式和以对象为中心的表征形式保持不变，大脑左半球的损伤伴随着所谓的语义损伤。在这种损伤中，对象的类别、分类、属性和功能的知识被削弱或无法获得。泰勒等人的研究表明，相同的患者具有正常的初始、以观察者为中心和以对象为中心的表征，因为他们能够成功地匹配任务、绘制对象、从非寻常的视图中识别对象以及保持对象恒常性。因此，语义障碍既不影响感知，也不影响观察（观察是形成以对象为中心的表征）。对各种形式的视觉失认症的研究提供的神经心理学证据表明，视觉处理过程的各个组成部分有一个相对的自主性。早期视觉过程的损伤会导致高层次视觉的损害，而高端过程的损伤则不会影响低层次视觉。因此，虽然感觉视觉缺陷或原始草图形成过程中的损伤影响了需要2D草图或3D模型的任务的表现，但后一层次的损伤并不反映在依赖原始草图形成的任务的缺陷中。类似地，以对象为中心的表征的缺失保留了以低层视图为中心的表征。最后，语义记忆的缺失影响了对象的分类，使患者无法获得特定对象的背景知识。这似乎不仅保留了感知的初始和以观察者为中心的表征，还保留了以认知对象为中心的表征。因此，视觉处理系统的各个部分似乎满足马尔的模块化组织原则，它们似乎享有一种福多式的认知不可渗透性。

## 第二节　模糊图形表征的解释

　　福多认为知觉是一种推理，它涉及到一些背景理论。然而，它对于更高的认知状态，如欲望、信念和期望是坚不可摧的。因此，知觉理论与构成我们认知状态（信念、期望、欲望）的表征性内容的对象的特定知识之间就有了区别。

　　所有层次的视觉所涉及的计算都受到一些原则或操作约束的约束。当然，这些约束是必要的，因为感知是由任何特定的视网膜图像所决定的；

相同的视网膜图像可以导致不同的感知。二维视网限制刺激对三维结构的不确定加剧了这一问题。除非观察者对产生视网图像的物理世界做一些假设，否则感知是不可行的。因此，即使感知是自下而上的，它也不能与知识绝缘。知识侵入感知，因为早期的视觉是由一些减少信息不确定性的通用操作约束所通知和约束的。许多关于视觉的理论都认为这些约束证实了我们世界的一些普遍的近似真理，而不是关于通过经验获得的特定对象的假设。从这个意义上说，它们是关于我们这个世界的普遍原则。此外，它们似乎是系统的固有部分。因此，即使是视觉的早期阶段，只要涉及到一些内在的、物理约束或理论，也是充满理论的。这些约束提供了福多感知模块中存储的背景知识。从这个意义上说，如果我们把涉及一般约束的过程比喻为"思考"，我们就会认可"感知物体可能更类似于对物质世界的思考，而不是对直接环境的感知。"然而，这些原则并不是对特定对象的显性知识获取的结果；它们是关于我们世界的空间属性的普遍可靠的规律，这些特征在我们的感知系统中根深蒂固。

## 一、模糊的数据

这种知识是隐性的，因为它只适用于视网膜图像处理，而显性知识适用于广泛的认知应用。隐形知识是不能被掩盖的，在视觉系统中，一般约束只能碰巧被与之竞争的其他类似的约束所覆盖（尽管没有人知道系统如何"决定"应用哪个约束）。然而，个人不能决定用另一个知识体来代替固定在知觉系统中已有的知识体，即使他知道在某些情况下，这种隐含的知识可能会导致错误（就像视错觉一样）。因此，人们没有理由把这组约束称为"理论"。这种 theory-ladennss 也不能作为反对 theory-neutral 的存在，因为感知是基于共享理论的共识。

一个场景或一个场景的内部组织在构建错误的组织时欺骗了我们，或者它的分辨率如此模糊，以至于它似乎依赖于更高的认知因素。类似的情况也发生在语言学中，比方说，句法分析产生了一个词的语法作用的多种可能性，人们意识到可以调用上下文来解决某些语法歧义。我们考虑的问题是这个自上而下的过程是否决定了语法模块的输出。如果自上而下的信息流在模块输出之前就对其产生影响，则不存在认知不可渗透性。但是福多认为，尽管上下文解决了这种不确定性，但它并不决定模块的输出。所发生的是，该模块提出所有可能的语法分析，而更高层次的过程随后决定哪种解释是可接受的。所有其他的分析都是无效的，不参与进一步的处理。因此，句子上下文的作用是"后知觉"的，因为这些过程是在输入系统对刺激的词汇内容进行（试探性地）分析之后进行的。

"过滤交互"模型允许较高层和较低层处理之间的弱交互，因为各级之间的通信通道允许非常有限的反馈：传递的唯一信息是"是"（即可接受的）或"否"（不可接受的）。通信通道的功能就像一个过滤器，对它调节接收到的进行进一步处理。因此，它与丘奇兰德等人的"强烈互动主义"形成了对比，后者认为自上而下的过程影响感知加工。

语言学的研究表明，微弱的交互作用是相当合理的，特别是如果当它被自下而上的过程所提出的选择性假设增强后。在句法或音位处理器上产生的概念信息必须在这些处理器形成关于句法结构的一些假设之后才能获得。然后通过概念信息的介入，在特定的语境中选择合适的结构。应用于视觉的同一模型可能能够解释大多数强烈的交互作用主义引用的对它有利的证据。

在穆勒–莱尔错觉中（我们在前述章节中提到过），将三维物体投射到二维上的操作约束使我们看到两条线的长度是不同的。福多用这个例子来论证——我们不自觉地看到这些线是不一样的，尽管这与我们先前的知识是相反的，因为视觉输入系统是信息封装的。丘奇兰德认为，用这种错觉来支持认知不可渗透性是一个糟糕的选择。因为正如福多承认的那样，对边缘和角落缺乏经验的孩子不太容易受到这种错觉的影响。这就表明这样的错觉是学习经验的结果，显示了感知的认知可渗透性。但是，我们不能确定这种错觉就是错位的深度恒常性的结果，而且，即使是这样，涉及到知觉学习，也不一定涉及认知自上而下的渗透性，它可能只涉及数据驱动的流程。第三，在过滤弱交互模型的基础上，对错觉还有其他低层次的解释。

例如，鸭子——兔子的图形和耐克尔立方体是典型的模糊图形（如图7.3），这些图形模糊到其分辨率似乎依赖于高阶认知因素。上下文可能规定是将兔子——鸭子图形理解为描述鸭子还是兔子，还是理解立方体的方式。因此，据说知觉是可以被认知渗透的。然而，情况不一定如此。弱相互作用模型可以解释这一现象。自下而上的视觉过程同时提出了鸭和兔两种视觉状态，较高的认知状态选择其中一种。由于视觉输入系统输出的产生不受任何自上而下过程的影响，因此，它们的不可渗透性不会被破坏。福多给出了另一个答案。这个回答是值得讨论的，因为它为另一种不依赖于有问题的弱相互作用主义的模糊形象的解释铺平了道路，同时，它也没有退回到强相互作用主义，因此也不意味着知觉的理论弱化。福多认为，通过改变一个人的假设，并不能使鸭子——兔子的图形翻转，而且"相信它是一只鸭子并不能帮助你把它看作是一只鸭子"，关键是固定在配置的适当部分。福多是对还是错是一个经验调查的问题。后来的研究证实了福多的一些观点，但也表明自上而下的过程可能决定如何理解可逆的数据。

图7.3　鸭—兔错觉图

有研究发现，达到感知而不达到认知的阈下刺激会影响可逆构型的换向率，从而证实了自下而上的信息对这种模糊模式感知的影响。这些研究还表明，固定在一些关键的焦点地方的模棱两可的模式可能会导致降级模式，从而证明福多的说法，即固定可能达到目的。但研究反应时等反应模式表明，知觉模式是受过去的影响对传入的感官信息的解释，表明背景信息影响了模糊模式被感知的方式。因此，特定对象的信息可能以自上而下的方式影响到模糊模式的方式。不过，这并不意味着有知觉的早期认知渗透处理，因为上下文可能存在有偏见的解释，但这种解释不影响知觉加工本身。另外，上下文可能决定空间关注的焦点，而不影响知觉加工本身。

## 二、鸭—兔图形错觉

在感知过程中，对象的属性（大小、形状、颜色、方向、运动、时空连续性等）也是自下而上从视觉场景中检索出来的。因此，现象性地感知（看见）的图像包含在具有上述属性的配置中。然而，在某些情况下，图像中的多个图形——背景分割是可能的，如此，图形是模糊的。或者由于一个图形可能以多种方式分解，或者可能有多个内部组织，所以可能会产生感知模糊。以鸭子—兔子图形为例，虽然从图像中自下而上检索到的属性中没有一个能够单独区分兔子样的图像和鸭子样的图像，但是图像的分解和组织方式决定了对鸭子还是兔子的感知。

对模糊图形的研究表明，当看到鸭子或兔子时，模糊的图形取决于空间注意力集中在图像的什么地方。注意力增强或减弱了某些感知类别的可用性。福克（Folk）等人使用"注意控制设置"一词来表示所有那些引导知觉行为的因素，以及观察者在执行任务时所持有的知觉目标。这些目标可能包括实验者的指示（寻找这样或那样的物体，或在哪个位置聚焦）或被试的行动计划。确实，在模糊的图形中，有一些关键点需要注意，这可能会导致图像的不同分解，从而体验到不同的物体。

空间注意可以是自下而上的形象驱动（外源性注意），也可以是自上而下的概念驱动（内源性注意）。在外生注意中，图像的特征是"弹出"，通过突出关键点来吸引注意，而在内生注意中，注意焦点由感知者的概念框架决定。假设鸭子—兔子图形视图不是静止的，而是从左到右移动的，然后将注意力集中在图形的右侧，也就是运动的方向，将图形分解并组织成一只兔子形状的图形（也就是一个可以描述的图形）。如果感知者拥有显著的概念，该图形就会被识别为兔子。如果图形从右到左，然后将感知可以像鸭子那样在浅水区游动或在岸边待着，那么该图可以描述或确认为

## 知觉的认知渗透性

鸭子。因为一个人的注意力会集中在左边的图，并将分解图用另一种方式感知，在后一种情况下感知到的图像是由外生注意力决定，注意力焦点的轨迹将由移动图像决定。如果感知者有"兔子"或"鸭子"的概念，他会分别看到兔子和鸭子。注意，即使感知者没有这些概念，他仍然会在每种情况下感知到不同的形象，也就是说，他在每种情况下会有不同的现象内容。

另一方面，内生注意力的知觉定势被激活，可以解释知觉组与双稳态运行的过程刺激。在任务中如果只有一个刺激存在，且没有一个目标对象，就必须选择其他干扰。知觉定势揭示了感知集偏见对对象分割的机制，即决定观察者感知集的认知状态本身并不影响刺激的组织。固定的一些关键点影响刺激的组织，也就是说，双稳态刺激在视觉上的解释取决于观察者的注意力在哪里，因为在图形中存在着决定知觉解释的关键点。这意味着模糊图形中知觉定势的作用机制涉及对空间注意力的随意控制；知觉集诱导观察者将他们的注意力分配到刺激中的一个特定区域。利奥波德和洛格瑟蒂斯（Leopold & Logothetis）的研究支持了这一观点，他们认为双稳态图形的感知不是在早期的视觉处理过程（例如，通过抑制单眼细胞）中决定的，而是在更高的视觉区域（例如 V4 和 MT）中被编码了形状。之前我们讨论过，内生性注意力与工作记忆有关：当一个人寻找筷子时，他的工作记忆会告诉他筷子通常在厨房里，因而他会去厨房寻找目标。工作记忆存储信息并执行控制检索、编码和注意力表达的命令。这两种功能构成了注意力控制过程中对即将发生的事件的预期和对该事件的准备之间的区别。然而，对一件事情的预期并不一定伴随着对它的注意准备。知觉的自上而下的注意控制相当于对即将发生的事件的注意期望，而不一定是对该事件的准备。也就是说，认知因素决定了对某一事件的预期，但这对于对该事件的注意准备来说是不够的。有关即将显示的物体的信息可能会保存在工作记忆中，而注意力可能会转移到其他地方。如果事件是任务相关的，则对事件的注意准备遵循预期。

假设一个感知者 X 看到了一个静止的鸭子—兔子的图形，他同时拥有两个概念，但是由于某种原因，他在模糊的图形出现之前激活了"兔子"

这个概念，换句话说，认知因素创造了这样一种环境，在这种环境中，X偏向于兔子，或者X对兔子有感知准备，这导致了对X空间注意力的预期。第二，假设X执行一个与兔子有关的任务。这让X做好了打兔子的准备。这种准备与期望相结合意味着空间注意力集中在空间中的点上，以前的经验表明，在一个可接受的概率下，这些点上包含的信息足以确定兔子的存在。这些特征信息可能是耳朵相对于脸的相对位置，这取决于图像的方向；在对鸭子有感知准备的情况下，特征信息与嘴相对于脸的相对位置有关。如果某段时间X呈现出兔子—鸭子模糊的形状，那么X将注意力集中在他期望的特征耳朵的位置，就会看到兔子；如果X看到的是一只鸭子，他就会把注意力集中在图片的嘴的地方，看到的应该是一只鸭子。

因此，当模糊的图形出现时，感知者由于感知集的原因，会专注于图像的某个部分，自下而上地从图像中检索，因此会现象性地意识到，要么是鸭子形状的图形，要么是兔子形状的图形。这幅图像被输入到更高的皮层区域，在那里发生全局循环处理（GRP），工作记忆的激活影响视觉处理。在这个阶段，认知驱动的基于物体的注意力会根据感知准备程度，干预并决定一个人是看到了鸭子还是兔子。物体识别的贡献在这个阶段起着重要的作用。根据德西蒙尼（Desimone）的注意偏向竞争理论，熟悉的对象存储在视觉长期记忆中，当它们与任务相关时，在视觉工作记忆中激活细胞表征熟悉的对象的特性，提供自上而下反馈，增强了视觉皮层神经元的激活，形成了充满竞争优势的神经元集合。简而言之，这就是以对象为中心的注意力是如何运作的，以及感知集偏置对图像感知的影响。

上面的分析表明了兔子—鸭子的图形在什么意义上是模糊的。在第一阶段形成的图像既不是鸭子也不是兔子，而是兔子—鸭子的图形。在视觉处理的第一阶段，鸭子和兔子的图像是不分离的，因为图像最终如何被看到并不影响早期处理。在刺激开始后约70毫秒，空间注意，无论内源性还是外源性驱动，都会以这样的方式分解这个图形（随后出现的知觉现象内容是一个鸭子样的图形或一只兔子样的图形）。这种情况发生在V4和MT

区域，其中形状被编码。该内容最终可能被概念化为鸭子或兔子（分别），并可用于感知者的报告感知或访问感知。

## 三、菱形—正方形错觉

通常，在讨论菱形—正方形图形时（如图 7.4 所示），模棱两可的地方在于，该图形被视为两种不同形状的两种不同的符号图形。为什么一个正方形在旋转 45°时看起来像菱形而不是正方形？这种情况被马克菲森描述为经验中的格式塔转换。当看到相同刺激时，格式塔转换就会发生，一个人经历了一个特定的现象特征接着又经历了另一个不同的现象特征。还有一种比较新的观点是，通过调用可施加于模糊图形的参考框架中的差异来解释菱形—正方形模糊图形。原因是菱形—正方形的感知提供了充分的解释，正是这个参照系被应用于模糊图形，使被试报告看到了菱形或正方形。

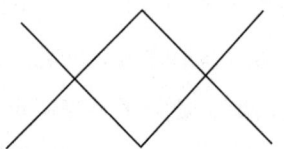

图 7.4 菱形—正方形错觉图

费兰特（Ferrante）认为，这个参照坐标系是一个直角坐标系，它的垂直轴与正方形的垂直对称轴线重合。在正方形的情况下，垂直的对称轴平分正方形的边；而在菱形的情况下，它平分角。因此，基于图形的垂直对称性的框架以不同的方式分割两个图形，从而产生了不同的表现形式。更具体地说，如果将一个倾斜的框架应用于图，则受试者报告看到了一个正方形。如果使用不倾斜的框架，则受试者报告看到了菱形。如果是这样的话，表征主义者可能会认为，当看到模糊的图像时，主体从图像中检索到的非概念性内容是在一个参照系中表示的菱形被铸造成两个不同的参照系。被看到的图像与未被看到的图像有不同的认知渗透性。如果将不同的参照系应用于模糊的图像，则会得到不同的认知渗透性。换句话说，尽管只有一个物理输入，但在这两种情况中表示的内容不同。因此现象内容的差异是由认知渗透性的差异造成的。此外，这也解释了当被试看到图形时，他们第一次看到菱形时的发现。如果认知渗透性是在一个非倾斜的直角坐标系中表征的，那么，图形中自动检索出来的图形就是类菱形的；如果一个不同的参照系应用于图像，则该图像就会被看成是正方形。

为什么直角坐标系中的图形要对垂直对称或围绕垂直轴的对称敏感呢？为什么感知系统应用于从场景中检索到的认知渗透性内容的坐标系对垂直对称敏感？换句话说，为什么知觉系统进化到对垂直对称的探测如此敏感？原因之一是，认知渗透性表示对身体的感知者的中心轴是重心，或眼睛之间的中心，根据感知环境来感知。在这种情况下，这两个轴代表上下和左右两个维度，垂直维度更重要，因为，这对生物体在其环境中的定位更重要。另一种解释是，在自然界中，对垂直对称的感知很重要，因为它能让动物察觉到其他面对它的动物。这就意味着可能有另一种动物正在观察自己，而这第二个动物可能存在潜在的威胁，这是第一个动物非常重要的"知道"。莱顿（Leighton）提出了另一种解释：结合物体表面的局部扰动确定对称轴可能导致以马尔的广义圆柱或广义圆锥为表征，它们在视觉理论中扮演着重要的角色，它们提供了快速而简单的解决方案，可以很好地近似地确定物体的形状。莱顿认为，对称性的发现或对称性的缺乏，表明有机体受到各种因果力的作用，而这些因果力很可能形成物体的形状，对这些力量的发现显然对有机体的生存很重要。

综上，当被试只观看正方形—菱形图形时，会发生什么情况？被感知的图像（从场景中自下而上检索）是一个具有一定形状和一定方向的图形。此外，认知渗透性是在一个关系坐标系中建立起来的，这种关系坐标系最适合用直角坐标来表示，在直角坐标中，自上而下和左右两边的方向是根据感知者身体的位置来确定的。在正方形—菱形图形中，坐标系的应用平分了图形的角度。因此，被现象性地感知到的是类似于图7.4所示的构形。这个特殊的内容很容易被定义为菱形。由于几乎所有的被试都报告看到了菱形,所以对于这个图像是否真的是一个模糊的图像是存在一些争议的。

最近,类似于这样的图形已经变得越来越普遍,也就是说,一个图形的感知在某些情况下可能会改变(比如,通过旋转图形)。与鸭—兔图形一样,空间注意力可以影响正方形—菱形图形的感知。例如,你可以将空间注意力转移到平分正方形—菱形图形侧面的坐标轴上,然后你可以报告看到一个正方形。这种注意力的转移可能是由于外生或内生的原因。又比如,如果一条线段出现在一边的中间,可能会导致注意力从一个角落脱离,转移到中间点,这是一个外源性注意的例子。或者,在内源性注意中,被试可能对正方形有感知准备,因此,在其视野中分解图像,从而产生对正方形图形的感知。在任何一种情况下,随之而来的现象性内容都是一个正方形的图形。目前,还不确定注意力效应是如何导致通常被认为是菱形的东西被认为是正方形的。这是可能的,主体执行一个心理旋转,改变了图形的方向,使它获得正常的直角。

有大量的证据指出,在不同的条件下,被试表现出的精神状态是为了识别和分类图形而进行的心理旋转。比方说,如果有一个正方形的感知集合,被试遇到一个可能是正方形的图形,即使它看起来不像一个正方形,被试将旋转图形,以确定它是否是一个旋转后的正方形。由于图像的属性是从场景中自下而向上获取的,它们是认知渗透的一部分,这意味着原始图像和旋转后的图像具有不同的认知渗透性。因此,这两个人具有不同的认知渗透性,也具有不同的现象内容,这正是表征主义所要求的。当然,被试可能对方块有感知准备,并且可能在场景中搜索方块。由于感知处理的本质和图形在空间中的定向方式,对菱形作出反应的现象性内容首先从场景中自下而上地检索出来,当全局循环处理涉及到处理过程时,基于对象的注意力调节处理过程,作为对类"正方形"的感知准备的结果,感知者的概念框架适用于感知的现象性内容,对象被标识为正方形。视觉系统中相关神经状态的内容现在是概念性的,这使得感知者能够访问并报告这些内容。主体看到的是正方形,即使他看到的是菱形,也只有一种现象性的内容,但对这种内容有不同的概念化。如果是这样,那么,在看到菱形或正方形时就没有格式塔转换,因为转换不是现象性内容的变化,而是一个人有报告意识或访问意识的内容的变化——这是概念内容的变化,而不是现象性的认知渗透性。如果这就是所发生的情况,也就是说,如果现象性的特征没有变化,而只是不同的多功能性看的情况,那么,由于概念,看不见东西的婴儿和动物应该看到同样的图形。

## 第三节 视觉认知和非视觉认知

根据表征主义,经验的现象特征,与经验的认知渗透性相同,或由认知渗透性所决定,也就是说,由经验所表征的世界所决定。有两种类型的认知渗透性:第一种是表征认知渗透性,即个人层面的内容,发生在早期视觉处理之前。第二种认知渗透性是次个人计算内容,它可能具有表征性,也可能不具有表征性。现象性内容是个人层面上的表征性认知渗透性。知觉状态由于具有某种表象性的联系而具有现象性。经验的现象性内容包括事物、事件或地点的特性的重新呈现,这些事物、事件或地点以某种方式出现或倾向于出现在我们面前。

麦克菲森赞同感知具有认知渗透性——视觉体验要有认知渗透性的状态,就必须有一个对概念影响免疫的视觉处理阶段,也就是说,这个阶段在认知上或概念上是非认知渗透性的。继派丽夏恩之后,我们把这个阶段称为"早期视觉"。早期视觉将视觉加工的非概念性阶段从视觉加工的概念性阶段中分离出来。非概念性的观察和概念性的观察之间的区别有着很长的历史。杰克逊(Jackson)提出,表达式"X 看起来(或显示)是 FS",其中"F"表达了一个特殊的属性;而"X 看起来(似乎)好像是 FS"与之是有区别的。前者是现象的,因为它们不涉及概念;后者是认知的,因为它们涉及概念。有研究者区分了"现象意义上的看"和"完全意义上的看",前者对应于非认知或非概念意义上的看,后者对应于认知或概念意义上的看。在后一种情况下,所传递的内容可能是判断和信念的内容。

如果将观看的非概念性称为现象性观看，将观看的概念认识论性称为认识性观看，那么，在反驳具象主义时，麦克菲森提出了一种对模糊形象的解释，这种解释是基于知觉内容被投射的参照框架对形象的表征方式，允许形象的不同方面被表征出来。一般而言，试图阐明其性质的认知渗透性的描述强调了知觉内容所投射的参考框架的重要性。从大脑中存在的两种主要视觉流——背侧和腹侧系统，意识只是后者的特征，有现象性内容的状态属于腹侧路径。腹侧系统使用基于场景的参考系度量。物体的位置和特征与场景中的其他物体有关。位置和距离是相对的，而不是绝对的，也就是说，位置和距离是相对于观察者的。描述一组物体在空间中的相关位置和距离的参考系是根据感知者身体的位置而定义的直角坐标系。

## 一、倒像

丘奇兰德特别喜欢使用"倒像"的例子来阐释知觉的认知渗透性。在这个例子中，戴着反像眼镜的人（经过一段时间的训练后）成功地适应了新的知觉状态，表现得相当正常。根据丘奇兰德的观点，这是我们视觉渗透性的一个清晰的展示。因为一些非常深刻的假设指导着视觉系统进行着计算，可以根据新的经验进行重塑。丘奇兰德认为，对反相透镜的适应证明了视觉处理中隐含的一些深层假设的可塑性，比如视野的特定方向。这些假设可以在一周内被重塑，这证明了感知的可塑性和渗透性。

福多认为，如果事实上，反转透镜的案例反映了经验对知觉的渗透，那么，模块化的命题就被粉碎了。因为福多致力于一个命题，即知觉系统有一个固定的神经结构。然而，福多否认这种情况，因为人们可能期望在良好的生态基础上发现这种可塑性。福多声称，可能存在特定的机制来"影响所需的视觉—运动校准"，以及使被试适应新的视网膜倒像所需要的。在这个案例中，感知是有可塑性的，但福多不认为这对观察的理论中立性是有害的，因为这是特定的生态基础，而观察理论的论题则要求"通过学习物理"来重塑感知场。有几个原因可以解释为什么情况并非如此。

# 第七章 错觉

首先，弱相互作用模型似乎也适用于此。事实上，反向场学习的后期阶段更像是两个相互竞争的不可渗透的模块之间的振荡，而不是任何可渗透的东西。其次，丘奇兰德认为，反相透镜会产生真正的视觉效果。然而，这是有争议的，因为有这种现象的解释是在定位和适应，而不是强加改变视觉计算机制和视觉表征本身，是通过假定这种适应发生在感觉四肢和头部的位置。最后，假设视觉处理背后的一些基本假设确实会因为经验而改变。这是否意味着通过自上而下的过程，感知是可以被认知渗透的，而戴着反光镜的人之所以容易适应，是因为他们知道自己看到的世界是颠倒的？还是因为感知机制的重新调整而重新适应？所有这些现象都表明，感知是由数据驱动的，而不是理论驱动的，而且，鉴于一些打破其平衡的新经验，系统会重新调整以达到平衡。尽管这削弱了模块结构刚性的说法，但这并不能说明来自更高认知层次的信息会渗透视觉回路，产生适当的变化。福多混淆了认知渗透性和感知系统中由概念驱动的变化。经验驱动的知觉系统变化的证据并不包括认知的可渗透性。

## 二、方面切换

视觉经验表征了什么样的性质？根据简单视图，视觉经验表征了一个简单的属性范围，例如颜色、形状、位置和大小。而丰富的视图，视觉经验表征了一个丰富的属性范围，例如，番茄和悲伤等属性。西格尔和塞尔使用了"方面切换"的情况支持视觉经验表征丰富实性范围的视图。他们的观点大致是，当一个方面打开一个对象时，该对象看起来不同，但看起来具有相同的颜色和形状属性，也就是说，一个人的视觉经验表征了这些物体具有比简单的颜色和形状属性更丰富的属性集。有的研究者将视觉经验所表征的属性用视觉现象性的外显来定义，因为它是根据视觉现象性特征的差异而个性化的。这种现象性的寻找可以通过它的一种限制，即一种寻找所必需的条件来确定。这种方法就是利用一种特殊的正当理由，并通过确定对某种特殊正当理由的限制来实现。限制性现象特征原则约束的初步公式是：必然地，对于所有对象 X，Y 和 Z 以及所有属性 F 和 G，如果

X看起来F到Z，Y看起来不是F到Z；Y看起来G到Z，那么X和Y看起来Z的方式之间存在视觉上的显著差异。

假设只有一种外观符合现象特征原则，即两个个体a和b看S的方式有一个视觉上的显著差异，就是a看S的方式和b看S的方式在视觉上是不同的。现象特征原则是根据事物对某一特定主题的看法进行表征的。有时物体表面上看起来拥有的属性，其内隐着一个特定的主体——"一个物体看起来像F"这个短语，"F"将被一个形容词代替，比如，"这个东西看起来像是黄色的"，其中"黄色的"就是形容词；而短语"这个东西像香蕉"，其中"香蕉"就不是形容词，但它是谓语。所以，"黄色的"和"香蕉"是两种对同一个物体的不同属性的视觉感知，两者之间存在对"特定主体"的不同表征。但是不可否认的是，"黄色的"和"香蕉"都说明看到的是具有相同基本属性特征的同一个物体——"黄色的竖长形状"。这种情况就说明现象上的看具有"期待"性，"期待"是认知性质的。

理解"现象性注视"的一种方法是与"非现象性注视"进行比较。举个例子，假设某人看到一张电影海报，说："这部电影看起来很有趣。"而这个外观指的是一种认知的外观，认知的眼光不是现象的眼光。一个物体可以从认知地看F变成认知地看G，而看的方式没有任何视觉上的差异。同样的电影海报，当他的认知状态发生改变时，他可能会说："这部电影是一部回忆录"。直观地讲，这两次看到的海报可能没有视觉上的显著差异。这就说明，一些相同视觉的陈述可能指的是一个主体的认知状态，或者部分地指向其认知状态。

西格尔曾举过这样一个例子：在学习俄语之前和之后，似乎会在文本的外观上产生一种现象上的差异。当你第一次学习阅读一门新语言的剧本时，你必须注意每一个单词，甚至每一个字母，都要分开读。相反，一旦你能很容易地阅读它，你就会很刻意地去关注文本单词的语义属性，上下文意思，而不是倾向于关注视觉上的拼写属性。还有，假设你以前从未见过麦子，但是现在有一项任务是要求你去收割麦子，到了田地里，当农民伯伯告诉你哪些是麦子、哪些是高粱后，你可以开始割麦子了。经过一天

## 第七章 错　觉

的收割，你已经很清楚哪些作物是麦子。于是你发现麦子在视觉上已经变得很突出，就像你获得的认知倾向一样，麦子的显著性逐渐在众多作物中显现出来。获得这种认知倾向在完全发展之前和之后的视觉体验之间有现象学上的差异。

上述例子表明，视觉上的现象差异，可以解释为物体在现象上看起来除颜色、形状、位置和尺寸之外还具有其他特性。比如，在鸭子—兔子图中，现象变化可以从以下差异中解释：注意方式的不同、人们如何看待事物的不同、人们如何视觉地想象事物的不同。视觉体验除了表征颜色、形状、位置和大小之外，还表征其他属性——内容视图切换方面的表征。首先，注意方式的不同。通常情况下，一个模棱两可的图形的相位转换伴随着一个人对图形的注意力模式的转移，尽管这些转移对于不同的个体来说不一定相同。比方说，鸭—兔图，如果倾向于从左到右看这幅图，就会很容易看成兔子；而如果倾向于从右到左看这幅图，就很容易看成是鸭子。而且，我们会在不经意间在看作兔子的时候，也兼顾地看到了兔子的嘴和眼睛；当看作鸭子时，会兼顾地看到鸭子的眼睛和嘴。改变一个人对一个图形的注意模式会导致一个显著的差异。最初，一个人的注意力会均匀地分布在图形中的形状上，此后，随着个体注意倾向的改变而发生对图片表征方式的改变。

其次，如何看待事物，表明认知状态可以有现象特征。可能有一些东西，它就像是理解一个命题。因此，在一个人的认知状态之间的转换可能涉及到现象性的转变。这种现象性的转变不是感性的，我们很自然地认为，在把鸭—兔形象看作鸭子和把它看作兔子之间，认知现象的特征有一些变化。比尔·布鲁尔（Bill Brewer）在他对方面转换（aspectswitching）的描述中完全依赖于这个因素：（当）我把它看作一只鸭子时，比方说，这又是一个现象学上的变化，但它是一个概念上的分类与呈现给我的图表的结合。类似地，当我改变方面，把它看作一只兔子时，在这个现象学中，对所呈现的事物的分类有了改变。

视觉想象的差异。一个人对鸭子或兔子形象的注意方式的变化，以及人们如何看待这个形象的变化，并不能完全解释一个人经历的现象性转变。有人可能会争辩说，一个人可以通过只看鸭—兔图的眼睛、嘴、耳朵来防止自己的注意力模式发生变化，并且当一个方面打开图形时，发生视觉上的显著变化。

如果可以在不改变注意模式的情况下切换模棱两可的图形，并且如果在两个方面下看到图间存在残余的，特别是视觉上的、显著的差异，则上述两个因素不足以解释方面转换的现象。因为，剩余的视觉现象差异可以用视觉想象的状态来解释。特别是，当一个人在看模棱两可的图形时，很可能是在想象这个图形看不见的方面。与普通物体不同，模棱两可的图形往往相当抽象或者缺乏细节。因此，当一个人看到模棱两可的图形时，假设他的视觉想象力可能会"填充"一些细节，这并非不可信。例如，当一个人看到"●●"图片时，好像一个人戴着一顶两边垂着两根绳子的帽子，人们可以从视觉上想象眼睛下面的脸的边界。这可能是一个人视觉上想象的一切。人们可能无法从视觉上想象面部特征，比如鼻子或嘴。仅仅从视觉上想象一个微小的细节，比如脸部的边界，就足以在把照片看作一个人和把它看作一座桥之间产生视觉上的差异。当一个人把这个图看作是一座桥的时候，桥下可能是两个桥洞，这也是一个人视觉上想象的一切。仅仅从视觉上想象短线条朝着某个方向移动就足以产生视觉上的显著差异，这种差异把图片看作是桥而不是一个戴帽子的人。

利用视觉现象来解释当一个方面切换到一个模棱两可的图形上，在固定了一个人的注意模式后，所产生的剩余视觉现象的差异是，视觉想象状态的现象特征与视觉经验的现象特征相似。现象性事物的类型似乎并不相同，但它们看起来确实相似。视觉想象状态的变化可以解释剩余视觉现象的差异。

### 三、自然类属性

假设获得麦子的认知倾向确实会使麦子看起来与众不同；获得香蕉的认知倾向会使香蕉看起来与众不同，但是在获得这些认知倾向后，会不会有什么新特征使得我们看到麦子和香蕉也能很快就识别出它们？

## 第七章 错觉

假如存在"孪生地球",在另外一个地球上也存在着和香蕉类似的水果,它们有相似的属性特征,但是这个"孪生香蕉"在分子结构上不同于地球上的香蕉。在地球居民看来,这个"孪生香蕉"和自己平常见到的香蕉别无两样——没有视觉上的差异,我们在这里暂且称作"现象内化"。简单来讲,就是对于所有的人来说,S1 和 S2,如果 S1 是 S2 的分子复制物,那么,S1 的精神状态的现象特征与 S2 没有区别。

这些属性将不包括自然类属性,比如香蕉。假设张三是地球的居民,在"孪生地球"上也有一个张三,他们看到了相同外形的"香蕉"样水果,张三认为那是"香蕉",而"孪生张三"则会有另外一个关于这个水果的概念——不是香蕉,视觉上两者没有区别,也就是两者处于先沟通的大脑状态,但是对这个东西的概念却不一致,彼此认为双方的概念会是一个新东西,毕竟组成这个东西的分子是不同的。"孪生地球"的情况使张三及其"孪生兄弟"在对香蕉的概念上发生了视觉现象转变,即一些新的特征使得他们对各自"香蕉"("孪生香蕉")概念的获得产生了一种特殊的期待。当这个新特征既不是"香蕉"的特性,也不是"孪生香蕉"的特性,即使方面切换的情况确实要求对象看起来具有丰富的属性范围,也有理由认为这些属性将不包括"香蕉"的自然属性。

因此,方面切换的情况,并不要求对象看起来具有诸如颜色、形状、位置和大小等之外更丰富的特性。方面切换可以通过注意模式的改变、认知的改变和视觉想象的改变来对对象物进行解释。即使方面转换的情况被用来表明在现象上看起来比颜色、形状、位置和大小有更丰富的属性范围,也有理由认为这些更丰富的属性是不包括自然属性的。

## 第四节 Travis 的错觉模型

视觉错觉是下面一种情况:目标物本身的样子和主体看目标物的样子不一致。因此,错觉现象和非比较性现象是密切相关的:解释一个就是解释另一个。错觉并不是一个关于我们如何说话的现象,幻想和比较性现象同样是非语言现象。

## 一、客观外观

特拉维斯(Travis)认为,穆勒–莱尔错觉(如图7.5)从认识论的角度看,两条线是不一样长的,但这并不意味着有某种倾向认为这两条线段是一样长的。因为这两条线段的特征导致了人们可能合理地认为它们是不一样长的结论。那么,为什么这些线的特征(箭头和箭尾)能够表明它们是不一样长的?总得来说,事物的外观和事物本身一样,都是这个世界的事实,都是可以确认或质疑的。当我们说汽油看起来像水时,这并不是在透露关于我们自身的事实,而是关于汽油。汽油看起来像水,不管这种液体看起来是否像某种特殊的物体,从这个意义上说,汽油和水都有着相同的"客观外观"。"客观外观"究竟是什么?它们看起来都很清澈:这是它们共同的"客观外观"之一。

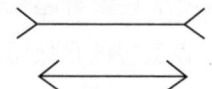

图7.5 穆勒–莱尔错觉图

同样地,穆勒–莱尔线段客观地看起来是不一样长的,这就是它们看起来的样子,这好像是"幻觉的固定性"。错误的期望产生于对事物的错误看法,尽管也许是对它应该是什么的正确看法。一个人的错误在于世界的安排:被误导的事物是如何与其他事物联系在一起的。这种错误既非强制也非暗示,在这个例子中就是上面的线段比下面的长。

什么是客观外观?特别是,如何才能让汽油在客观上看起来清澈?其实就是如果汽油对普通人来说是清澈的,那么,客观地说汽油看起来是清澈的,或者类似的东西。又比如,草看起来是绿色的,具体讲,是它客观地看起来是黄绿色的——波长495mm的光是否客观地看起来是一种独特的绿色，一种既不黄也不蓝的绿色？不是的，它看起来是一种独特的绿色，对一些人来说是，对另一些人来说不是。

特拉维斯否认穆勒–莱尔线段是由于个体的感知而导致不一样长的情况。相反，他认为这两条线段有特殊的"客观的外观"，而这种外观可能表明我们面对的是两条不一样长的线段：我们知道这两条线段具有哪种外观，因此这两条线段看起来是不相等的。但这一说法的前提是，这两条线段是对于某些特定的人看起来不相等，如果他们不能，那么，他们也不能客观地看起来不相等。一旦承认了这些线段对于某些人来说是不相等的，那么，也应该承认线段可能看起来相等的人也是客观存在的。

但是，这里如果用一个例子似乎就可以反驳"客观外观"的说法。比方说，如果一个人盯着一个亮红色的表面看一分钟左右，之后再看一个灰色的表面，这个表面就会呈现出略带绿色的颜色。对于这种错觉，特拉维斯的解释就是"这是对客观的灰色表面进行的某种客观的观察"，也就是这个"灰色表面"是"绿色表面"——客观的绿色外观。但是，无论对"客观外观"描述是什么，一个普通的灰色表面都不是客观地看起来是绿色的，实际上，它是灰色的。

## 二、不恰当比较论

误用大小常性论可用来解释穆勒–莱尔错觉：上下两条线段具有相同长度，然而，上边的线段看起来要比下边的那一条要长一点。根据格雷戈里（Gregory）的解释，穆勒–莱尔图形可看成是两个三维目标的简单透视图。上图看起来像一个房间的内角，而下图则像一个建筑物的外角。因而从某种意义上，上边的线段看起来较其两端的箭头似乎离我们远一些，而下边的线段看起来较其两端的箭头似乎离我们近一些。由于两条线段视网膜像都一样大，这样一来，根据大小恒常性原则看起来远一些的线段（也就是上边那条垂直线段）一定要长一点。这正是穆勒–莱尔错觉所表现出的现象。但是，这一解释只有在假设所有箭头都在同一平面的条件下才会有效，而且研究者也不清楚为什么知觉者会做出这样的假设。

## 知觉的认知渗透性

格雷戈里认为通过多种方式，像穆勒-莱尔这一类图形被看成了三维目标。那么，为什么它们似乎又是平面和二维的呢？根据格雷戈里的观点，深度线索被自动运用去判断图形是否位于一个平面上。正如格雷戈里所预测的那样，在一个黑暗的房间里，明亮的二维穆勒-莱尔图形看起来似乎是三维的。

二维素描图的深度线索应该没有二维照片的深度线索那么有效，这一论点似乎是可能的。格雷戈里的误用大小常性论是颇具独创性的。然而，格雷戈里认为每一个人都把明亮的穆勒-莱尔图形看成三维的却是错误的。研究者感到非常困惑的是即使把两图的箭头换成其他替代物（如圆圈），穆勒-莱尔错觉依然存在。这一证据被马特林和福利（Matlin & Foley）用来支持不恰当比较论（incorrect comparison theory）。根据这一理论，错觉是图形中没有被判断的那些部分所引起的。例如，在穆勒-莱尔错觉中，线段看起来比它们的实际大小长或短，只是因为它们构成了一个较大或较小目标的一部分。

科伦和吉格斯（Coren & Girgus）报告了支持不恰当比较论的证据。他们发现当穆勒-莱尔图形中箭头的颜色不同于垂直线段时，穆勒-莱尔错觉的程度就显著降低了。大致看来，这一处理使得被试更加容易忽视那些箭头。

德鲁西亚和霍希伯格（DeLucia & Hochberg）所获得证据表明格雷戈里的理论是不完整的。他们在地板上设计了一个由2英尺高的箭头组成的三维视觉画面（见图7.6），所有箭头均与观察者保持同样距离，他们获得了典型的穆勒-莱尔错觉。你可用大小一致且摆在一条线上的三本书来检验这一实验，其中左边和右边的一本均向右张开，而中间一本却向左张开。中间一本书的书脊应该与其他两本书的书脊保持相同的距离。尽管如

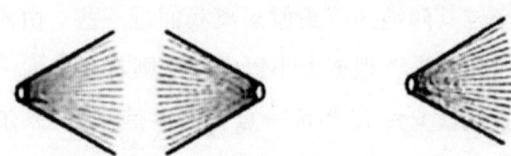

图7.6 由三本书形成的穆勒-莱尔错觉

此，中间一本书的书脊与右边书本书脊之间的距离看起来还是更宽一些。

当被试需要对图形做某种形式的适当操作时，许多视错觉都降低甚至消失了。例如，研究人员曾用穆勒-莱尔错觉完成过一个实验。他们要求被试指出错觉的各个部分。当手运动时，穆勒-莱尔错觉会减小，而且这些错觉效应比那些在正常知觉判断中所获得的要小得多。根据格雷戈里的理论，我们还不能清楚为什么穆勒-莱尔错觉在指出条件下（pointing condition）会减小。

顾代尔（Goodale）等人通过艾宾浩斯（Ebbinghaus）错觉发现了类似的现象（见图7.7）。在这种错觉中，被小圆包围的中间较大的圆看起来要比被大圆包围的与其同样大小的圆大一些。艾格利奥特（Aglioti）等设计了这一错觉的三维立体版并且获得了通常所说的错觉效应。然而，有趣的是，当被试准备去抓一个位于中央的圆盘时，他们用来抓圆盘的手所张开的大小几乎完全由该圆盘的实际大小所决定。因而，在抓圆盘时并未发生明显的大小错觉现象。即使在被试不能张开手与圆盘进行比较的情况下，这一发现依然存在。

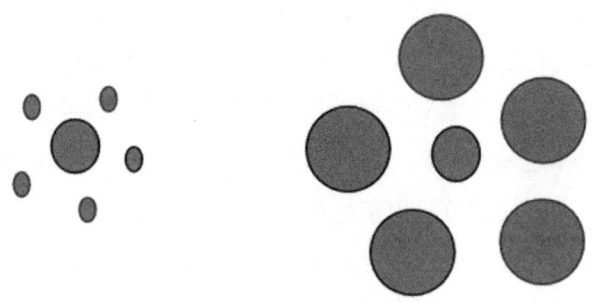

图7.7　艾宾浩斯（Ebbinghaus）错觉

# 第八章 感知和现实主义

建构主义认为，物质对象是由表象构成的，而作为独立于思维的实体的客体在认识论上是不可接近的。建构主义否定了现实主义者关于科学理论与思维无关的客体和我们之间存在联系的主张。基切尔（Kitcher）区分了现实主义对建构主义批评的两个趋势，即认识论的建构主义和语义的建构主义。认识论的建构主义认为，我们对世界的经验是由我们的概念所中介的，还没有直接的方法来检验哪些对象是独立于我们的概念化，从而削弱了现实主义主张。从形而上学观点来看，没有人可以比较我们对客体的表征和我们所表征的独立于心智的客体。感知是可理解的，充满理论的。语义建构主义攻击现实主义的理由是，没有直接的方法来建立术语和它们据称所指的实体之间的关系。这种关系只能通过这些实体和我们的行为之间的因果关系来间接调节。由于这些关系的基础术语是通过固定它们所指称的对象指向的实体，所以指称就成为理论依赖的了。

派丽夏恩提出了一个中立性的观点：尽管他认为知觉存在认知渗透性，但是，在视觉信息输入的早期，存在一个"早期视觉"——信息封装的阶段，也就是低层次视觉阶段，在这个阶段是认知上无法渗透的，它只是视觉感知的一个组成部分，不是基于只是理论所关注的部分。这种中立的观点不足以阻止相互竞争的研究项目之间的不可通约性。毕竟，科学争论发生在观察报告的层面，而不是感知和感知状态的非概念内容层面。正如前述章节提到的，与感知不同的是，观察是充满理论的，这种观点对建构主义并没有攻击性。理论中立中知觉的存在，无法反驳竞争的科学理论之间不可通约的说法。知觉的理论中立性也不能描绘出我们对世界本质的认识，因为知觉理论中立性还无法解释知觉究竟揭示了什么样的世界。

## 第一节　知觉的唯实论

知觉的唯实论是指主体是直接通过知觉来认识目标物及其某些属性的，而不是要首先认知目标物及其属性的表征。在这种情况下，知觉的内容就是以目标物为中心的、远端目标物的3D视觉表征。这一观点可以分解成有关视觉的两种看法。首先，知觉内容包括当我们移向目标物时对目标物形状如何变化的一种期待。根据对视觉的标准解释，这种期待需要将长时记忆以及特定的语义信息应用到目标物上。一方面，这意味着知觉的唯实解释需要知觉具有认知渗透性；不包含语义信息的感觉运动知识不可能产生相关期待。另一方面，这意味着唯实论者需要解释他们对非概念主义者和视觉理论所描述的目标物的经验的看法。如果我们最先认识到的目标物的表征就像现行的现象认识理论所描述的那样，那么，3D远端目标物只有在我们对场景的布局有一个初始的以自我为中心的视觉经验后才能呈现出来。换句话说，3D远端目标物不是直接而是间接呈现出来的。在这里，朴素唯实论的威胁源于认识的"提前"（3D表征之前的视觉加工阶段的认识）。其次，唯实论者认为外形是世界中的直接视觉目标物。基于视觉理论、非概念内容和认识，可以对这一观点提出质疑，因为这种内容出现的太早以至于我们无法认识到它。

### 一、实践性的非命题知识

科斯塔斯·帕根迪欧提斯（Costas Pagandiotis）对早期视觉提出了质疑，即派丽夏恩认为具有不可渗透性的那部分知觉是否能将主体和世界联系起来？他认为就这一点来说，认知不可渗透性假设带来了一个哲学上的两难困境：或者视觉是独立于认知的，结果视觉就是和思维隔离开的、毫无联系的；又或者视觉要依赖于认知，结果视觉和思维之间的区别就模棱两可了。他提出了两种方法来解决这一困境。第一种在心智的表象主义——计算主义理论框架内。它包括将早期视觉的认知渗透性定义为早期视觉对其他系统的依赖，这些系统要么涉及非命题表征，要么涉及命题但限定领域的表征。两种情况下视觉都不会像思维一样"混杂"，这就体现出了两者的区别。而帕根迪欧提斯认为派丽夏恩的解释无法体现视觉和思维的区别。第二种方法是借助知觉理论，这些理论是排斥心智的表象主义——计算主义理论而支持理解知觉的一种反推理方法的，从而强调知觉取决于实践性的非命题知识。

帕根迪欧提斯认为实践性非命题知识会直接渗透于视觉，从而使得视觉内容由目标物决定的、而且和具体化的主体联系紧密。在他看来，认为实践性的命题知识会渗透视觉内容这一观点就为辩护"我们通过知觉直接接触世界"和"以世界和知觉内容之间的协调为基础的唯实论"提供了论据。知觉内容和世界之间的协调的例证就是：知觉内容取决于感觉运动知识和期望。帕根迪欧提斯将实践性非推理知识看作是丘奇兰德所说的历时渗透的一种形式的同时，也认为知觉对这种知识的依赖是合理的、不是推理性的也不是命题性的。基于此，帕根迪欧提斯争辩到，实践性非命题知识并不是理论负载性的一种形式，它足以支撑科学家和普通观察者交流、辨别真伪。

## 二、超越模块"看"向感知

派丽夏恩的主张是"早期视觉不受认知影响"，这一说法陷入了一个有问题的认知模型中。根据这个模型，视觉感知是一个三阶段的过程：注意机制引导眼睛；早期视觉产生一个表面布局模型；有机体识别和解释视觉模块输出中的模式。认知贯穿第一和第三阶段，但对视觉模块本身的操作没有影响。

这个模型导致思考知觉经验本质的问题。造成这些问题的原因是缺乏对亚个人视觉模块的操作和主体层面的视觉感知之间关系的明确认识。也正因为如此，派丽夏恩的三阶段模型中就存在这样一个问题：知觉的主体是否有一席之地？首先，视觉现象性是视觉系统超个人操作的"极不可靠的见证人"：我们对世界的主观经验无法区分这种经验的各种来源，不论它们是来自视觉系统还是来自我们的信念。确实，我们的知觉经验对于它的次个人来源是无意识的，但这并不意味着视觉现象学误导了我们关于这些来源本质的认识。视觉体验的意义在于见证世界上发生的事情。普通知觉经验的一个关键特征是他的透明性：知觉直接针对世界，通常不涉及对视觉系统中发生的事情的信念。假设知觉经验强加给知觉者一个视觉系统的次个人组织的纯模型，就是歪曲了这种经验的特征。

第二，派丽夏恩认为视觉经验依赖于对视觉模块输出的解释。这就产生了两个问题。首先，这个输出对于感性主体的状态是什么？似乎早期视觉的输出必须是意识所不能达到的，因为有意识的视觉经验在认知上是饱和的。而且派丽夏恩认为视觉体验似乎提供了"有意义物体的丰富全景"。如果早期视觉的输出是有意识的，那么，它在认知上是可以渗透的。这也表明，在派丽夏恩的严格意义上，所有的看见都必须是无意识的。这一暗示有可能使视觉的认知不可渗透性的情况变得微不足道，因为一个自动地、无意识的模块的操作对主体的知识和信念是不可渗透的。第二个问题是，谁来解释早期视觉的输出？派丽夏恩理论暗含的是早期视觉的输出需要借鉴主体的背景知识，比如，为了认出某个人是张三，你不仅必须计算这个人的视觉表征，而且也必须判断这个人就是张三。然而，问题是，早期视觉的输出是主体无法获得的，因此不能作为评价的对象。

三阶段模型使我们对"看"现象的理解产生了歧义。在某种意义上，看见是视觉模块的操作，所看见的对应于在认知上无法渗透的表象中被编码的东西。从另一个意义上说，看是主体所做的事情，所看到的世界。派丽夏恩认识到这一区别："我们所看到的——现象学经验的内容——是我们视觉上理解和认识的世界；它不是视觉系统本身的输出。"

派丽夏恩和视觉信息处理模型的其他观点一样，将视觉视为一个亚个人的模块，它从视网膜编码的信息中计算环境的表征。显然，早期视觉认为目标和知识不会影响这种计算,而且,根据认知的实施方法,马尔所说的视觉计算任务不是内部世界模型的产生,而是行动的指导和积极探索的实现。在这种思维方式下,视觉的主体不是视网膜的早期视觉信息处理流,而是整个处于环境中的动物,积极地从事着运动和探索。尽管"眼见为实",但在整个动物的水平上,感知、认知和行动是相互依存的能力。现象学是另一个证据的来源,而不是对视觉系统输出的一些直接或特殊访问。要想理解视觉现象本身的本质,唯一的方法就是让具身和情境的动物成为知觉的对象。

## 三、知识与目标对早期视觉的影响

尽管可能某些类型的认知不会渗透于早期视觉,但有充分的证据表明其他类型的认知会影响早期视觉。早期视觉是透过直接操纵观众的知觉意图和熟悉的物体结构的知识进行审查的认知有很多种,包括扩知识、信念、目标和推理……派丽夏恩认为,所有这些认知类型都不能渗透早期视觉,即计算三维形状描述的视觉部分。

但是,有证据表明,知识和目标(意图)的认知自己可以影响早期视觉。彼得森(Peterson)通过实验室实验表明,早期的视觉过程涉及深度分割,受到知识的影响,这些知识体现在对熟悉物体结构的记忆表征中。为了测试熟悉度对分割的影响,研究者在垂直方向和反方向上显示了如图8.1所示的图形。方向的改变并没有改变自下而上的因素,这些因素在个体的表征中影响了深度分割。然而,从直立到倒置方向的改变是不可能的。

格式塔结构的对称性、封闭性和自上而下的提示至深度分割,有利于解释黑色中心区域位于白色环绕区域前面的共享边界。白色环绕区域描绘了站在黑色区域前面的女性的两个轮廓,因此,熟悉的线索有利于解释环绕于黑色的白色区域。如图8.1所示,当这个刺激物被垂直观察时,环绕物更可能出现在中心的前面,而当它被反向观察时(可以把页面旋转180°),你所观察到的就是另一幅图像。所以,如果深度分割随着方向的变化而变化,那么,就可以显示出来对对象表征的影响——与反转显示相

# 第八章 感知和现实主义

**图 8.1 彼得森等人绘制的视觉刺激图形**

比，垂直显示时表征熟悉对象的区域更有可能出现在相邻区域的前面。当然，研究者也强调，这只是在短时间条件下进行的实验，使用 2 – D 或 3 – D 显示器获得的结果。从这些结果来看，物体结构的长期记忆是在视觉加工过程的早期获得的，而这些记忆的输出又为深度分离提供了一个线索。

最近，在对脑损伤患者进行的测试表明，有助于场景分割的对象识别过程是无意识的。此外，对一名视觉不可知患者的测试表明，有意识的物体识别对深度分割的物体识别效果的表征不是必需的。这些结果有力地证明了知识会影响早期视觉。但是，并非所有的知识和意图都能影响知觉，知识和意图也不能改变知觉的所有方面。知识和意图对知觉的影响的界限还不是很明确。一种可能性是，只有存在于知觉组织过程中、经常访问的、结构中的知识才能改变知觉。因此，这种情况表明早期视觉的不可渗透性说法是值得推敲的。

## 第二节　空间注意力对感知的影响

在讨论空间注意对知觉的调节作用时应当厘清两个问题：其一，在自下而上的过程中,是否存在认知封装,也就是说,视觉处理是否以及在多大程度上取决于如何根据观察者所知道的、所相信的、所期望的来解释视觉模式。当一部分视觉信息是自下而上输入的时候,相关的知觉机制中是否真的没有自上而下和水平的相互作用。早期视觉包括多个连续的、并行的、特定于任务的模块,这些模块通过自上而下和横向的信息流进行通信。然而,早期视觉内部的"视域"或"横向"信息流可能并不会影响早期视觉的认知不可渗透性,因为它没有空间让更高的外显认知渗透于此。因此,"自下而上"只能排除影响感知过程本身的自上而下的语义信息流。

其二,有两种注意力介入两个不同的阶段,以完成两种不同的功能。首先,在空间注意的形式中,感知加工的早期阶段将注意力集中在突出的位置上。第二,以对象为中心的注意力,通过特征选择的形式以及之后的一些特性检索,以自下而上的方式从大小、形状、运动、空间关系等融合地提供了注意对象的物质形态,使所有特性形成了绑定了我们的经验的对象。

认知驱动的、以对象为中心的注意效应是后知觉的,因为它们发生在前馈处理和局部递归处理结束之后。因此,它们不影响感知的认知渗透性问题。然而,空间注意,这也可能是认知驱动的,似乎是对感知的认知封装的挑战,因为它在感知过程中介入,在这里可以定义为加工。

## 一、P1 效应

研究者研究了空间注意在知觉处理中的作用和时间,结果表明,在有注意位置出现的刺激的 P1 波(ERP 波形的一个组成部分)的振幅比在无注意位置出现的刺激的振幅大。由于这种差异是因所处的位置不同造成的,所以我们有理由假设 P1 波的振幅是通过空间注意来调节的。P1 的神经位置似乎是位于外侧皮质的 V4 区,这说明空间注意影响了视觉皮层外侧区域的视觉处理。因此,P1 分量可能代表了由随意空间注意调节的视觉处理的最早阶段。这种效应在刺激开始后 70—90 毫秒开始,这意味着它很明显是一种早期的知觉效应,而不是后知觉效应。空间选择性注意增加了被调到所选位点的神经位点的激活。

这就说明，通过对注意力的调节，早期的视觉处理是由认知驱动的。因此，注意力的简化更适用于空间注意力——注意力可以由下而上控制，也可以由上而下控制。自下而上的控制要么通过触发注意力转移（注意捕捉），要么通过引导注意力到特定位置来操作。例如，场景中一个物体的突然移动会吸引注意力，并将注意力集中在移动的物体上。在这些情况下，注意力是由刺激驱动的。

自上而下的注意力控制与工作记忆有关，因为这种注意力控制的部位是工作记忆系统的基础。注意力的运用取决于工作记忆的内容。工作记忆存储信息，并执行控制检索、编码和表征注意的命令的执行控制。这两种功能构成了注意力控制过程中对即将发生的事件的预期和对该事件准备之间的区别。知觉的自上而下的注意控制相当于对即将发生的事件的注意预期，是布鲁纳知觉准备的一种形式。

空间注意相关的 ERP 扫描波形的研究表明，空间注意确实以一种需要早期视觉的认知渗透性的方式调节知觉处理。例如，空间注意的 P1 效应在刺激开始后 70 毫秒即被记录下来，因此影响了早期视觉，它对刺激因素，如对比度和位置非常敏感。P1 效应发生在识别刺激之前，对刺激的识别不敏感；所以，因为它对目标和非目标都是观察到的，它独立于刺激的任务相关性。P1 效应对认知因素也不敏感，因为空间注意的自主控制是由刺激和任务需求驱动的，而不是由认知需求驱动的。因此，P1 效应被认为是空间注意的外生成分，也就是说，认知因素并不能直接控制 P1 效应。

P1 效应决定了对事件的期望，但这不足以确保对事件的注意力准备。即将表征的物体的信息可能被保存在工作记忆中，而选择性注意力可能被引导到其他地方。如果事件是任务相关的，对事件的选择性注意准备将遵循该事件的期望。只要注意的期望和准备被实现，P1 波的振幅就被空间注意所调节。认知因素控制着事件的期望，与任务相关的因素"转移"了对该事件的注意力准备的期望。因此，事件的准备是任务驱动的。一旦后者就位，无论是认知还是任务相关的因素都不会影响 P1 效应，也就不会影响感知加工的这一阶段；这时也只有刺激因素在起作用。因此，似乎如果空间注意力选择了某些位点进行聚焦，那么。它就增强了相关神经元位点的活动，信息就会在处理的那个阶段被记录下来，而不考虑任务需求和认知状态。换句话说，一旦空间注意力选择了某个位点进行聚焦，人们在相关位置看到的东西就取决于那里有什么，而不是观察者的认知立场。任务需求以间接的方式影响感知，这意味着任务一经被选定，人们在观看视觉场景时所感知的不是受认知调节的，而是依赖于刺激驱动。这就是间接认知渗透性的含义，也是阻碍认识论建构主义结论的原因。

为了评估认识论建构主义和现实主义之间的争论，我们可以参考西格尔的结论，即观察是可以被认知的。然而，在视觉过程中，有一部分感知是被认知间接地渗透，在概念上是不经过中介的。该过程传递的信息是时空的（即关于位置、空间关系、方向和运动的信息），而且是对象化的，关于大小、颜色、方向和以观察者为中心的形状的信息，尽管存在空间注意力的干扰，但它是从一个场景中自下而上地检索出来的。

因此，"没有一种直接的方法来检查对象的哪些方面属于对象而不受我们概念化的影响"，这个观点是有问题的。上述所有方面都属于我们的感官所感知到的物体，与我们的理论行为无关。世界通过我们的知觉系统在我们身上印上自己的印记，这是在弱表象的层次上。

西格尔的观点否定了中立理论的基础。丘奇兰德否认存在理论中立的数据，他认为，即使在早期的知觉过程中存在某种理论中立性，这种"纯粹的给定"也是无用的，因为它不能用于任何"推理判断"。感觉在语义上可能是不可靠状态，只有"观察判断"是有内容的状态，正因为它们有内容，所以，"观察判断"执行的是一个充满理论的、概念框架的功能。然而，我们的"知觉"不同于"感觉"。感知的内容是结构化的，语义上的真理是有价值的。它提供世界上物体的信息。它告诉我们一个物体有一定的以观察者为中心的形状、大小和颜色，在空间上与其他物体相关、位于一定的位置、是一个独立的物体、在时间上持续存在、并以一定的方式运动。这些内容可能是真的，也可能是假的，这取决于这些信息是否反映了世界上实际发生的事件。

## 二、空间注意力建构对科学哲学的意义

空间注意力建构的知觉间接渗透性的意义在于，两个独立的个体在两个不同的概念框架以不同的方式感知世界。因为他们的不同理论建构，其中一个不能感知与另一个人相同的世界和事件，除非他或她采用与另外一个人相似的理论建构。知觉的认知渗透可以进一步以一种间接的方式、允许从视觉场景自下而上地检索信息问题提升为：（1）不同的科学家能否在不同的理论背景和不同经历的情况下，形成相同的看法、在视网膜上形成相同的图像？（2）如果他们这样做，一个人是否可以看到另一个人看到的东西，从而访问另一个人的数据，并将其保持在他或她的概念框架内？

假设一个科学家由于在他的领域内通过反复的经验学习，在某种程度上根据他特定的专业需求塑造了属于他、但别人无法识别的模式。他已经了解了视觉分析的哪些维度需要注意，这个过程通过选择某些特征检测器的输出来重塑他的基本传感器。假设这种学习已经引起了他早期视觉回路的变化，从而改变了他的视觉感知。此外，他的理论背景使他专注于他自己领域内特定位置的视觉数组，从而分析和重新组合照片的方式，这使他能够发现其他人无法发现的模式。因此，那些接受过特定模式训练并将其储存在记忆中的科学家可能能够感知别人无法感知的模式。

在知觉学习的部分，有研究也显示早期视觉神经回路中的神经变化是任务或数据驱动的，而不是理论驱动的。首先，所有的科学家都或多或少地经历过同样的物体，或多或少地接受过同样的科学教育，在实验中使用大致相同的物体和仪器。因此，他们的大脑共享一个大致相似的基本微电路，因为这个电路与他们的专业实践有关，而大脑的微电路是经验的结果。需要注意的是，在不同范式下工作的科学家之间，实验作为一种打开交流渠道的手段，其作用已显而易见。第二，即使一些科学家在记忆中储存了一些模式，并能发现其他科学家不能发现的模式，也没有什么能阻止后者接受同样的训练，结果他们自己也能发现这些模式，从而重新建立一个共同点。这类学习是数据驱动和任务驱动的，这意味着相同的训练（即

在相同的任务中使用相同的输入）几乎肯定会产生相同的"启动记忆"。换句话说，诱导的变化是任务和刺激依赖条件的结果，这一事实意味着接受相同训练的人可以学习感知相同的模式，尽管他们有不同的理论背景。第三，虽然注意力的分配是由认知驱动的，然而，一旦注意力被集中，认知因素就不会影响知觉处理。这是感知的认知渗透性的间接形式的结果，这意味着我们的认知状态的内容并不影响神经改变的种类，而只是决定了通过注意力机制学习的条件。正如派丽夏恩所言，这是认知渗透性的一种形式。就像戴眼镜是由认知决定的，因为戴眼镜会影响感知，所以感知是认知渗透性的。

## 三、认知对知觉的直接渗透和间接渗透

认知对知觉的直接渗透性与刺激驱动和任务驱动的注意力的间接渗透性的区别在于，后者又是由认知因素建构的。在刺激驱动和任务驱动的注意力中，认知通过空间注意力的分配来间接调节这一过程。然而，空间注意力是可以控制的，因为人们可以被引导将他们的注意力集中在某一个特定的位置，并扫描一个特定的特征（尽管事实上他们可能有完全不同的意图状态）。只要焦点和任务的位置得到控制，理论差异就不会影响从场景中检索信息的过程。换句话说，认知影响的是聚焦点的选择，而不是感知过程本身。如果信息检索是由理论驱动的，那么，这样的控制就不可能实现——一个人不能像控制注意力那样控制其他人的理论行为。

以下是一个认知通过空间注意力间接渗透的例子。首先一个人 X 要去打猎，猎物是兔子，于是，X 做好了打兔子的准备。如果 X 一直在解数学微分方程，就不会有这样的准备了。如果 X 在农场周围走动，在那里可以看到动物，则准备工作已经就绪。这种准备和期望结合起来表明，当适当的机会出现时，空间注意将集中于空间中的一些点；过去的经验表明，这些点上所载的资料足以确定兔子的存在。

如果某段时间 X 看到了兔子/鸭子模糊的形状，那么 X 就会把注意力集中在他所希望看到的兔子耳朵的位置上。如果 X 看到的是一只鸭子，他

就会把注意力集中在图片的下方，即嘴的部分，然后看到一只鸭子。如果 X 看到的是一辆汽车的图片，他看到的既不是鸭子，也不是兔子，而是一辆汽车。特别要注意的是，在视觉早期阶段形成的图像既不是鸭子也不是兔子，而是鸭子/兔子的混合。

在视觉处理的第一阶段，鸭子和兔子的图像是不分离的，因为图像最终如何被看到对早期处理没有任何影响。在刺激开始后约 70 毫秒，空间注意力，无论是内源性还是外源性驱动，都会分解这个图形，随后产生的知觉的现象性内容就像鸭子或兔子一样。因此，期望得到鸭子的人和期望得到兔子的人分别感知到一个二维的鸭子形状和一只兔子形状。然而，"兔子人"和"鸭子人"所处的不同概念框架并不影响二维平面的感知过程。他们通过知觉定势来确定焦点，而焦点又根据刺激图像的特征来确定人的经验的现象内容。换句话说，在人们不同的理论背景中所改变的是他们将关注的"地方"。除此之外，他们不同的理论背景并没有促使他们去理解他们所做的事情，这是由图像本身决定的。这就是我们所说的感知过程本身不受认知因素影响。

如果这些因素通过空间注意力间接地渗透到感知中，则受前面分析的、影响模糊数据的心理学新观理论的启发，假设上述的 X 被要求看鸭子/兔子图形的下半部分，那么，他会看到一个像鸭子一样的图形。这就表明 X 可以转移注意力，即使他有不同的理论背景。这就是说空间注意力是可以控制的。因此，出现了这样一种情况：两个有着不同理论背景的人可以相互交流，理解对方看到的东西，即使他们最初看到的是不同的东西。

这些考虑说明我们一开始提出的两个问题的答案，即"具有不同理论背景和不同经验的科学家能否形成对同一视网膜图像的相同感知"，以及"一个人能在他或她的概念框架内看到另一个人看到的东西吗"——答案是肯定的。理论背景的不同并不影响感知，并且由于空间注意影响感知的间接方式，两个具有不同概念背景的人可以看到相同的事物。共同的感性基础的存在意味着两个人可以分享他们经验的非概念性内容。与此同时，可以通过控制注意力分配来转移对该内容的视觉关注，这可以在理论差异之外发生。因此，可以引导两个人看到彼此的观点，从而共享数据。

那么,一个人选择探究什么,是直接或(通过指引)间接地由认知决定的。从这个意义上说,任务的决定是由认知驱动的,因此任务的选择是一个认知问题。然而,任务的选择是可以控制的。不同研究背景的科学家可能被要求完成同一项任务,尽管他们的理论背景不同,但他们可能从未考虑过独立完成这项任务。与空间注意焦点一样,一旦任务被选定,所有参与者的视觉过程都是一样的。这就是为什么任务驱动的过程在理论上或认知上只在上述间接意义上被驱动。换句话说,即使一个"指认鸭子的人"从来没有想过要看图片的上半部分,当他被要求只看图片的上半部分,他就将会看到一只兔子的图形。这说明一个人可以看到另一个人的数据,而看到彼此的数据可以导致跨范式的通约。通常,决定一项任务的效果主要在于将注意力分配到适当的地方或对象上。因为基于对象的注意力是后知觉的,所以,不需要感知的认知渗透性。由于空间注意只间接地影响感知处理,任务可以由认知决定的事实并不包含感知的认知渗透性。

"实验"在交流中扮演着重要的角色,实验突出了任务在实验设计中的作用和注意在观察结果中的作用。首先,他们把实验装置的设计任务具体化。其次,它们引导注意力的分配。来自范式 A 的科学家被邀请参加由范式 B 的科学家设计的实验,当他们面对这个特定的实验并被告知期待某个事件的发生时,他们将观察到与范式 B 的科学家相同的事情,这是相互的。这建立了一个共同的观察基础,在这个基础上意义的问题可以得到解决,尽管科学家们属于两种不同的范式,因此有不同的理论框架。

假设存在一个认识论上中性知觉基础。它如何应用于两个相互竞争的理论之间的理论检验和选择?比方说,在关于两个相互竞争的科学理论所提出的理论实体的辩论中,中性的知觉基础在解决这些问题的经验基础上有用吗?显然,并不能解决这些争端。然而,根据现实主义,科学争论应该最终通过一些实验来解决。正因为如此,建构主义所承认的实体,终将是我们都无法无限接近的实体——引入一个理论中立的感性基础的图片,为了使这一基础成为解决科学争论的共同基础,它应该能够提供一种方法来克服观察的理论性所带来的困难。换句话说,它应该为我们提供一种方法,让我们在共同的感知基础上,就观察报告达成一致,尽管影响它们的理论背景不同。由于注意力的分配和任务的确定可以在不同的概念框架内进行控制，并且一旦完成了这一工作，一个人所感知的就是受刺激驱动的，因此范式之间的通约就成为可能。因为一个人（在范式 A 中）可以看到另一个人（在范式 B 中）的数据。但这本身并不能解决问题，要充分分析在感性报告的基础上如何解决理论实体的争议，进而解决理论检验和理论选择的问题，首先要解决两个问题。首先，必须表征具体的概念结构（关于可观察实体的概念）是如何从非概念性内容中产生的，也就是说，表征概念化是如何可能的。其次，必须说明抽象概念结构（关于理论术语的概念）是如何建立在具体概念结构之上的。

注意力是受刺激和任务驱动的，虽然认知因素决定了注意力的分配，但一个人在这些位置上的感知取决于刺激和任务。当然，这局限于我们处于感知领域时才有效，只限于我们讨论从场景中检索形状、大小、运动和空间关系。在某个场景中，某物的简单表征要先于丰富表征，而且，后者是以前者为基础的。另一方面，对象的语义属性属于观察领域，这是一个充满理论的领域。因此，只要空间注意力集中在一个人所感知到的东西上，观察就只取决于视觉场景中的东西，而不取决于一个人的认知状态，也就是，这个人在视觉场景中看到的东西与他的理论行为有关。同样，在实验室中寻找理论结构的迹象和它们的检测也是认知驱动的。事实上，即使是关于我们日常生活的目标和我们体验它们的方式的探索也是由理论驱动的。物体的某些属性是通过自下而上的方式从视觉场景中获取的，在这种情况下，间接调节感知的空间注意力不会威胁到自下而上的相关信息检索。换句话说，认知因素决定了在哪里寻找信息。然而，一个人在这些位置上的感知取决于刺激，而不是一个人的认知状态。"有什么"以无中介方式检索的正是简单属性表征的对象，正因为如此，允许两个不同理论背景的人"看到相同的东西"，并同时保留各自的概念框架。经协调，他们通过分配空间注意力与对方达成任务上的认同。

总之，概念上非中介感知的结果是一种对对象的简单表征，它传递形状、大小、运动和空间信息。虽然空间选择性注意渗透到几乎所有的知觉水平处理过程中，尽管某些形式的空间注意受认知驱动，即知觉加工的空间注意力的间接认知渗透性，但这并不证明建构主义所认为的应当增加知觉加工的实用性这一中立基础。这是因为间接渗透性并不会威胁到自下而上通过感知从视觉场景中检索信息。感知产生了对物体的理论中立的表征，即使这些表征很弱，但也可以作为中立的基础。中立的基础，加上空间注意力的分配可以控制，任务可以达成一致，使得两个有着不同理论背景的人可以看到相同的东西，从而可以访问彼此的数据。

这样一来，认识论建构主义的主要论点就站不住脚了。确实，没有人可以比较我们对客体的表象和我们所表征的独立于心智的客体。然而，来自认知科学的证据似乎表明，在感知所传递的简单表征的非概念性表象的某个层面上，尽管是在一个以自我为中心的参照系中，但这是世界在我们身上所留下的印记。

## 第三节　知觉系统和现实主义

通常，现实主义问题与感性信念的真实性问题交织在一起。信念的真实性与现实主义相关，因为如果一个人的信念是真实的，那么，所观察对象和它们的可观察属性，就像它们在这些信念中所表现的那样，一定是一个人所相信的那样。从信念的角度看，现实主义的问题在于一个人的信念是否正确，以及一个人认为自己的信念正确是否合理。那么，认知渗透性的立场是这一信念是真实的，因为它们成功地协调了人与环境的相互作用。

### 一、信念的真实性与现实主义

一个人的信念是真实的，则所观察对象和它们的可观察属性，就像它们在这些信念中所表现的那样，一定是一个人所相信的那样。对这一观点持反对意见的理由是：第一，即使信念是真实的，也不能证明现实主义是正确的。因为一组句子的真理并不能确定它们所指代的组成就是真实的。否则，人们就不能严肃地谈论现实主义。此外，信念的真理与导致信念的感性内容无关，而且，为了反驳建构主义，现实主义者必须证明感性内容正确地表征了世界。第二，语义学能否建构信念的真实性存在着严重的质疑。感知系统中的过程依赖于操作约束，这些操作约束用于解决从视网膜图像中感知值的确定不足的问题。这些限制只确保感知与行动相协调；它们的目的是为与环境相互作用的联机行动提供可靠的指导。成功的行动，可能是远端的感知系统操作，如果是这样，信念可能是正确的，但也可能是错误的。

针对上述问题，认知渗透性观点的解释是，感知系统以概念的无中介方式从环境获取了信息，是以纯粹的因果方式将含有内容的知觉状态作为了参考。其次，知觉的某些输出反映了事物在世界上的本来面目。作为现实主义的一种形式，感知神经状态的内容正确地表征了世界的各个方面，而非概念性内容的一部分呈现给主体的是客体真正的独立属性。"真正的独立属性"指的是物体独立于生物体的思维和知觉系统存在的属性。因此，一个人可以与世界保持适当的关系，这样他的感知就可以从世界中以概念的无中介方式提取正确的信息。在这个框架中，感知者没有必要形成关于世界的真实信念或知道它们是真实的。

当然，信念的真实性可以为现实主义进行适当的补充，但是，信念的真实性不足以建立现实主义。感知的层次性和知觉的非概念内容是否正确地分割了世界？现实主义的可能性是基于一个人的大多数感知信念必须是真实的。因为一个人的行为是由这些信念引起的，如果一个人可以证明信念是真实的，那么他是否就会认为世界的各个方面都是真实的呢？为了说明为什么这一推论不成立，可以引用普特南（Putnam）的论点：信念的真实并非由于句子中那些构成信念的指称术语的引用。而且，即使语义确认了信念的真实性，但它并没有解决感知内容如何刻画世界的问题，也就是世界如何在感知中呈现的问题。这是一个应该解决的问题，因为如果现实主义能够被证明是正确的，那么感性的内容就会在适当的地方分割世界。

最后，世界—心理—环境系统的属性和独立于人的认知、感知而存在的对象的属性，是感性内容表征了后者。感知和信念之间的关系是因果关系，而不是证据关系。知觉产生一些信念，从而因果地解释了这些信念的形成。然而，一个信念的因果解释并不能为它的真值提供证据，因为它没有显示信念是如何或为什么被证明是正确的。因此，即使感知导致信念，它们的内容与它们所基于的感知的内容有着复杂的关系。因此，因果关系本身并不能在认识论上证明信念的真实性。

此外，我们想当然地认为，既然感知传递的是物体的形状、大小和其他属性，那么这些物体确实具有这些属性。我们假定，世界上的物体必须具有这样的特征，以便由形状、大小等组成的状态使世界形成其内容。但是，不能说，既然一个对象的某一特性使我们把某一特性看成是 F，那么这个特性就是 F。因果关系并不以因果的同一性为前提，甚至也不以因果的相似性为前提。

所以，世界和一个人的知觉状态之间的因果关系，以及这些知觉状态和一个人的相关信念之间的因果关系，既不能保证前者的正确性，也不能保证后者的真实性。同时，在其他条件相同的情况下，依赖于认知指导的人与世界的相互作用表明，要使感觉成为可靠的事实，可能有某种关联的内容感知状态和随之而来的信念。这意味着感知的内容可能暗示了相关的身体状况；在非概念内容和引起它的世界表征之间可能存在一种结构同构。但是，由于这种相关性是因果关系，因此，并没有"一种直接的、明显的基础来认为它实际上是可靠的，并认为基于这种相关性而采纳的信念可能准确地反映出现实世界中真正发生的事情"。很明显，在认识论的语境中这不是一个简单的假设，关于物理对象的信念的正确性是有问题的。

由于信念在概念上清楚地表达了感知的内容，因此信念与世界之间的任何关系都是复杂和间接的，因为它是由非概念内容介导的。尽管如此，为了解决现实主义的问题，人们可能会试图在信念和世界之间建立直接的联系，避开感性的内容。在这个关键时刻，可靠性被引入。一个人的视觉体验"好像 X 在他之前"是相信"X 在他之前"的一个理由，只是因为在一个人的世界里，这样的视觉体验与在他之前的 X 是可靠相关的。换句话说，在一个人的世界里，这样的视觉体验在正常情况下会揭示 X 的存在。

这是一种模态连接,因为在正常情况下,一个人对 X 的视觉体验必须揭示 X 的存在。需要注意的是,这种可靠性不是关于经验有效地指导我们与世界的互动,而是对外部世界形成了真正的信念。

事实上,我们和所有其他现存的生物在与环境的交互中形成了良好的互动。这些有机体的知觉系统在其中扮演了重要角色,并且在一定程度上被建构以确保成功。因此,我们似乎可以明确地说感知可靠地指导着我们与环境的互动,这表明知觉的真实性和我们在知觉基础上形成的信念的真实性。如此,这一事实为现实主义提供了一种可能性。

我们如何从行动的成功走向信念的真理?语义学给出了答案,它与可靠性密切相关。语义学认为,一个信念的内容是由它的效用条件,也就是说,与该信念相关的各种欲望必须得到满足的条件决定的。更具体地说,信念的真实状态(也就是使信念真实的东西)包含在那些事件状态中,这些状态保证基于信念的行为满足与信念相关的欲望,从而导致行为。真正的信念是这样的,即通过有效的行动来满足一个生物的欲望。当然,我们有可能使世界变得正确并形成真正的信念,但同时又误解了在行动和目标之间的工具关系。也就是说,人们可能会犯错误,或者选择一个有效的策略来满足自己的目标,或者认为一个特定的行为可以满足自己的目标,而不是错误地认为是信念导致了相关行为。这表明,让我们的信念正确是行动成功的必要条件,但不是充分条件。

据前所述,知觉信念是否正确是可靠性与语义学相关的认识论问题。如果我们成功地解决了这个问题,我们会解决现实主义的问题吗?也就是说,既然信念是真实的,那么,知觉就真实地反映了外部事物吗?答案是否定的。信念的真实并非其有意义的内容。这表明我们不能确定句子中表达信念的指代词指代的是什么;信念中的主体是否与环境中的真实事物相对应;与之相关的类别是否与世界上的实物相对应。换句话说,一个人需要知道信念的意向性内容,而不仅仅是它的真值,还需要检查主语代词和谓语动词是否指的是世界上的事物和属性。

一种信念的真理之所以不能保证其内容所指定的事物和属性的真实性,是因为一组句子或类似句子的真理并不能确定这些术语的指称物及其意义。普特南认为，在我们与世界的互动中，我们对世界的信念有一部分是正确的。指导行为的信念或"指导信念"的形式是"如果我做 X，就会得到 Y"（这里是对目标的描述）。如果我们的许多指导信念是错误的，我们的大多数行动将是不成功的。丹尼特（Dennett）提出了一个类似的论点。他认为自然选择倾向于通常产生真实信念的推理策略，因为真实信念比错误信念为有机体提供了更大的适应优势。与错误信念相比，真正的信念能让一个有机体更成功地与环境互动。因此，选择的困难性让我们相信我们的信念是正确的。

然而，即使一个人接受我们的大多数信念必须是近似正确的，但是，要想我们的行动能够正确，则这个条件是不充分的，我们需要修正我们的一些信念。普特南指出，任何模型理论的语义都是不一致的，一个句子即使其术语的引用改变了，但在模型中仍可能保持为真。由于符号是通过引用模型中的属于来获得意义的，所以，引用的不确定会破坏整个句子对符号所赋予的独特意义。没有明确的参考语义，就没有现实主义。

现实主义者认为感性状态的内容表征了实体和属性的存在，这意味着感性内容获得了世界的基本"本体论单元"，这里指的是正确的种类的实体。因此，为了捍卫现实主义，就应该研究感知如何分割世界的问题。如果一个人想要解决本体论的问题，对于具有感觉器官的生物或者对于具有类似感觉器官的生物来说，感觉器官如何表征这个世界是至关重要的。

## 二、感知告诉了我们世界的什么？

从语义学的角度，我们似乎只有在知觉的非概念水平上，才能够检验我们是否正确地分割了世界，也就是区分了主体（主语）和如何表征对象（谓语）。换句话说，一个人能够区分对象及其属性，是因为它们是在知觉中呈现的。所有这一切都应该发生在一种语言的语境之外，甚至在拥有诸如"主语"和"谓语"这样的分类之前。

我们如何在非概念层面区分对象及其属性呢？这是至关重要的，因为只有这样的区别是可能的，感知系统才能跟踪物体的移动和经历自然的变化。例如，如果感知系统不能以适当的方式区分对象和属性，那么属性的任何变化都可能被视为一个新对象的出现，而不是经历了一些自然变化的同一对象。答案是知觉系统解决了这些问题。

为了找到原因，我们应该首先检查感知中涉及的因果过程的细节，并发展一个感知的因果理论，这样我们就可以解释我们如何通过感知器官来表征世界的。根据知觉的认知非渗透性观点，在感知中，信息是从环境中以一种纯粹自下而上的方式提取出来的。

通过感知直接从世界中提取的信息（没有概念中间体）包括以下内容：（1）对象的表征——对象作为实体在空间和时间中的持续存在；（2）空间关系和时空特性的空间位置表征，如时间的同步性或连续性和接近性，从感知者的角度观察对象表面特性的表征，以及对象的大小、方向、颜色和运动的表征。知觉使我们了解物体及其属性，对一个对象的感知熟悉意味着一个人与该对象有直接的接触，并且从该对象本身检索关于该对象的信息，而不是通过一个将该对象个性化或识别该对象的描述。因此，知觉使我们与客体建立起一种新的关系。在知觉中，"心理知觉指示词"的指称是通过直接从环境中检索到的非概念性信息来确定的，这种非概念性信息允许人们通过分配对象特征来个性化对象。因此，感知状态的非概念性作为感知对象的一种非描述性表达方式发挥了作用。

主体在观察场景时，感知通过以对象为中心的分割过程、分配对象特征来解析对象。当一个人看着一个场景时，通过眼睛聚焦，场景的一部分信息被处理，位于该部分的对象被挑选出来并个性化，大脑随后的内部表征是关于场景中那些特定的物体。当一个人的内部表征通过指示性表征指向一个对象时，这就是一个"指示性引用"。因此，当注视一个位置、一个物体或多个物体时，连接到中央窝的神经元会参考从那个位置、那个物体或那些物体计算出的信息。

眼睛注视是指示机制或指针作用的例证，它们是将世界上的物体与内部表征和认知程序结合在一起的装置。假设眼睛固定在场景中的某个位置或物体上，中央凹中的相关神经元就从那个位置或那些物体中计算信息。个体与环境的成功交互需要某种形式的动作记忆，以便在需要时可以学习和重复过去可靠的动作。

事实上，有证据表明，在大脑中储存的、对已发生事件的记忆中的运动元素，有助于视觉到动作的协调。但是，对象特征不应该存储这些操作的内存，它们被相关的助记电路用作物体的参考定位器，其作用是解析和跟踪场景中的对象，其功能先于动作记忆的存储。因为动作记忆首先必须先从场景中挑选出动作对象，然后一一列举感知对象的特征，并修复它们之前表征对象的特征。通过将对象特征与神经结构的表征内容连接，作为场景中的物体得到了解释。因此，在感知系统处理信息的方式中存在着固有的"对象"和"适当关系"的区别，而不需要拥有相关的分类，当一个对象保持它作为"那个对象"的身份时，人们把对象看作是可能改变的属性的载体。

为了确定知觉状态是否真实地反映了环境，我们有必要检查这些知觉状态的内容，并确定它是否正确地描述了环境的各个方面。所以，为了让知觉表征成功运作并可靠地指导行为，需要考虑一个非常简单的有机体与环境的相互作用，比如，一只青蛙与一只苍蝇的相互作用。根据环境中特定物体所提供的可能性的指示，苍蝇在青蛙大脑中引起的神经活动所表征的内容是弹出舌头并吃东西。这些内容是关于环境提供给系统的进一步交互的潜力或可能性，而不是关于苍蝇的，青蛙的相关状态与行动密切相关。为了抓住苍蝇，青蛙不需要计算它可以采取的行动路线、成功的机会以及每个行动路线的结果，然后再估计效用。表征内容隐含地预测了环境的属性，从而提供了认知部分的操作，所以表征内容是关于这些属性的。苍蝇被青蛙吃掉的可能性是由青蛙间接感知到的（这些特性是直接感知到的，也就是说，是非概念上的）。此外，某一特定行为的工具性表现在感性的内容里，没有必要做选择或决定。所有启动动作所需的信息都直接呈现在感知内容中。就比如，如果有多个苍蝇，青蛙就会去找它最喜欢吃的那个苍蝇。这些信息使得青蛙的感知系统能够确定环境信息中所包含的苍蝇信息（相对位置、运动方向等）。

青蛙的视觉回路所处理的信息是否仅仅是让青蛙成功地与环境互动，还是它在功能上表征了环境的各个方面？要回答这个问题，我们必须考虑

## 第八章 感知和现实主义

青蛙感知苍蝇时所包含的信息。青蛙当然会间接地感知到进食的可能性，但这并不是青蛙得到的唯一信息，这是基于环境的某些不变特性。首先，青蛙通过锁定一个物体而看到一个物体，它还能感知苍蝇的形状和大小（这对青蛙间接感知进食的可承受性至关重要）、苍蝇的相对位置、苍蝇的运动模式和苍蝇运动的方向。

如果行动是成功的，青蛙感知状态的内容至少与环境是近似真实的，也就是说，这些感知内容的内在是正确的。当然，苍蝇的存在、大小、运动以及它与青蛙的距离、形状都是与环境相关的。如果这些估计不正确，青蛙就会偶然而不是一下子就抓住了苍蝇。如果青蛙错误地感知了苍蝇的大小、距离和苍蝇飞行的速度，青蛙也可能错误地以某种方式一下子抓住了苍蝇。虽然这种可能性比较小，但是青蛙能够与环境在更宽泛的范围内调整自己的感知状态。可是，即便如此，青蛙的感知在计算距离、大小、动作、方向和形状是并行发生的，是背侧和腹侧视觉通路为这些信息提供了广泛的活动。具体来说，关于运动、形状和颜色的信息是生物体与环境广泛互动所必需的，这些信息在每条路径上都被集中处理，然后用于每条路径下的各种目标。有充分的证据表明，早期视觉模块由一系列相互关联的过程组成，包括方向、形状、颜色、运动、立体和亮度。这些过程在功能上是独立的，它们并行地处理刺激，它们相互提供输入，并向其他视觉区域提供输入，这些视觉区域将输入的信息绑定在一起，并从表面分离出图像。穆图西斯（Moutoussis）的研究还表明，颜色、形状和运动是在不同的时间被分别感知的：首先感知颜色，然后是形状和运动。因此，大脑似乎是由不同的知觉系统组成的，它们在视觉上形成了一个知觉的时间层次。因此，颜色、形状和大小都在一个视觉通路中处理，然后根据不同的目的输入到其他视觉通路。

对形状和运动的错判将会转移到青蛙的一些活动中，这些活动需要关于形状和运动的信息。因此，不能将某一任务的错判推至在其他任务中也会发生错误，也就是说，不能因为错判了苍蝇的大小，而认为青蛙对整个苍蝇的特征和活动就判断是错误地。这就是说，基本的环境参数是正确的，那么，发生系统性感知错误的可能性是极小的，这也是为什么青蛙能够捕食到苍蝇的原因。

所以，只有在"其预设的有利条件得到保持"的情况下，行动才有可能取得成功。如果这些有利条件涉及到特定的性质，那么这种相互作用就可以成功地检测并区分这些性质。假设感知者 P 感知对象 X 具有属性 F（例如，一个特定的形状）。进一步假设一个对象没有特征 F 而是特征 Z，如果 F 不同于 Z，X 系统似乎是被欺骗了，于是 P 对 X 的感知就失败了。

这样的感知过程对于知觉系统来说是无益的，甚至破坏了知觉系统。福多认为，"从感知所传递的某些信息的真实性到我们行为的成功是受进化影响的"，这一观点让我们陷入一个陷阱，即进化论是一种可以解释事物如何运作的机制，这种说法是靠不住的。他解释道，进化论的解释不是回答这类问题的正确形式，正确的答案应该是假设一种机制，这种机制是由某种达尔文过程所选择的并引导感知得以成功。因为解释性工作不是通过进化的选择，而是通过调节感知的操作约束来完成的，这些操作约束反映我们对于环境的一种认识和适应规律，从而确保与环境地成功交互。

## 三、总结

从真正的信念出发，人们无法确定符号与物体之间的对应关系。然而，关于知觉中世界状态的呈现问题，我们没有必要将信念与真实世界的对象特征呈现一一对应的关系。一个人可以从非概念状态与世界的参照关系中采取行动。从语义学讲，一组句子的真实并非要求每一个词都必须是真值。感知系统计算出物体的某些参数或感知到的特征就可以发生动作。一个人的知觉系统选择、处理、表征或调整，只要环境中对象的特征中的那些符合他与环境的交互目的就可以。

因此，尽管进化确实不能确定信念中的指称表达与外部对象之间的一一对应关系，但我们的知觉系统自下而上直接从境中环获取对象的特性信息的方式，是由于知觉状态的可靠对应于外部对象的特性的可靠性或真实性。感知解析场景的方式是通过打开并将对象特征分配给对象表征的过程，随后建立对这些对象及其属性的索引并运用。一个人不必通过信念的

## 第八章 感知和现实主义

真理来建立对世界的参照物。成功的行动是一个人去证明部分感性内容的真实性所必需的，一个有机体间接地感知环境中物体和情境是成功行动的前提。这个前提依赖于生物体直接感知的对象特征的某些不变性。要获得正确的启示当然需要对这些对象特性的正确感知。

知觉正确地表征了一些通俗的维度，这一事实既不是预先假设的，也不意味着某些概念图式适用于传入的信息。我们所感知的、在空间和时间中持续存在和移动的物体的操作约束不涉及任何概念，它们是在我们的知觉系统中执行的，并以其自身的方式运作。世界以不同的方式被分割（被不同的方式进行分解认识），每一个人只能被动地选择一个适合他们自己的概念图式，这也使得世界被概念化的、认知渗透地感知。然而，在知觉中只有某些特征是被选择的，而这种选择性是知觉的固有部分，但这一事实并不能说明知觉取决于概念图式，这些概念图式只不过是行动的引擎而已。

感知系统无法将被分离的部分和未被分离的部分分开运动，他们共同运动才能成为现实的物体，这是由于感知系统在某些操作约束中的固定机制所决定的。这些约束包括注意力偏差对于特定的输入和一定数量的、有原则地倾向限制了这些输入的计算。在这些原则中，刚性和无作用的距离原则，它规定了身体的刚性移动。这些约束条件规定，如果空间中的一组点或部件以相同的速度向同一方向移动，它们就被视为刚体在移动，而不是一组点或部件在一起移动。局部邻近性和邻近性约束使得感知系统将相邻的元素组合成一个对象，并且由于物质是内聚的，相邻区域通常归为一起，即使当对象移动时也是如此。这些约束表明，当不同的组点或部件不能彼此独立运动时，它们不能被视为不同的对象。而由于某种原因，这些对象总是连接在一起的，但必须被视为一个单独的对象。因此，决定感知的规则是在视觉中起作用的操作约束，它使得我们将对象视为属性的整体承载者。

# 参考文献

[1] 邢佑川、张智君；唐日新：《从视觉知觉与行为的分离看行为的计划——控制模型》，载《心理科学进展》，2005年第2期。

[2] 约翰·安德森：《认知心理学及其启示》，秦裕林、程瑶、周海燕、徐玥译，北京：人民邮电出版社2012年版。

[3] M. W. 艾森克：《认知心理学》，高定国、肖晓云译，上海：华东师范大学出版社2000年版。

[4] Churchland, P. S., Ramachandran, V. and Sejnowski, T., "A Critique of Pure Vision", in C. Koch and J. Davis (eds), *Large-Scale Neuronal Theories of the Brain*, Cambridge, Mass: MIT Press. 1994.

[5] Marr & Nishihara, "Representation and recognition of the spatial organization of three-dimensional shapes", *Proceedings of the Royal Society of London*, 1981 (200).

[6] Ungerleider L. G., Mishkin M., "Two Cortical Visual Systems", in Ingl D. J., Goodale M. A., Mansfield R. J. W. (eds), *Analysis of Visual Behvior*, Cambridge, MA: MIT Press, 1982.

[7] Gibson, "Does Orientation-Independent Object Recognition Precede Orientation-dependent Recognition? Evidence from a Cueing Paradigm", *Journal of Experimental Psychology: Human Perception and Performance*, 1994 (20).

[8] Ullman, "On Visual Detection of Light Sources", *Biological Cybernetics*, 1976 (1).

[9] Moria Olkkonen, Thorsten Hansen, Karl R. Gegenfurtner, Color Appeatance of Familiar Objects: Effects of Object Shape, Texture, Illumination Changes, *Journal of Vision*, 2008, 8 (5).

[10] Kanizsa & Gerbin, "Amodal Completion: Seeing or Thinking?", *Organization and Representation in Perception*, 1982.

[11] Thurstone, L. L., *A Factorial Study of Perception*, Chicago, 1944.

[12] Brune & Mintum, "Perceptual Identification and Perceptual Organization", *Journal of General Psychology*, 1955 (53).

[13] Bruner, "On Perceptual Readiness", *Psychological Review*, 1957 (64).

[14] Hanson, *Patterns of Discovery*, Cambridge University Press, 1958.

[15] Pashler, H., Luck, S. J., Hillyyard, S. A., Mangun, G. R & Gazzaniga, M., *Sequential Operation of Disconnected Cerebral Hemispheres in Split-brain Patients*, Neurareport, 5, 1994.

[16] Michael Eysenck, Mark T. Keane, Cognitive Psychology: A Student's Handbook, Fourth Edition, Psychology Press, a member of the Taylor & Francis Group, 2003.

[17] Muller, N. G. & Kleinschmidt, A., "The Attentional 'Spotlight's Penumbra: Center-surround Modulation in Striate Cortex", *Neuroreport*, 2004, 15 (6).

[18] Burr, D. & Thompson, P., "Motion Psychophysics: 1985 – 2011", *Vision Research*, 2011, 51 (13).

[19] Michael Eysenck, Mark T. Keane, *Cognitive Psychology: A Student's Handbook*, Fourth Edition, Psychology Press, a member of the Taylor & Francis Group, 2003.

[20] Treisman, A., "Consciousness and Perceptual Binding", in Axel Cleeremans (ed), *The Unity of Consciousness: Binding, Integration and Dissociation*, Oxford: Oxford University Press, 2003.

[21] Treisman, A., "Feature Binding, Attention and Object Percep-

tion", *Philosophical Transactions of the Royal Society of London*, Series B, 1998 (353).

[22] Wolfe, J. M., "Visual Search", in H. Pashler (ed), *Attention*, UK: Psychology Press, 1998.

[23] Attwell & Laughlin, "An Energy Budget for Signaling in the Grey Matter of the Brain", *Journal of Cerebral Blood Flow Metabolism*, 2001 (10).

[24] Lennie, "The Cost of Cortical Computation", *Current Biology*, 2003 (6).

[25] MichaelI. Posner, "'Attention: the Mechanisms of Consciousness' Proceedings of the National Academy of Sciences", *USA*, 1994 (91).

[26] MichaelI. Posner & Mary Kleviord Rothbart, "Aducating the Human Brain", *Cognitive Development*, 2008 (23).

[27] Treisman, "Feature Binding, Attention and Object Perception", Philosophical Transactions of the Royal Society of London, 1998 (353).

[28] Pylyshyn, "Is Vision Continuous with Cognition?", *Behavioral and Brain Sciences*, 1999 (22).

[29] Wu, "Visual Spatial Constancy and Modularity: Does Intention Penetrate Vision?", *Philosophical Studies*, 2013 (65).

[30] Stokes, "Perceiving and Desiring: A New Look at Cognitive Penetrability of Experience", *Philosophical Studies*, 2012, 158 (3).

[31] Preston J. Werner, "A Posteriori Ethical Intuitionism and the Problem of Cognitive Penetrability", *European Journal of Philosophy*, 2017.

[32] Pylyshyn, "Is vision continuous with cognition?", Behavioral and Brain Sciences, 1999.

[33] Marr, *Vision*. San Francisco, CA: W H Freeman, 1982.

[34] Crane, *The Nonconceptual Content of Experience*, Cambridge University Press, 1992.

[35] Martin, "Perception, Concepts and Memory", *Philosophical Review*, 1992.

[36] Stalnaker, *Nonconceptual Content*, The MIT Press, 2003.

[37] Burge, "Belief", *Journal of Philosophy*, 2000.

[38] Type, *Perceptual Experience*, Oxford University Press, 2006.

[39] Siegel, "Cognitive Penetrability and Perceptual Justification", *Noûs*, 2012.

[40] Siegel, "The Epistemic Impact of the Etiology of Experience", *Philosophical Studies*, 2013.

[41] Deretske, *Vision and Mind*, Cambridge, Mass. : MIT Press, 1998.

[42] Briscoe, "Forthcoming: Egocentric Spatial Representation in Action and Perception", *Philosophy and Phenomenological Research*, 2009, 79 (2).

[43] Anaki D, Kaufman Y, Freedman M and Moscovitch M, "Associative (prosop) Agnosia without (apparent) Perceptual Deficits: a Case Study", *Neuropsychologia*, 2007 (45).

[44] McDowell, John, *Mind and World*, Cambridge: Harvard University Press, 1994.

[45] Marslen-Wilson and Tyler, "The Temporal Structure of Spoken Language Comprehension", *Cognition*, 1980.

[46] Massaro, D. W., "Psychological Aspects of Speech Perception: Lmplications for Research and Theory", In M. A. Gernsbacher, *Handbook of Psycholinguistics*, San Diego, CA: Academic Press, 1994.

[47] Ellis, R., Humphreys, G., *Connectionist Psychology: A Text with Readings*, Hove, UK: Psychology Press, 1999.

[48] Hall, D. A., Riddoch, M. J., "Word Meaning Deafness: Spelling Words that are not Understood", *Cognitive Neuropsychology*, 1997, 14.

[49] Biederman, "Recognition-by-Components: a Theory of Human Image Understanding", *Psychol Rev*, 1987, 94.